CAD/CAM 模具设计与制造指导丛书

NX CAD/CAM 基础教程（第2版）

张幼军　王世杰　主编

清华大学出版社

北　京

内 容 简 介

本书根据教育部面向 21 世纪高等教育教学内容和课程体系改革的总体要求,结合作者多年 CAD/CAM 教学、科研实践经验编写而成。本书将 CAD/CAM 技术基础知识的掌握和 NX 软件的应用有机地结合起来,首先由浅入深地阐述了 CAD/CAM 的基础理论和基本编程知识,然后系统地介绍了 NX 7.5 软件 CAD/CAM 模块的主要功能和使用方法。全书通过多个典型应用实例,帮助读者掌握 NX 软件的设计理念,旨在培养和提高读者的综合应用能力。

本书内容丰富,条理清晰,注重理论与实践的结合,便于读者自学和教师讲授。本书可作为高等工科院校机械工程类专业本、专科生及研究生的教材,亦可供从事机械设计、数控加工和 CAD/CAM 应用与研究的工程技术人员学习参考,还可作为 NX CAD/CAM 应用的培训教材。

图书在版编目(CIP)数据

NX CAD/CAM 基础教程/张幼军,王世杰主编. —2 版. —北京:清华大学出版社,2011.9
(CAD/CAM 模具设计与制造指导丛书)

ISBN 978-7-302-26430-9

I. ①N… II. ①张… ②王… III. ①计算机辅助设计-应用软件,UG NX7 IV. ①TP391.72

中国版本图书馆 CIP 数据核字(2011)第 162962 号

责任编辑:钟志芳
封面设计:刘 超
版式设计:文森时代
责任校对:王国星
责任印制:何 芊

出版发行:清华大学出版社   地   址:北京清华大学学研大厦 A 座
　　　　　http://www.tup.com.cn   邮   编:100084
　　　　　社　总　机:010-62770175   邮   购:010-62786544
　　　　　投稿与读者服务:010-62776969,c-service@tup.tsinghua.edu.cn
　　　　　质　量　反　馈:010-62772015,zhiliang@tup.tsinghua.edu.cn
印　刷　者:北京密云胶印厂
装　订　者:北京市密云县京文制本装订厂
经　　　销:全国新华书店
开　　　本:185×260   印　张:21.75   字　数:503 千字
版　　　次:2011 年 9 月第 2 版   印　次:2011 年 9 月第 1 次印刷
印　　　数:1~4000
定　　　价:38.00 元

产品编号:040681-01

本书编委会

主　编：张幼军　　王世杰
编　委：李　强　　韩　立　　孙兴伟
　　　　赵文辉　　金映丽　　台立钢

前　言

本书第 1 版自 2006 年 7 月出版以来，受到许多读者的支持和鼓励，至 2010 年底已进行 6 次印刷，印数超过 14000 册。4 年多来，CAD/CAM 技术及应用和相关软件都有了很大的发展，第 1 版中的有些内容已经显得陈旧，更新版本势在必行。为满足读者的需求，在清华大学出版社的支持和辽宁省教育厅科技项目（L2010402）的资助下，作者对本书进行了再版修订。

第 2 版继续遵循第 1 版的编写指导思想，即面向机械行业，兼顾 CAD/CAM 基础理论和工程应用两方面，既注重读者知识体系的建立，更重视应用技能的培养。与第 1 版相比，新增与重写的内容超过全书 2/3。其中，第 6 章 NX 曲面建模为新增内容，第 1、5 章改写的力度较大，第 4、7、8、9 章基本重写。

随着科学技术的发展，CAD/CAM 技术使产品从设计到制造的整个过程发生了深刻变革，极大地提高了产品质量和研发效率，已成为企业技术创新和开拓市场的重要技术手段。CAD/CAM 技术的优势在很大程度上体现在 CAD/CAM 软件的应用上。作为 CAD/CAM 技术的载体，CAD/CAM 软件属知识密集型产品，其应用需要大量基础知识作理论指导。

NX 软件作为目前最优秀的 CAD/CAM 集成软件之一，为制造业产品研发全过程提供了一种领先的数字化产品开发解决方案，在航空航天、汽车、机械、模具等领域得到了广泛的应用。

本书根据教育部面向 21 世纪高等教育教学内容和课程体系改革的总体要求，结合作者多年 CAD/CAM 教学、科研实践经验编写而成。本书基础理论与应用技术并重，强调基础性和实用性，力求使读者系统地掌握 CAD/CAM 基础知识及 NX 软件的基本功能和主要应用，提高了读者的综合应用能力。

本书分为 2 篇共 9 章。

第 1 篇为 CAD/CAM 技术基础，内容包括第 1 章（CAD/CAM 技术概论）、第 2 章（计算机辅助设计技术基础）和第 3 章（数控加工编程基础），系统概要地阐述了机械 CAD/CAM 相关的基础理论知识，力求理论性与实用性的统一，帮助读者建立 CAD/CAM 技术的整体概念和知识框架，为 CAD/CAM 技术的应用奠定了理论基础。

第 2 篇为 NX CAD/CAM 应用基础，内容包括第 4 章（NX 应用基础）、第 5 章（NX 实体建模）、第 6 章（NX 曲面建模）、第 7 章（NX 装配建模）、第 8 章（NX 工程制图）和第 9 章（NX 数控铣削），介绍了 NX 7.5 软件 CAD/CAM 模块的主要功能和使用方法，并给出了详尽的机械应用实例，旨在帮助读者掌握 NX 软件的设计理念，培养和提高读者解决工程实际问题的能力。

需要强调的是：读者在学习本书第 2 篇内容时，必须进行一定设计任务或应用项目的实践训练，方能较好地掌握书中的理论和技术。为方便读者学习，本书每章后均有思考题，并在附录中提供了部分思考题的参考解答，读者可参照解答一步一步地操作，以达到在较短时间内掌握 NX 软件的功能和使用方法的目的。

　　本书适合作为高等工科院校机械工程类专业本、专科生及研究生的教材，亦可供从事机械设计、数控加工和 CAD/CAM 应用与研究的工程技术人员学习参考，还可作为 NX CAD/CAM 应用的培训教材。

　　本书由张幼军、王世杰主编，其中第 1、3 章由王世杰、张幼军编写，第 2 章由孙兴伟、金映丽编写，第 4、5 章由张幼军、台立钢编写，第 6 章由赵文辉编写，第 8 章由韩立编写，第 7、9 章由李强编写。全书由张幼军统稿。

　　本书写作过程中参阅了 NX 软件的相关技术手册与资料，在此表示衷心的感谢。

　　由于作者水平有限，书中不足、疏漏之处在所难免，恳请读者批评指正。

　　作者邮箱：zhangyj@sut.edu.cn，教学网站：www.tup.com.cn。

作　者

2011 年 8 月

目　　录

第 1 篇　CAD/CAM 技术基础

第 2 篇　　NX CAD/CAM 应用基础

第 1 篇

CAD/CAM 技术基础

第 1 章　CAD/CAM 技术概论

1.1　CAD/CAM 基本概念

CAD/CAM 技术是制造工程技术与计算机技术紧密结合、相互渗透而发展起来的综合性应用技术，具有知识密集、学科交叉、综合性强、应用范围广等特点。CAD/CAM 技术的发展和应用对制造业产生了巨大的影响和推动作用，使传统的产品设计、制造内容和工作方式等都发生了根本性的变化。CAD/CAM 技术的应用水平已成为衡量一个国家科技现代化和工业现代化水平的重要标志之一。

1.1.1　CAD 技术

由于在不同时期、不同行业中，计算机辅助设计（Computer Aided Design，CAD）技术所实现的功能不同，工程技术人员对 CAD 技术的认识也有所不同，因此很难给 CAD 技术下一个统一的、公认的定义。早在 1972 年 10 月，国际信息处理联合会（IFIP）在荷兰召开的"关于 CAD 原理的工作会议"上给出如下定义：CAD 是一种技术，其中人与计算机结合为一个问题求解组，紧密配合，发挥各自所长，从而使其工作优于每一方，并为应用多学科方法的综合性协作提供了可能。到 20 世纪 80 年代初，第二届国际 CAD 会议上认为 CAD 是一个系统的概念，包括计算、图形、信息自动交换、分析和文件处理等方面的内容。1984 年召开的国际设计及综合讨论会上，认为 CAD 不仅是设计手段，而且是一种新的设计方法和思维。显然，CAD 技术的内涵将会随着计算机技术的发展而不断扩展。就目前情况而言，CAD 是指工程技术人员以计算机为工具，运用自身的知识和经验，对产品或工程进行方案构思、总体设计、工程分析、图形编辑和技术文档整理等设计活动的总称，是一门多学科综合应用技术。

从方法学角度看，CAD 是一种新的设计方法，它利用计算机系统辅助设计人员完成设计的全过程，将计算机的海量数据存储和高速数据处理能力与人的创造性思维和综合分析能力有机结合起来，人机交互各尽所长，"辅助"强调了人的主导作用，人机的有机结合必将提高设计质量、缩短设计周期、降低设计费用，从而达到最佳设计效率。

从技术角度看，CAD 涉及以下基础技术：

（1）图形处理技术。如二维交互图形技术、三维几何建模及其他图形输入输出技术。

（2）工程分析技术。如有限元分析、优化设计方法、仿真以及各行各业中的工程分析等。

（3）数据管理与数据交换技术。如数据库管理、不同 CAD 系统间的数据交换和接口等。

（4）文档处理技术。如文档制作、编辑及文字处理等。

（5）软件设计技术。如窗口界面、软件工程规范及其工具系统的使用等。

一般认为，CAD 系统应具有几何建模、工程分析、设计校核、工程绘图等主要功能。一个完整的 CAD 系统应由人机交互接口、科学计算、图形系统和工程数据库等组成。人机交互接口是设计、开发、应用和维护 CAD 系统的界面，经历了从字符用户接口、图形用户接口、多媒体用户接口到网络用户接口的发展过程。图形系统是 CAD 系统的基础，主要有几何（特征）建模、自动绘图（二维工程图、三维实体图）等。科学计算是 CAD 系统的主体，主要包括有限元分析、可靠性分析、动态分析、产品的常规设计和优化设计等。工程数据库是对设计过程中使用和产生的数据、图形、图像及文档等进行存储和管理。就 CAD 技术目前可实现的功能而言，CAD 作业过程是在设计人员进行产品概念设计的基础上进行建模分析，完成产品几何模型的建立，然后抽取模型中的有关数据进行工程分析、设计计算和校核与修改，最后编辑全部设计文档，输出工程图。从 CAD 作业过程可以看出，CAD 也是一项产品建模技术，它将产品的物理模型转化为产品的数据模型，并把建立的数据模型存储在计算机内，供后续的计算机辅助技术共享，驱动产品生命周期的全过程。

CAD 技术是随着计算机和数字化信息技术发展而形成的；是 20 世纪最杰出的工程成就之一，也是数字化、信息化制造技术的基础。目前 CAD 技术广泛应用于机械、电子、航空、航天、汽车、船舶、纺织、轻工及建筑等各个领域，对加速工程和产品的开发、缩短设计制造周期、提高质量、降低成本、增强企业创新能力发挥着重要作用。

1.1.2　CAE 技术

计算机辅助分析（Computer Aided Engineering，CAE）是以现代计算力学为基础、以计算机仿真为手段的工程分析技术，是用计算机辅助求解复杂工程和产品结构强度、刚度、弹塑性等力学性能的分析计算以及结构性能的优化设计等问题的一种数值分析方法。

CAE 系统的核心思想是结构的离散化，即将实际结构离散为有限数目的规则单元组合体，实际结构的物理性能可以通过对离散体进行分析，得出满足精度要求的近似结果来替代对实际结构的分析。这样就将繁杂的工程分析问题简单化、将复杂的求解过程层次化，因此 CAE 技术的应用使许多过去受条件限制无法分析的复杂问题通过计算机数值计算得到满意的解答，节省了大量时间，避免了低水平重复的工作，使工程分析更快、更准确。

随着计算机技术的发展，CAE 的功能和计算精度都有很大提高，各种基于产品数字建模的 CAE 系统应运而生，并已成为工程和产品结构分析、校核及结构优化中必不可少的数值计算工具。CAE 技术和 CAD 技术的结合越来越紧密，因此，有学者认为，CAE 应属于广义 CAD 的重要组成部分。采用 CAD 技术来建立 CAE 的几何模型和物理模型，完成分析数据的输入，通常称此过程为 CAE 的前处理。同样，CAE 的结果也需要用 CAD 技术生成图形输出，如生成位移、应力、温度、压力分布等各种线图，称这一过程为 CAE 的后处理。应用 CAE 软件也可以仿真零件、产品乃至生产线、工厂的运动和运行状态。

CAE 的基本功能包括产品和工程设计中的分析计算、动态仿真和结构优化。CAE 可以对工程、产品的设计方案快速实施性能与可靠性分析，对工程、产品的未来工作状态进行虚拟运行模拟，及早发现设计缺陷，实现优化设计，并验证未来工程、产品的功能和性能，提高设计质量，降低研究开发成本，缩短研发周期。目前 CAE 技术作为设计人员提高工程创新和产品创新能力的得力助手和有效工具，已广泛应用于国防、航空航天、机械制造、汽车制造等各个工业领域。

1.1.3　CAPP 技术

计算机辅助工艺设计（Computer Aided Process Planning，CAPP）是根据产品设计结果进行产品的加工方法设计和工艺过程设计，即在分析和处理大量产品设计信息的基础上进行加工方法、加工顺序、加工设备的选择或决策，并进行毛坯设计、加工方法选择、工序设计、工艺路线制定和工时定额计算等。其中工序设计包括加工设备和工装的选用、加工余量的分配、切削用量选择以及机床、刀具的选择、工序图生成和工艺卡编制等内容。

工艺设计是机械制造过程的技术准备工作中的一项重要内容，是产品设计与车间生产的纽带。工艺设计的经验性很强且影响因素很多，在同一资源及约束条件下，不同的工艺设计人员可能制订出不同的工艺规程。传统的工艺设计主要是依靠工艺人员个人积累的经验完成的，存在着工艺设计周期长、重复性劳动多、一致性差等缺点。随着市场对多品种、小批量生产的要求，传统工艺设计方法与现代制造技术发展要求不相适应，CAPP 日益为工艺设计领域所重视。CAPP 的主要优点在于：可以显著缩短工艺设计周期，保证工艺设计质量，提高产品的市场竞争能力；使工艺人员摆脱大量、繁琐的重复劳动，将主要精力转向新产品、新工艺、新装备和新技术的研究与开发；可以提高产品工艺的继承性，最大限度地利用现有资源，降低生产成本；可以帮助缺乏丰富经验的工艺人员设计出高质量的工艺规程，以缓解当前制造业工艺设计任务繁重、有经验工艺人员缺少的矛盾；CAPP 亦有助于推进企业开展工艺设计标准化和最优化工作。由于工艺设计是一个受企业资源及工艺习惯等诸多因素影响的决策过程，CAPP 技术的应用远不及 CAD、CAM 等技术应用的广泛和深入。

CAPP 在 CAD、CAM 中间起到桥梁和纽带作用：CAPP 接受来自 CAD 的产品几何拓扑信息、材料信息及精度、表面粗糙度等工艺信息，在完成工艺设计的同时，向 CAD 反馈产品的结构工艺性评价信息；CAPP 向 CAM 提供零件加工所需的设备、工装、切削参数、装夹参数以及刀位文件等，同时接受 CAM 反馈的工艺修改意见。

1.1.4　CAM 技术

一般而言，计算机辅助制造（Computer Aided Manufacturing，CAM）是指计算机在制造领域有关应用的统称，有广义 CAM 和狭义 CAM 之分。所谓广义 CAM，是指利用计算机辅助完成从生产准备工作到产品制造过程的直接和间接的各种活动，包括工艺准备、生产作业计划、物流过程的运行控制、生产控制、质量控制等主要方面。其中工艺准备包括计算机辅助工艺过程设计、计算机辅助工装设计与制造、NC 编程、计算机辅助工时定额和材料定额的编制等内容；物流过程的运行控制包括物料的加工、装配、检验、输送、储存等生产活动。而狭义 CAM 通常指数控程序的编制，包括刀具路线的规划、刀位文件的生成、刀具轨迹仿真以及后置处理和 NC 代码生成等。本书采用 CAM 的狭义定义。

CAM 中的核心技术是数控加工技术，这也是 CAM 最成熟的技术之一。数控加工主要分程序编制和加工过程两个环节。目前的 CAM 系统大部分采用图形交互式自动编程，即以 CAD 生成的零件几何信息为基础，采用人机交互对话方式，指定被加工件的几何特征、定义相关的加工参数后，由计算机进行分析处理，直接产生 NC 加工程序，并在计算机上动态显示加工路径，模拟实际切削加工。通过各自的接口可将计算机与数控机床连接起来，利用 CAM 软件中的通信模块，能将 NC 加工程序直接送至数控机床上的计算机数字控制（CNC）系统中，控制数控加工，这个过程称为直接数字控制（DNC）。

CAM 另一个重要作用是机器人编程，可以使机器人在加工单元内进行作业，独立地完成诸如焊接、装配、在车间内搬运设备或零件以及为数控机床选择刀具等任务。

作为应用性、实践性极强的专业技术，CAM 直接面向数控生产实际。生产实际的需求是所有技术发展与创新的原动力，CAM 在实际应用中已经取得了明显的经济效益，并且在提高企业市场竞争能力方面发挥着重要作用。

1.1.5　CAD/CAM 集成技术

自 20 世纪 70 年代中期以来，出现了很多应用计算机辅助技术的分散系统，如 CAD、CAE、CAPP、CAM 等，但是这些各自独立的系统不能实现系统之间信息的自动交换和传递。例如，CAD 系统的设计结果不能直接为 CAPP 系统所接受，若进行工艺过程设计，仍需要设计者将 CAD 输出的图样文档转换成 CAPP 系统所需要的输入信息。随着计算机辅助技术日益广泛的应用，人们很快认识到，只有当 CAD 系统一次性输入的信息能为后续环节继续应用时才能获得最大的经济效益。为此，提出了 CAD 到 CAM 集成的概念，并首先致力于 CAD、CAE、CAPP 和 CAM 系统之间数据自动传递和转换的研究，以便将已存在和使用的各种独立的 CAx 系统集成起来。亦有人认为：CAD 有狭义和广义之分，狭义 CAD 就是单纯的计算机辅助设计，而广义 CAD 则是 CAD/CAE/CAPP/CAM 的高度集成。不论何种计算机辅助软件，其软件功能不同、市场定位不同，但其发展方向是一致的，这就是 CAD/CAE/CAPP/CAM 的高度集成。CAD/CAM 集成系统的工作流程如图 1-1 所示。

CAD/CAM 集成技术的关键是 CAD、CAPP、CAM、CAE 各系统之间信息的自动交换与共享。集成

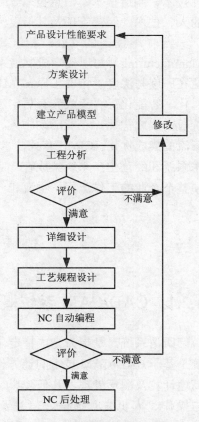

图 1-1　CAD/CAM 系统工作流程

化的 CAD/CAM 系统借助于工程数据库技术、网络通信技术以及标准格式的产品数据接口技术，把分散于机型各异的各个 CAD、CAPP、CAM 子系统高效、快捷地集成起来，实现软、硬件资源共享，保证整个系统内信息的流动畅通无阻。

CAD/CAM 集成技术是各计算机辅助单元技术发展的必然结果。随着信息技术、网络技术的不断发展和市场全球化进程的加快，出现了以信息集成为基础的更大范围的集成技术，如计算机集成制造（Computer Integrated Manufacturing，CIM）。

CIM 是 1974 年美国的约瑟夫·哈林顿博士针对企业所面临的激烈市场竞争形势而提出的组织企业生产的一种哲理。根据欧共体开放系统结构课题委员会的定义，CIM 是信息技术和生产技术的综合应用，旨在提高制造型企业的生产率和响应能力，由此，企业的所有功能、信息、组织管理方面都是一个集成起来的整体的各个部分。CIM 概念的两个基本出发点是：（1）企业的各个生产环节是不可分割的，需要统一考虑。（2）整个制造生产过程实质上是信息的采集、传递和加工处理的过程。CIM 是用全局观点（即系统观点）对待企业的全部生产经营活动，包括市场分析、产品设计、加工制造、管理及售后服务等。

实现 CIM 哲理，需要借助各种相关技术并组成计算机集成制造系统（Computer Integrated Manufacturing System，CIMS）。CIMS 是通过计算机软、硬件，综合运用现代管理技术、制造技术、信息技术、自动化技术、系统工程技术，将企业生产全部过程中有关的人、技术、经营管理及其信息流与物流有机集成并优化运行的复杂大系统。

当前，我国的 CIM 和 CIMS 已改为"现代集成制造（Contemporary Integrated Manufacturing）与现代集成制造系统（Contemporary Integrated Manufacturing System）"，这在广度与深度上拓展了原 CIM、CIMS 的内涵。其中，"现代"的含义是计算机化、信息化、智能化；"集成"有更广泛的内容，包括信息集成、过程集成及企业间集成等 3 个阶段的集成优化，企业活动中人、技术、经营管理等三要素及工作流程、物流和信息流等三流的集成优化，CIMS 有关技术的集成优化及各类人员的集成优化等。CIMS 不仅仅把技术系统和经营生产系统集成在一起，而且把人（人的思想、理念及智能）也集成在一起，使整个企业的工作流程、物流和信息流都保持通畅和相互的有机联系。

1.2　CAD/CAM 系统的构成

1.2.1　CAD/CAM 系统概述

所谓系统，是指为完成特定任务而由相关部件或要素组成的有机整体，CAD/CAM 系统是基于 CAD/CAM 技术的计算机辅助系统。一个完善的 CAD/CAM 系统应具有如下功能：高速计算及图形处理、几何建模、数控加工信息处理、大量数据和知识的存储及快速检索与操作、人机交互通信、信息及图形的输入和输出、工程分析等。为实现这些功能，CAD/CAM 系统由硬件、软件和人 3 部分构成，如图 1-2 所示。

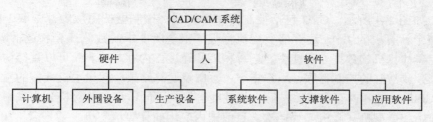

图 1-2　CAD/CAM 系统组成

　　硬件主要包括计算机及其外围设备等具有有形物质的设备，广义上讲硬件还包括用于数控加工的机械设备和机床等。硬件是 CAD/CAM 系统运行的基础，硬件的每一次技术突破都带来 CAD/CAM 技术革命性的变化。软件是 CAD/CAM 系统的核心，包括系统软件、各种支撑软件和应用软件等。硬件提供了 CAD/CAM 系统潜在的能力，而系统功能的实现由系统中的软件运行来完成。

　　任何功能强大的计算机硬件和软件都只是辅助设计工具，而如何充分发挥系统的功能，则主要取决于使用者的素质。CAD/CAM 系统的运行离不开人的创造性思维活动，不言而喻，人在系统中起着关键的作用。目前 CAD/CAM 系统基本都采用人机交互的工作方式，这种方式要求人与计算机密切合作，发挥各自所长，如计算机在信息存储与检索、分析与计算、图形与文字处理等方面有特殊优势，而在设计策略、逻辑控制、信息组织及发挥经验和创造性方面，人将起主导作用。

1.2.2　CAD/CAM 系统的硬件

　　CAD/CAM 系统的硬件主要由计算机主机、外存储器、输入设备、输出设备、网络设备和自动化生产装备等组成，如图 1-3 所示。有专门的输入及输出设备来处理图形的交互输入与输出问题，是 CAD/CAM 系统与一般计算机系统的明显区别。

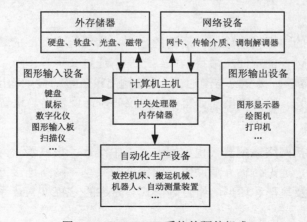

图 1-3　CAD/CAM 系统的硬件组成

　　1.　计算机主机

主机是 CAD/CAM 系统的硬件核心，主要由中央处理器（CPU）及内存储器（也称内存）组成，如图 1-4 所示。CPU 包括控制器和运算器，控制器按照从内存中取出的指令指挥和协调整个计算机的工作，运算器负责执行程序指令所要求的数值计算和逻辑运算。CPU 的性能决定着计算机的数据处理能力、运算精度和速度。内存是 CPU 可以直接访问的存储单元，用来存放常驻的控制程序、用户指令、数据及运算结果。衡量主机性能的指标主要有两项，即 CPU 性能和内存容量。按照主机性能等级的不同，可将计算机分为大中型机、小型机、工作站和微型机（微机）等档次。目前国内应用的计算机主机主要是微机和工作站。

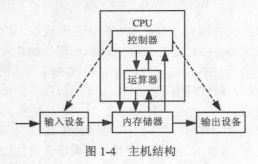

图 1-4　主机结构

2．外存储器

外存储器简称外存，用来存放暂时不用或等待调用的程序、数据等信息。当使用这些信息时，由操作系统根据命令调入内存。外存储器的特点是容量大，经常达到数百 GB，但存取速度较慢。常见的有磁带、磁盘（软盘、硬盘）和光盘等。随着存储技术的发展，移动硬盘、U 盘等移动存储设备成为外存储器的重要组成部分。

3．输入设备

输入设备是指通过人机交互作用将各种外部数据转换成计算机能识别的电子脉冲信号的装置，主要分为键盘输入类（如键盘）、指点输入类（如鼠标）、图形输入类（如数字化仪）、图像输入类（如扫描仪、数码相机）、语音输入类等。

4．输出设备

将计算机处理后的数据转换成用户所需的形式，实现这一功能的装置称为输出设备。输出设备能将计算机运行的中间或最终结果、过程，通过文字、图形、影像、语音等形式表现出来，实现与外界的直接交流与沟通。常用的输出设备包括显示输出（如图形显示器）、打印输出（如打印机）、绘图输出（如自动绘图仪）及影像输出、语音输出等。

5．网络互联设备

网络互联设备包括网络适配器（也称网卡）、中继器、集线器、网桥、路由器、网关及调制解调器等装置，通过传输介质联网以实现资源共享。网络连接方式可分为星形、总线形、环形、树形以及星形和环形的组合等形式。先进的 CAD/CAM 系统都是以网络的形式出现的。

1.2.3　CAD/CAM 系统的软件

为了充分发挥计算机硬件的作用，CAD/CAM 系统必须配备功能齐全的软件，软件配置的档次和水平是决定系统功能、工作效率及使用方便程度的关键因素。计算机软件是指控制 CAD/CAM 系统运行，并使计算机发挥最大功效的计算机程序、数据以及各种相关文档。程序是对数据进行处理并指挥计算机硬件工作的指令集合，是软件的主要内容。文档是指关于程序处理结果、数据库、使用说明书等，文档是程序设计的依据，其设计和编制水平在很大程度上决定了软件的质量，只有具备了合格、齐全的文档，软件才能商品化。

　　根据执行任务和处理对象的不同，CAD/CAM 系统的软件可分为系统软件、支撑软件和应用软件 3 个不同层次，如图 1-5 所示。系统软件与计算机硬件直接关联，起着扩充计算机的功能和合理调度与运用计算机硬件资源的作用。支撑软件运行在系统软件之上，是各种应用软件的工具和基础，包括实现 CAD/CAM 各种功能的通用性应用基础软件。应用软件是在系统软件及支撑软件的支持下，实现某个应用领域内的特定任务的专用软件。

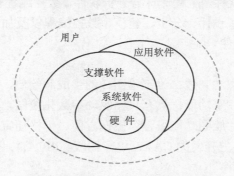

图 1-5　CAD/CAM 系统的软件层次关系

1. 系统软件

　　系统软件是用户与计算机硬件连接的纽带，是使用、控制、管理、维护计算机运行的程序集合。系统软件通常由计算机制造商或软件公司开发，有两个显著特点：一是通用性，不同应用领域的用户都需要使用系统软件；二是基础性，即支撑软件和应用软件都需要在系统软件的支持下运行。系统软件首先是为用户使用计算机提供一个清晰、简洁、易于使用的友好界面；其次是尽可能使计算机系统中的各种资源得到充分而合理的应用。系统软件主要包括操作系统、编程语言系统和网络通信及其管理软件等。

　　操作系统控制和指挥计算机的软件和硬件资源。其主要功能是硬件资源管理、任务队列管理、硬件驱动程序、定时分时系统、基本数学计算、日常事务管理、错误诊断与纠正、用户界面管理和作业管理等。操作系统依赖于计算机系统的硬件，任何程序需经过操作系统分配必要的资源后才能执行。目前流行的操作系统有 Windows、UNIX、Linux 等。

　　编程语言系统的作用是将用高级语言编写的程序编译成计算机能够直接执行的机器指令，主要完成源程序编辑、库函数及管理、语法检查、代码编译、程序连接与执行。按照程序设计方法的不同，可分为结构化编程语言和面向对象的编程语言；按照编程时对计算机硬件依赖程度的不同，可分为低级语言和高级语言。目前广泛使用面向对象的编程语言，如 Visual C++、Visual Basic、Java 等。

　　网络通信及其管理软件主要包括网络协议、网络资源管理、网络任务管理、网络安全管理、通信浏览工具等内容。国际标准的网络协议方案为"开放系统互连参考模型（OSI）"，它分为七层，即应用层、表示层、会话层、传输层、网络层、数据链路层和物理层。目前 CAD/CAM 系统中流行的主要网络协议包括 TCP/IP 协议、MAP 协议、TOP 协议等。

2. 支撑软件

支撑软件是在系统软件的基础上开发的满足共性需要的通用性实用程序和软件开发的基础环境。支撑软件属知识密集型产品，一般由商业化软件公司开发。这类软件不针对具体的应用对象，而是为某一应用领域的用户提供工具或开发环境。支撑软件一般具有较好的数据交换性能、软件集成性能和二次开发性能。根据其功能可分为功能单一型和功能集成型软件。功能单一型支撑软件只提供 CAD/CAM 系统中某些典型过程的功能，如交互式绘图软件、三维几何建模软件、工程计算与分析软件、数控编程软件、数据库管理系统等。功能集成型支撑软件提供了设计、分析、建模、数控编程以及加工控制等综合功能模块。

1）功能单一型支撑软件

（1）交互式绘图软件

这类软件主要以交互方法完成二维工程图样的生成和绘制，具有图形的编辑、变换、存储、显示控制、尺寸标注等功能；具有尺寸驱动参数化绘图功能；有较完备的机械标准件参数化图库等。这类软件绘图功能很强、操作方便、价格便宜。在微机上采用的典型产品是 AutoCAD 以及国内自主开发的 CAXA 电子图板、PICAD、开目 CAD 等。

（2）三维几何建模软件

这类软件主要解决零部件的结构设计问题，为用户提供了完整准确的描述和显示三维几何形状的方法和工具，具有消隐、着色、浓淡处理、实体参数计算、质量特性计算、参数化特征造型及装配和干涉检验等功能，具有简单曲面建模功能，价格适中，易于学习掌握。目前这类软件在国内的应用主要以 MDT、SolidWorks 和 SolidEdge 为主。

（3）工程计算与分析软件

这类软件的功能主要包括计算方法、有限元分析、优化算法、机构分析、动态分析及仿真与模拟等，有限元分析是核心工具。目前比较著名的商品化有限元分析软件有 SAP、ADINA、ANSYS、NASTRAN 等，仿真软件有 ADAMS 等。

（4）数控编程软件

这类软件带有一定的建模能力，也可以将三维 CAD 软件建立的模型通过通用接口传入，一般具有刀具定义、工艺参数的设定、刀具轨迹的自动生成、后置处理及切削加工模拟等功能。应用较多的有 MasterCAM、EdgeCAM 及 CAXA 制造工程师等。

（5）数据库管理系统

工程数据库是 CAD/CAM 集成系统的重要组成部分，工程数据库管理系统能够有效地存储、管理和使用工程数据，支持各子系统间的数据传递与共享。工程数据库管理系统的开发可在通用数据库管理系统的基础上，根据工程特点进行修改或补充。目前比较流行的数据库管理系统有 Oracle、Sybase、FoxPro、Foxbase 等。

2）功能集成型支撑软件

这类软件功能比较完备，是进行 CAD/CAM 工作的主要软件。目前比较著名的功能集成型支撑软件主要有以下几种。

（1）Pro/Engineer

Pro/Engineer（简称 Pro/E）是美国 PTC（Parametric Technology Corporation）公司的著名参数化设计软件。PTC 公司提出的单一数据库、参数化、基于特征、全相关的概念，已成为当今机械 CAD/CAE/CAM 领域的新标准。基于该观念开发的 Pro/E 软件能将设计至生产全过程集成到一起，让所有的用户同时进行同一产品的设计制造工作，实现并行工程。Pro/E 提供了一套完整的机械产品解决方案，包括工业设计、机械设计、模具设计、加工制造、有限元分析、功能仿真和产品数据库管理，甚至包括产品生命周期的管理。目前，Pro/E 被广泛应用于汽车制造、航空航天、模具制造、服装、化工、建筑等行业。

（2）NX

NX（Next Generation），原名 UG（Unigraphics），是由西门子产品生命周期软件（Siemens PLM Software）公司开发的集 CAD/CAE/CAM 于一体的集成软件。NX 支持产品开发的整个过程，为用户提供一个全面的产品建模系统。NX 采用将参数化和变量化技术与实体、线框和表面功能融为一体的复合建模技术，其主要优势是三维曲面建模、实体建模和数控编程功能，具有较强的数据库管理和有限元分析前后处理功能以及界面良好的用户开发工具。NX 汇集了美国航空航天业及汽车业的专业经验，现已成为世界一流的功能集成化支撑软件，并被多家著名公司选作企业计算机辅助设计、制造和分析的标准。

（3）I-DEAS

I-DEAS（Integrated Design Engineering Analysis Software）是原美国 SDRC（Structure Dynamics Research Corporation）公司的主打产品（现已归属西门子公司）。SDRC 公司创建了业界最具革命性的 VGX 超变量化技术，将其应用于 I-DEAS 软件中。I-DEAS 是高度集成化的 CAD/CAE/CAM 软件，其动态引导器帮助用户以极高的效率，在单一数字模型中完成从产品设计、仿真分析、测试直至数控加工的产品研发全过程。I-DEAS 在 CAD/CAE 一体化技术方面一直雄居世界榜首，软件内含很强的工程分析和工程测试功能。

（4）CATIA

CATIA（Computer Aided Tri-Dimensional Interface Application）由法国 Dassault System 公司与 IBM 合作研发，是较早面市的著名的 CAD/CAM/CAE 软件。CATIA 率先采用自由曲面建模方法，在三维复杂曲面建模及其加工编程方面极具优势。CATIA 源于航空航天业，但其强大的功能得到了各行业的认可。作为一个完全集成化的软件系统，CATIA 将机械设计、工程分析及仿真和加工等功能有机地结合起来，为用户提供了严密的无纸工作环境，从而达到缩短研发周期、提高加工质量及降低费用的效果。目前广泛应用于航空航天、汽车制造、造船、机械制造、电子电器、消费品等行业。

3. 应用软件

应用软件是在系统软件和支撑软件的基础上，针对专门应用领域的需要而研制的软件。如机械零件设计软件、机床夹具 CAD 软件、冷冲压模具 CAD/CAM 软件等。这类软件通常由用户结合当前设计工作需要自行开发或委托软件开发商进行开发。能否充分发挥 CAD/CAM 系统的效益，应用软件的技术开发是关键，也是 CAD/CAM 工作者的主要任务。

应用软件的开发一般有两种途径，即基于支撑软件平台进行二次开发或采用常用的程序设计工具进行开发。目前常见的支撑软件均提供了二次开发工具，如 AutoCAD 内置的 VisualLisp、NX 的 GRIP 及 Open API 等。为保证应用技术的先进性和开发的高效性，应充分利用已有 CAD/CAM 支撑软件的技术和二次开发工具。需要说明的是，应用软件和支撑软件之间并没有本质的区别，当某一行业的应用软件逐步商品化形成通用软件产品时，也可以称之为支撑软件。

1.2.4　CAD/CAM 系统选型的原则

一个 CAD/CAM 系统功能的强弱，不仅与组成该系统的硬件和软件的性能有关，更重要的是与它们之间的合理配置有关。因此，在评价一个 CAD/CAM 系统时，必须综合考虑硬件和软件两个方面的质量和最终表现出来的综合性能。在具体选择和配置 CAD/CAM 系统时，应考虑以下几个方面的问题：

（1）软件的选择应优于硬件且软件应具有优越的性能。

软件是 CAD/CAM 系统的核心，一般来讲，在建立 CAD/CAM 系统时，应首先根据具体应用的需要选定最合适的、性能强的软件；然后再根据软件去选择与之匹配的硬件。若已有硬件而只配置软件，则要考虑硬件的性能选择与之档次相应的软件。

支撑软件是 CAD/CAM 系统的运行主体，其功能和配置与用户的需求及系统的性能密切相关，因此 CAD/CAM 系统的软件选型首要是支撑软件的选型。支撑软件应具有强大的图形编辑能力、丰富的几何建模能力及工程分析、数控加工等功能，易学易用，支持标准图形交换规范和系统内、外的软件集成，具有统一的数据库和良好的二次开发环境。

（2）硬件应符合国际工业标准且具有良好的开放性。

开放性是 CAD/CAM 技术集成化发展趋势的客观需要。硬件的配置直接影响到软件的运行效率，所以，硬件必须与软件功能、数据处理的复杂程度相匹配。要充分考虑计算机及其外部设备当前的技术水平以及系统的升级扩充能力，选择符合国际工业标准、具有良好开放性的硬件，有利于系统的进一步扩展、联网、支持更多的外设。

（3）整个软、硬件系统应运行可靠、维护简单、性能价格比优越。

（4）供应商应具有良好的信誉、完善的售后服务体系和有效的技术支持能力。

1.3　CAD/CAM 技术的发展和应用

1.3.1　CAD/CAM 技术的发展历程

计算机辅助技术伴随着计算机的应用领域不断扩大、应用水平不断提高和计算机技术的快速提高在不断发展，计算机辅助技术首先在飞机、汽车和船舶等大型制造业中应用并趋于成熟，发展了许多共性化技术，开发出许多商品化软件，其应用逐步推广到其他行业。

需要指出的是，计算机辅助技术特别是 CAD 技术的发展与计算机图形学的发展密切相关，计算机图形学中有关图形处理的理论和方法构成了计算机辅助技术的重要基础。综观计算机辅助技术的发展历程，主要经历了以下发展阶段。

20 世纪 50 年代，是 CAD 技术的酝酿、准备阶段。这期间，计算机主要用于科学计算，使用机器语言编程，图形设备仅具有输出功能。美国麻省理工学院（MIT）在其研制的旋风 I 号计算机上采用了阴极射线管（CRT）作为图形终端，并能被动显示图形。20 世纪 50 年代后期又出现了绘图仪和光笔。图形输出设备的出现，为 CAD 技术的出现和发展铺平了道路。1952 年 MIT 首次试制成功了数控铣床，通过数控程序对零件进行加工，随后 MIT 研制开发了自动编程语言（APT），通过描述走刀轨迹的方法来实现计算机辅助编程，标志着 CAM 技术的开端。1956 年首次尝试将现代有限单元法用于分析飞机结构。

20 世纪 60 年代，是计算机辅助技术蓬勃发展和进入应用的阶段。1963 年 MIT 的学者 I.E.Sutherland 发表了题为"SKETCHPAD——人机对话系统"的博士论文，首次提出了计算机图形学、交互技术、分层存储符号的数据结构等新思想，这项研究为交互式计算机图形学奠定了基础，也标志着 CAD 技术的诞生。此后，出现了交互式图形显示器、鼠标器和磁盘等硬件设备及文件系统和高级语言等软件，并陆续出现了商品化的 CAD 系统和设备。例如，1964 年通用汽车公司研制了用于汽车设计的 DAC-1 系统，1965 年洛克希德飞机公司开发了 CADAM 系统，贝尔电话公司也推出了 GRAPHIC-1 系统等。在此期间，CAD 技术的应用以二维绘图为主。在制造领域中，1962 年研制成功了世界上第一台机器人，实现物料搬运自动化，1965 年产生了计算机数控机床 CNC 系统，1966 年以后出现了采用计算机直接控制多台数控机床 DNC 系统以及由计算机集中控制的自动化制造系统。20 世纪 60 年代末，挪威开始了 CAPP 技术的研究，并于 1969 年正式推出第一个 CAPP 系统 AutoPros。

20 世纪 70 年代，是 CAD/CAM 技术广泛应用的阶段。这期间，计算机图形学理论及计算机绘图技术日趋成熟，并得到了广泛应用。硬件的性能价格比不断提高；图形输入板、大容量的磁盘存储器等相应出现；数据库管理系统等软件得以应用；以小型、超小型计算机为主机的 CAD/CAM 商品化系统进入市场并形成主流，其特点是硬件和软件配套齐全、价格便宜、使用方便，形成所谓的交钥匙系统（Turnkey System）。各种计算机辅助技术的功能模块已基本形成，但数据结构尚不统一，集成性差，应用主要集中在二维绘图、三维线框建模及有限元分析方面。同时，三维几何建模软件也相继发展起来，如曲面建模软件 CATIA、实体建模软件 I-DEAS 等。20 世纪 70 年代中期开始创立 CAPP 系统的研究与开发。1976 年由 CAM-I 公司开发了 CAPP 系统——CAM-I Automated Process Planning。这期间出现了 ANSYS、ADAMS 等著名的 CAE 软件。在制造方面，美国辛辛那提公司研制出了一条柔性制造系统（FMS），将 CAD/CAM 技术推向了新的阶段。

20 世纪 80 年代，是 CAD/CAM 技术及其应用系统迅速发展的阶段。这期间，出现了微型计算机和 32 位字长工作站，同时，计算机硬件成本大幅下降，计算机外围设备（彩色高分辨率图形显示器、大型数字化仪、自动绘图机、彩色打印机等）已逐渐形成系列产品，网络技术也得到应用；CAD 与 CAM 相结合，形成了 CAD/CAM 集成技术，导致了新理论、新算法的大量涌现。在软件方面，如数据管理技术、有限元分析、优化设计等技术迅速提高，实现了工程造型、自由曲面设计、机构分析与仿真等工程应用，特别是实体建模、特征建模、参数化设计等理论的发展和应用，推动了如参数化建模软件 Pro/E 等商品化软件的出现，促进了计算机辅助技术的推广和应用，使其从大中型企业向小企业发展，从发达国家向发展中国家发展；从用于产品设计发展到用于工程设计。在此期间，为满足数据交换要求，相继推出了有关标准（如 CGI、CGM、GKS、IGES 及 STEP 等）。20 世纪 80 年代后期，出现了 CIMS，将 CAD/CAM 技术推向了更高的层次。

20 世纪 90 年代以来，随着 CAD/CAM 技术的发展和应用的深入，各种计算机辅助单元技术日益成熟，并且更加强调信息集成和资源共享，出现了产品数据管理技术（Product Data Management，PDM）；CAD 建模技术不断完善，出现了许多成熟的 CAD/CAE/CAM 集成化的商业软件。由于微机加 Windows 操作系统与工作站加 UNIX 操作系统在以太网的环境下构成了主流工作平台，因此 CAD/CAM 系统具有良好的开放性，图形接口、图形功能日趋标准化，并在机械和电子等行业得到了广泛应用。

1.3.2　CAD/CAM 技术的发展趋势

随着世界市场的多变与激烈竞争，随着各种先进设计理论和先进制造模式的发展以及计算机技术的迅速发展，CAD/CAM 技术经历着前所未有的发展机遇与挑战，正在向集成化、网络化、智能化和标准化方向发展。

1. 集成化

为了适应 CIMS 的需求，各种应用计算机辅助技术的系统已从简单、单一、相对独立的功能发展成为复杂、综合、紧密联系的功能集成的系统。集成的目的是为用户进行研究、设计、试制等各项工作提供一体化支撑环境，实现在整个产品生命周期中各个分系统间信息流的畅通和综合。集成涉及功能集成、信息集成、过程集成与动态联盟中的企业集成。为提高 CAD/CAM 系统集成的水平，处于产品生命周期中信息链源头的 CAD 技术需要在数字化建模、产品数据管理、产品数据交换及各种 CAx（CAD、CAE、CAM 等计算机辅助技术的总称）工具的开发与集成等方面加以提高。

2. 网络化

网络技术的飞速发展和广泛应用，改变了传统的设计模式，将产品设计及其相关过程集成并行地进行，人们可以突破地域的限制，在广域区间和全球范围内实现协同工作和资源共享。网络技术使 CAD/CAM 系统实现异地、异构系统在企业间的集成成为现实。网络化 CAD/CAM 技术可以实现资源的取长补短和优化配置，极大地提高了企业的快速响应能力和市场竞争力，"虚拟企业"、"全球制造"等先进制造模式由此应运而生。目前基于网络化的 CAD/CAM 技术，需要在能够提供基于网络的完善的协同设计环境和提供网上多种 CAD 应用服务等方面提高水平。

3. 智能化

设计是含有高度智能的人类创造性活动。智能化 CAD/CAM 技术不仅是简单地将现有的人工智能技术与 CAD/CAM 技术相结合，更要深入研究人类认识和思维的模型，并用信息技术来表达和模拟这种模型。智能化 CAD/CAM 技术涉及新的设计理论与方法（如并行设计理论、大规模定制设计理论、概念设计理论、创新设计理论等）和设计型专家系统的基本理论与技术（如设计知识模型的表示与建模、知识利用中的各种搜索与推理方法、知识获取、工具系统的技术等）等方面。智能化是 CAD/CAM 技术发展的必然趋势，将对信息科学的发展产生深刻的影响。

4. 标准化

随着 CAD/CAM 技术的发展和应用，工业标准化问题越来越显得重要。目前已制订了一系列相关标准，如面向图形设备的标准计算机图形接口（CGI）、面向图形应用软件的标准 GKS 和 PHIGS、面向不同 CAD/CAM 系统的产品数据交换标准 IGES 和 STEP，此外还有窗口标准等。随着技术的进步，新标准还会出现。这些标准规范了 CAD/CAM 技术的应用与发展，更为重要的是有些标准还指明了进一步发展的道路，如 STEP 既是标准，又是方法学，由此构成的 STEP 技术深刻影响着产品建模、数据管理及接口技术。CAD/CAM 系统的集成一般建立在异构的工作平台之上，为了支持异构跨平台的环境，要求 CAD/CAM 系统必须是开放的系统，必须采用标准化技术。完善的标准化体系是我国 CAD/CAM 软件开发及技术应用与世界接轨的必由之路。

未来的 CAD/CAM 技术将为新产品开发提供一个综合性的网络环境支持系统，全面支持异地的、数字化的、采用不同设计哲理与方法的并行设计工作。

1.3.3　CAD 技术研究开发热点

1. 三维超变量化技术

超变量化几何（Variation Geometry Extended，VGX）技术是 CAD 建模技术发展的里程碑，它在变量化技术基础上充分利用了形状约束和尺寸约束分开处理以及无须全约束的灵活性，让设计者针对一个完整的三维产品数字模型，从建模到约束都可以直接以拖动方式实时地进行图形化的编辑操作。VGX 将直接几何描述和历史树描述创造性地结合起来，使设计者在一个主模型中就可以实现动态地捕捉设计、分析和制造的意图。VGX 极大地改进了交互操作的直观性及可靠性，从而更易于使用，使设计更富有效率。采用 VGX 的三维超变量化控制技术，能够在不必重新生成几何模型的前提下任意修改三维尺寸的标注方式，这为寻求面向制造的设计（DFM）解决方案提供了一条有效的途径。因此，VGX 技术被业界称为 21 世纪 CAD 领域具有革命性突破的新技术。

2. 基于知识工程的 CAD 技术

知识工程（Knowledge Based Engineering，KBE）的实质是知识捕捉和知识重用，知识工程将已有的知识、技能、经验、原理、规范等进行获取、组织、表达和集成，形成知识库，并创建相应的知识规则及知识的繁衍机制，因此具有较强的开放性和可扩展性。知识工程的最终表现形式是过程引导，在使用 KBE 时，首先进行工程配置，再定义工程规则，最后实现产品建模。

基于知识工程的 CAD 技术是将知识工程原理和计算机辅助设计理论有机结合的综合性技术，它的应用对象从几何建模、分析、制造延伸扩展到工程设计领域，形成了工程设计与 CAD/CAM 系统的无缝连接。它是基于产品本身和整个设计过程的信息建立产品工程模型；用产品设计、分析和制造的工程准则以及几何、非几何信息等构成产品设计知识，联合驱动产品模型；根据主动获取和集成的设计知识自动修改模型，提高设计对象的自适应能力。由此可见，基于知识工程的 CAD 技术是通过设计知识的捕捉和重用实现设计自动化。如何把设计知识结合到 CAD/CAM 系统中，使得设计人员只要输入工况参数或工程参数或应用要求，系统就能依据相关的知识，自动推理构造出符合要求的数字化产品模型，以最快的速度开发出高知识含量的优质的新产品，这正是知识工程要解决的问题。知识工程的应用使制造业的 CAD 技术有了一个质的飞跃。

3．计算机辅助创新技术

创新是产品设计的灵魂，如何提供一个具有创新性的 CAD 设计手段，使设计者在以人为中心的设计环境中更好地发挥创造性，这是一个富有挑战性的课题。计算机辅助创新技术（Computer Aided Innovation，CAI）是在发明创造方法学（Theory of Inventive Problem Solving，TRIZ）的基础上，结合现代方法学、计算机技术及多领域学科综合形成的创新技术，是 TRIZ 理论日趋成熟以及计算机辅助技术不断发展的结晶。创新从通俗的意义上讲就是创造性地发现问题和创造性地解决问题的过程，TRIZ 理论将人类发明创造、解决技术难题过程中所包含及遵循的客观规律和进化法则加以总结，为人们创造性地发现问题和解决问题提供了系统的理论和方法工具。世界 500 强企业中已有超过 400 家制造企业将 CAI 技术应用于产品设计中，CAI 技术是 CAD 技术新的飞跃，现已成为企业创新设计过程中必不可少的工具。

4．虚拟现实技术

虚拟现实（Virtual Reality，VR）技术是一种综合计算机图形技术、多媒体技术、人工智能技术、传感器技术以及仿真技术和人的行为学研究等学科发展起来的最新技术。VR 技术与 CAD/CAM 技术有机结合，为产品开发提供了虚拟的三维环境，设计者通过诸如视觉、听觉、触觉等各种直观而又自然实时的感知和交互，不仅可以对产品的外观和功能进行模拟，而且能够对产品进行虚拟的加工、装配、调试、检验和试用，使产品的缺陷和问题在设计阶段就能被及时发现并加以解决，从而有效地缩短了产品的开发周期，降低了产品的研制成本，获得最佳的设计效果。尽管 VR 技术在 CAD/CAM 技术中的应用前景很大，但由于 VR 技术所需的软硬件价格昂贵，技术开发的复杂性和难度还较大，VR 技术与 CAD/CAM 技术的集成还有待进一步研究和完善。

1.3.4　CAD/CAM 技术的应用

我国 CAD/CAM 技术的研究始于 20 世纪 70 年代，当时主要集中在少数高校及航空领域等极小范围。80 年代初，开始成套引进 CAD/CAM 系统，并在此基础上进行开发和应用；

同时国家在 CAD/CAM 技术研究方面重点投资，支持对国民经济有影响的重点机械产品 CAD 进行开发和研制，为我国 CAD/CAM 技术的发展奠定了基础。20 世纪 90 年代初，原国家科委将 CAD 应用与先进制造技术、先进信息、CIMS 一起作为重点发展的四大工程；"十五"期间，CAD 应用工程与 CIMS 工程合并实施制造业信息化工程，极大地促进了 CAD/CAM 技术在我国制造工程领域的推广和普及。科技部在 CAD 应用工程 2000 年规划纲要中指出："到 2000 年，在国民经济主要部门的科研、设计单位和企业中全面普及推广 CAD 技术，实现'甩掉图板'（指传统设计中的描图板），提高智能劳动效率，推广我国 CAD 市场，扶持发展以 CAD 为突破口的我国自主创新的软件产业，建立起我国的 CAD 产业"。

通过近 20 年坚持不懈的努力，我国 CAD/CAM 技术在理论与算法研究、硬件设备生产、支撑软件的开发与商品化、专业应用软件的研制与应用，以及在人才培养与技术普及等方面均取得了丰硕的成果。近年来，我国 CAD/CAM 技术发展迅速，应用日趋成熟，范围不断拓宽，水平不断提高，应用领域几乎渗透到所有制造工程领域，尤其是机械、电子、建筑、造船、轻工等行业在 CAD/CAM 技术开发应用上有了一定规模，取得了显著的成效。我国已自行开发了大量实用的 CAD/CAM 软件，国内计算机生产厂家已能够为 CAD/CAM 系统提供性能良好的计算机和工程工作站。少数大型企业已经建立起较完整的 CAD/CAM 系统并取得较好的效益，中小企业也开始使用 CAD/CAM 技术并初见成效；一些企业已着手建立以实现制造过程信息集成为目标的企业级 CIMS 系统，以实现系统集成、信息共享。

当前我国制造业应用计算机辅助技术的情况大致可分为以下 4 种层次：

（1）基于计算机绘图、产品三维几何建模的应用层次。部分产品设计采用了参数化、系列化、模块化的方法以及装配仿真等手段，缩短了开发周期。

（2）基于 CAE 进行产品性能设计的应用层次。利用有限元分析、优化设计及其他工程分析工具使形状结构设计与工程分析技术相结合，有效地提高了产品的设计质量。

（3）基于产品数据管理（PDM）的应用层次。基本实现了部门级的文档管理、产品结构管理与工作流程管理，但与企业资源规划（ERP）系统的集成尚不完善，理想的产品配置还难以实现。

（4）基于企业信息化平台的应用层次。实现了 CAx 集成以及 CAx/PDM/ERP 的集成，达到企业间的信息交换和共享。这是现阶段开展制造业信息化工作的主要内容。

CAD/CAM 技术应用的实践证明：先进的技术可以转化为现实的生产力，应用 CAD/CAM 技术是制造企业的迫切需求。CAD/CAM 技术是保证国家整体工业水平上一个新台阶的关键性技术，是提高产品与工程设计水平、降低消耗、缩短产品开发与工程建设周期、大幅度提高劳动生产率的重要手段；是提高研究与开发能力、提高创新能力和管理水平、增强市场竞争力和参与国际竞争的必要条件。

尽管我国 CAD/CAM 技术的应用已取得了巨大成就，但与发达国家相比仍有巨大差距。据介绍，1990 年美国制造业做到了"三个三"，即产品生命周期三年，产品制造周期三个月，产品设计周期三周。相比之下，2000 年我国主导产品的生命周期约为 10.5 年，产品开发周期为 18 个月。造成这种差距不仅有技术上的原因，还有思想观念上的原因和管理理念上的原因等。仅从技术上讲，我国 CAD/CAM 技术的应用还很不平衡，仍需向深度和广度扩展，仍然任重而道远。随着 CAD/CAM 技术应用的日益深入，我国制造企业在今后一段时间将面临的问题是：如何将 CAD 技术向三维建模发展，进一步提高设计效率；怎样充分发挥 CAE 技术的作用，提升产品的竞争力；如何利用 CAPP/CAM 技术提高数控设备的应用水平以及工艺设计和工艺管理的计算机应用水平；如何在现有计算机辅助单元技术应用的基础上，提高 CAx 的集成化程度；如何将 CAD/CAM 系统与产品数据管理系统有机地结合起来，形成企业级信息集成管理系统；面对先进设计理论和先进制造模式的发展，怎样抓紧时机迎接新的机遇与挑战等。这些都需要在今后的工作中不断地探索和研究 CAD/CAM 领域的先进技术、不断地吸收及应用 CAD/CAM 领域的最新成果。

　　综观先进制造技术的发展，可以看到，未来的制造是基于集成化和智能化的敏捷制造和"全球化"、"网络化"制造，未来的产品是基于信息和知识的产品。计算机辅助技术是当前科技领域的前沿课题，其发展和应用使传统的产品设计方法与生产模式发生了深刻的变化，从而带动制造业技术的快速发展，已经产生并必将继续产生巨大的社会经济效益。

思 考 题

1. 如何理解 CAD、CAM、CAPP、CAE、CAD/CAM 集成系统以及 CIMS 的含义？
2. 试述 CAD/CAM 系统的基本组成及其在系统中的作用。
3. 简述 CAD/CAM 系统的软件类型、层次与关系。
4. 常用的 CAD/CAM 支撑软件有哪些？列举 3 种典型的支撑软件并阐述其主要功能。
5. 简述 CAD/CAM 系统应用软件的开发方法。
6. 在 CAD/CAM 系统配置时应考虑哪些问题？
7. CAD/CAM 技术发展过程中有哪些重要事件？
8. 试分析当前 CAD/CAM 技术的研究热点。
9. 就 CAD/CAM 技术的发展趋势阐述个人的观点。
10. 收集有关资料，阐述我国 CAD/CAPP/CAE/CAM 技术应用中的成功之处和不足之处。

第 2 章　计算机辅助设计技术基础

2.1　计算机图形处理技术

计算机图形学是研究通过计算机将数据转换为图形，并在专用显示设备上显示的原理、方法和技术的学科，作为其主要研究内容之一的计算机图形处理技术是 CAD/CAM 技术的重要组成部分，该技术的发展有力地推动了 CAD/CAM 技术的研究和发展，为 CAD/CAM 技术提供了高效的工具和手段，而 CAD/CAM 技术的发展又不断对图形处理技术提出新的要求和设想，因此，CAD/CAM 技术的发展与计算机图形技术的发展有着密不可分的关系。

2.1.1　计算机图形处理的基本知识

1. 计算机图形处理技术

计算机图形处理技术是利用计算机的高速运算能力和实时显示功能来处理各类图形信息，包括图形的存储、生成、处理、显示、输出，以及图形的变换、组合、分解、运算等，并在计算机控制下，将过去由人工完成的绘图工作由绘图仪等图形输出设备来完成。计算机图形处理技术包含多种几何信息处理方法，如几何元素和图形的生成方法、图形变换、图形的消隐与裁剪、实体表示理论及拼合算法、真实感图形的生成等。

2. 坐标系统

（1）世界坐标系

世界坐标系（WC），是在物体所处的空间（二维或三维空间）中，用以协助用户定义图形所表达的物体几何尺寸的坐标系，也称用户坐标系，多采用右手直角坐标系，如图 2-1 所示。理论上世界坐标系是无限大且连续的，其定义域为实数域。

（2）设备坐标系

设备坐标系（DC）是与图形输出设备相关联的，是定义图形几何尺寸及位置的坐标系，也称物理坐标系。设备坐标系是二维平面坐标系，通常采用左手坐标系，如图 2-2 所示。它的度量单位是像素（显示器）或步长（绘图仪），例如显示器通常为 640×400、1024×768 像素，绘图仪的步长为 1、10 等，可见设备坐标系的定义域是整数域且是有界的。

（3）规格化的设备坐标系

规格化设备坐标系（NDC）是人为规定与设备无关的坐标系。其坐标轴方向及原点与设备坐标系相同，但其最大工作范围的坐标值则规范化为 1。以屏幕坐标为例，其规格化设备坐标系的原点仍是左上角（或左下角），坐标为(0.0,0.0)，距离原点最远的屏幕右下角

（或右上角）的坐标是(1.0,1.0)。用户图形数据经转换成为规格化设备坐标系的值，使图形软件与图形设备隔离开，增加了图形软件的可移植性。

图 2-1　世界坐标系　　　　　　　　　　图 2-2　设备坐标系

3．窗口与视区

（1）窗口

在工程设计中，有时为了详细表达图形的某一部分，而将该部分单独放大，即所谓的局部视图。在计算机图形学中，采用窗口技术可将指定的局部图形区域从整体中分离出来，并显示于视区中。窗口是在世界坐标系中定义的确定显示内容的一个矩形区域，只有在此区域内的图形才能在设备坐标系下显示输出，而窗口外的部分则被裁剪掉。窗口的大小与位置可以通过确定矩形左下角和右上角的坐标来定义。

（2）视区

视区是在设备坐标系（通常为显示器的显示屏幕）中定义的一个用于输出窗口中的图形的矩形区域，其位置大小同样由矩形的坐标来定义。若将窗口中的图形显示在屏幕视区范围内，则视区决定了窗口内图形要显示在屏幕上的位置和大小。

（3）窗口与视区的变换

窗口和视区是在不同的坐标系下定义的。因此，如果将窗口中的图形信息传送到视区来显示，必须把世界坐标系下定义的坐标值转化为设备坐标系下的坐标值，这样的变换称之为窗口—视区变换。下面利用图 2-3 说明窗口—视区变换。

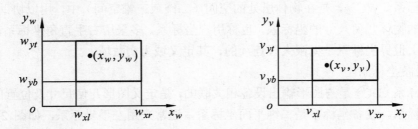

图 2-3　窗口—视区变换

设在世界坐标系定义的窗口为：左下角点的坐标为 (w_{xl}, w_{yb})，右上角点的坐标为 (w_{xr}, w_{yt})，该窗口在相应设备坐标系下定义的视区为 (v_{xl}, v_{yb})、(v_{xr}, v_{yt})。如果世界坐标系中的点为 (x_w, y_w)，则有如下变换公式：

$$\begin{cases} x_v = ((v_{xr} - v_{xl})/(w_{xr} - w_{xl}))(x_w - w_{xl}) + v_{xl} \\ y_v = ((v_{yt} - v_{yb})/(w_{yt} - w_{yb}))(y_w - w_{yb}) + v_{yb} \end{cases} \tag{2-1}$$

令：

$$a = (v_{xr} - v_{xl})/(w_{xr} - w_{xl})$$
$$b = v_{xl} - w_{xl}(v_{xr} - v_{xl})/(w_{xr} - w_{xl})$$
$$c = (v_{yt} - v_{yb})/(w_{yt} - w_{yb})$$
$$d = v_{yb} - w_{yb}(v_{yt} - v_{yb})/(w_{yt} - w_{yb})$$

则式（2-1）可写为：

$$\begin{cases} x_v = ax_w + b \\ y_v = cy_w + d \end{cases} \tag{2-2}$$

用户定义的图形从窗口区到视区的输出过程如图 2-4 所示。

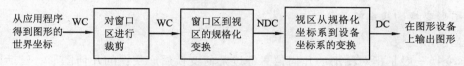

图 2-4　窗口区到视区的输出过程

为保证经过窗口—视区变换后的图形在视区中不产生输出失真现象，在定义窗口和视区时要求窗口和视区的高度和宽度之间的比例相同。但在一些 CAD 软件的开发中，由于用户开窗口的随意性（开发人员不能也无法限制用户的窗口比例，如框选放大功能），通常采用一种变通的方法，即根据用户所开子窗口的大小，视需要以某个方向上的比例（高度或宽度）为默认比例，另一方向自动采用与此相同的比例，以保证图形的正常显示。

4. 图形的裁剪

利用窗口技术，通过定义窗口和视区，可以将整体视图中的局部图形显示于屏幕的指定位置并对其进行处理。为了准确地将局部图形从整体图形中分离并显示出来，除进行窗口—视区变换外，还需要对图形进行裁剪，即通过正确地识别图形在窗口的内外部分，裁剪掉位于窗口外的图形部分，仅保留位于窗口内的图形部分。这种选择可见图形信息的方法称为裁剪。当然，为适应某种特殊需要也可剪裁掉位于窗口内的图形，而留出窗口的空白区域，以用于文字说明或其他用途，这种处理方法被称为"覆盖"。

裁剪技术的核心问题是通过对裁剪边界和被裁剪对象进行求交，裁剪位于裁剪边界处的图形，保留所需要的部分。裁剪边界通常是矩形窗口，也可以是任意多边形。被裁剪的对象经常是点、线段、字符、多边形等。对点的裁剪通过判断其可见性，即是否在窗口内来实现。对线段的裁剪，常采用编码裁剪算法、矢量裁剪算法和中点裁剪算法等。对多边形的裁剪，主要有逐边裁剪法、双边裁剪法、凸包矩形判别法、分区判断求交法及边界分割法等。有关裁剪方面的详细算法，可参考有关计算机图形学方面的书籍。

5. 图形的消隐

消隐指消除隐藏线和隐藏面，其目的是消除物体显示的二义性。

在图形显示时，为使物体更具有真实感，有时需要消去由于物体自身遮挡或物体间相互遮挡而无法看到的棱线（即隐藏线）。如果要显示物体的表面信息，则物体自身的背部或被其他物体遮挡的表面（即隐藏面）也应该消除。这就是图形的消隐。

消隐算法可以分成两类，即物空间算法和像空间算法。物空间算法是利用物体间的几何关系来判断这些物体的隐藏与可见部分，这种算法利用计算机硬件的浮点精度来完成几何计算（如相交），精度高，不受显示器分辨率的影响。像空间算法则把注意力集中在最终的图像上，对光栅扫描显示器而言，即对每一像素进行判断，确定哪些是可见部分。一般地，大多数隐藏面消除算法用像空间法，而大多数隐藏线算法用物空间法。有关消隐算法的详细介绍，可参考计算机图形学方面的相关书籍。

2.1.2　图形变换

1．图形变换的基本概念

（1）图形变换

图形变换一般是指对图形的几何信息经过几何变换后产生新的几何图形，包括比例、对称、旋转、错切、平移及透视等变换。由于点是构成几何形体的最基本元素，因此，通过对构成图形的特征点集的几何变换即可实现整个图形的几何变换。简单来说，图形变换的实质就是对组成图形的各顶点进行坐标变换，基本原理是用坐标矩阵描述一个几何图形，用变换矩阵表示变换，而通过这两种矩阵的运算，即可改变图形的位置、方向或大小。

（2）点的向量表示

在二维空间中，点的坐标(x, y)可表示为行向量$[x \quad y]$或列向量$[x \quad y]^T$。同样，在三维空间中也可以用行向量$[x \quad y \quad z]$或列向量$[x \quad y \quad z]^T$表示点(x, y, z)。一般习惯于用行向量表示一个点，则表示二维图形和三维图形的点集为 $n \times 2$ 或 $n \times 3$ 阶的矩阵：

$$\begin{bmatrix} x_1 & y_1 \\ x_2 & y_2 \\ \vdots & \vdots \\ x_n & y_n \end{bmatrix} \text{或} \begin{bmatrix} x_1 & y_1 & z_1 \\ x_2 & y_2 & z_2 \\ \vdots & \vdots & \vdots \\ x_n & y_n & z_n \end{bmatrix}$$

（3）齐次坐标

齐次坐标是指用一个 $n+1$ 维向量表示一个 n 维向量。对于一个二维空间点 (x, y)，可用齐次坐标表示为 $[hx \quad hy \quad h]$，通常在实际应用中 h 取 1，即用三维向量$[x \quad y \quad 1]$表示二维向量$[x \quad y]$。h 取 1 的齐次坐标称为规范化的齐次坐标。与此类似，三维空间点的齐次坐标表示为$[x \quad y \quad z \quad 1]$。

图形变换中，利用齐次坐标表示法可以表示在无穷远处的点，同时也可通过变换将无穷远点变换为对应的有限远点，产生透视投影中的灭点。齐次坐标表示法提供了用矩阵运算在二维、三维空间中进行各种图形变换的一个有效而统一的方法。

（4）变换矩阵

设一几何图形齐次坐标矩阵为 P，另有一矩阵为 T，则由矩阵乘法运算可得新矩阵 P'：

$$P' = PT \tag{2-3}$$

矩阵 P' 是矩阵 P 经变换后新的图形坐标矩阵，矩阵 T 被称为变换矩阵，是对原图形施行坐标变换的工具，二维图形的变换矩阵 T 为 3×3 阶，三维图形的变换矩阵 T 为 4×4 阶。

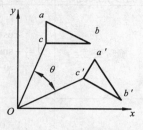

图 2-5　二维图形变换

2. 二维图形的几何变换

1）基本变换

如图 2-5 所示的三角形 abc，其顶点集的齐次坐标矩阵为 P，经变换后为三角形 $a'b'c'$，变换后顶点集的齐次坐标矩阵为 P'，即：

$$P = \begin{bmatrix} x_a & y_a & 1 \\ x_b & y_b & 1 \\ x_c & y_c & 1 \end{bmatrix} \qquad P' = \begin{bmatrix} x_a' & y_a' & 1 \\ x_b' & y_b' & 1 \\ x_c' & y_c' & 1 \end{bmatrix}$$

$$P' = PT \tag{2-4}$$

其中 T 是 3×3 阶变换矩阵，即：

$$T = \left[\begin{array}{cc:c} a & b & p \\ c & d & q \\ \hdashline m & n & s \end{array} \right]$$

变换矩阵中各元素取值不同，即可实现不同的图形基本变换。一个二维变换矩阵可分为 4 个部分，其中，左上角的 4 个元素（a、b、c、d）实现比例、对称、旋转、错切等变换，左下角的两个元素（m、n）实现平移变换，右上角的两个元素（p、q）实现透视变换，右下角的一个元素（s）实现图形的全比例变换。各种典型变换及其变换矩阵如表 2-1 所示。

表 2-1　二维图形典型变换及其变换矩阵

图形变换名称	变　换　矩　阵	图　　　例	说　　　明
比例变换	$T = \begin{bmatrix} a & 0 & 0 \\ 0 & d & 0 \\ 0 & 0 & 1 \end{bmatrix}$		a 为 x 方向的比例因子 d 为 y 方向的比例因子
等比例变换	$T = \begin{bmatrix} 1 & 0 & 0 \\ 0 & 1 & 0 \\ 0 & 0 & s \end{bmatrix}$		s 为全比例因子
平移变换	$T = \begin{bmatrix} 1 & 0 & 0 \\ 0 & 1 & 0 \\ m & n & 1 \end{bmatrix}$		m 为 x 方向的平移量 n 为 y 方向的平移量

图形变换名称	变 换 矩 阵	图　例	说　明
旋转变换	$T=\begin{bmatrix} \cos\theta & \sin\theta & 0 \\ -\sin\theta & \cos\theta & 0 \\ 0 & 0 & 1 \end{bmatrix}$		θ 为旋转角，逆时针为正，顺时针为负
错切变换	$T=\begin{bmatrix} 1 & 0 & 0 \\ c & 1 & 0 \\ 0 & 0 & 1 \end{bmatrix}$		沿 x 方向错切，c 为错切因子，$c\neq 0$
	$T=\begin{bmatrix} 1 & b & 0 \\ 0 & 1 & 0 \\ 0 & 0 & 1 \end{bmatrix}$		沿 y 方向错切，b 为错切因子，$b\neq 0$
对称变换	$T=\begin{bmatrix} 1 & 0 & 0 \\ 0 & -1 & 0 \\ 0 & 0 & 1 \end{bmatrix}$		对 x 轴的对称变换
	$T=\begin{bmatrix} -1 & 0 & 0 \\ 0 & 1 & 0 \\ 0 & 0 & 1 \end{bmatrix}$		对 y 轴的对称变换
	$T=\begin{bmatrix} 0 & 1 & 0 \\ 1 & 0 & 0 \\ 0 & 0 & 1 \end{bmatrix}$		对 $+45°$ 轴的对称变换
	$T=\begin{bmatrix} 0 & -1 & 0 \\ -1 & 0 & 0 \\ 0 & 0 & 1 \end{bmatrix}$		对 $-45°$ 轴的对称变换
	$T=\begin{bmatrix} -1 & 0 & 0 \\ 0 & -1 & 0 \\ 0 & 0 & 1 \end{bmatrix}$		对坐标原点 o 的对称变换

2）复合变换

在图形的几何变换中，有些变换仅用一种基本变换不能实现，必须由两种或多种基本变换才能实现，这种由多种基本变换组合而成的变换称为复合（或组合）变换，相应的变换矩阵叫复合（或组合）变换矩阵。

（1）绕任意点的旋转变换

平面图形绕任意点 $P(x_p, y_p)$ 逆时针旋转 α 角，需要通过以下步骤完成。

① 将旋转中心平移到坐标原点，其变换矩阵为：

$$T_1 = \begin{bmatrix} 1 & 0 & 0 \\ 0 & 1 & 0 \\ -x_p & -y_p & 1 \end{bmatrix}$$

② 绕坐标原点旋转 α 角，其变换矩阵为：

$$T_2 = \begin{bmatrix} \cos\alpha & \sin\alpha & 0 \\ -\sin\alpha & \cos\alpha & 0 \\ 0 & 0 & 1 \end{bmatrix}$$

③ 将旋转中心平移回原位置，其变换矩阵为：

$$T_3 = \begin{bmatrix} 1 & 0 & 0 \\ 0 & 1 & 0 \\ x_p & y_p & 1 \end{bmatrix}$$

至此，其复合变换矩阵为：

$$T = T_1 T_2 T_3 = \begin{bmatrix} 1 & 0 & 0 \\ 0 & 1 & 0 \\ -x_p & -y_p & 1 \end{bmatrix} \begin{bmatrix} \cos\alpha & \sin\alpha & 0 \\ -\sin\alpha & \cos\alpha & 0 \\ 0 & 0 & 1 \end{bmatrix} \begin{bmatrix} 1 & 0 & 0 \\ 0 & 1 & 0 \\ x_p & y_p & 1 \end{bmatrix}$$

将其展开可得：

$$T = \begin{bmatrix} \cos\alpha & \sin\alpha & 0 \\ -\sin\alpha & \cos\alpha & 0 \\ x_p(1-\cos\alpha) + y_p\sin\alpha & -x_p\sin\alpha + y_p(1-\cos\alpha) & 1 \end{bmatrix}$$

（2）复合变换的顺序对图形的影响

复合变换矩阵由几个矩阵相乘得到，由于矩阵乘法不适用交换律，即 $[A][B] \neq [B][A]$，因此，矩阵相乘的顺序不同，结果也不同，故复合变换矩阵的求解顺序不能任意变动。

3. 三维图形的几何变换

对三维空间的点 (x, y, z)，可利用类似二维平面变换的方法，只是其变换矩阵为一个 4×4 阶变换矩阵，即：

$$T = \left[\begin{array}{ccc:c} a & b & c & p \\ d & e & f & q \\ g & h & i & r \\ \hdashline m & n & l & s \end{array} \right]$$

此方阵亦可分为 4 部分，其中左上角部分产生三维比例、对称、错切和旋转变换，左下角部分产生平移变换，右上角部分产生透视变换，右下角部分产生全图的等比例变换。

各种典型变换及其变换矩阵如表 2-2 所示。

表 2-2   三维图形典型变换及其变换矩阵

图形变换名称	变 换 矩 阵	图 例	说 明
比例变换	$T = \begin{bmatrix} a & 0 & 0 & 0 \\ 0 & e & 0 & 0 \\ 0 & 0 & j & 0 \\ 0 & 0 & 0 & 1 \end{bmatrix}$		a、e、j 分别是 x、y、z 方向的比例因子
等比例变换	$T = \begin{bmatrix} 1 & 0 & 0 & 0 \\ 0 & 1 & 0 & 0 \\ 0 & 0 & 1 & 0 \\ 0 & 0 & 0 & s \end{bmatrix}$		s 为全图的比例因子
平移变换	$T = \begin{bmatrix} 1 & 0 & 0 & 0 \\ 0 & 1 & 0 & 0 \\ 0 & 0 & 1 & 0 \\ l & m & n & 1 \end{bmatrix}$		l、m、n 分别是 x、y、z 方向的平移量
旋转变换	$T = \begin{bmatrix} 1 & 0 & 0 & 0 \\ 0 & \cos\theta & \sin\theta & 0 \\ 0 & -\sin\theta & \cos\theta & 0 \\ 0 & 0 & 0 & 1 \end{bmatrix}$		绕 x 轴的旋转 θ 角，逆时针为正，顺时针为负
	$T = \begin{bmatrix} \cos\theta & 0 & -\sin\theta & 0 \\ 0 & 1 & 0 & 0 \\ \sin\theta & 0 & \cos\theta & 0 \\ 0 & 0 & 0 & 1 \end{bmatrix}$		绕 y 轴的旋转 θ 角，逆时针为正，顺时针为负
	$T = \begin{bmatrix} \cos\theta & \sin\theta & 0 & 0 \\ -\sin\theta & \cos\theta & 0 & 0 \\ 0 & 0 & 1 & 0 \\ 0 & 0 & 0 & 1 \end{bmatrix}$		绕 z 轴的旋转 θ 角，逆时针为正，顺时针为负
对称变换	$T = \begin{bmatrix} 1 & 0 & 0 & 0 \\ 0 & 1 & 0 & 0 \\ 0 & 0 & -1 & 0 \\ 0 & 0 & 0 & 1 \end{bmatrix}$		对 xoy 平面的对称变换

续表

图形变换名称	变换矩阵	图例	说明
对称变换	$T=\begin{bmatrix}1&0&0&0\\0&-1&0&0\\0&0&1&0\\0&0&0&1\end{bmatrix}$	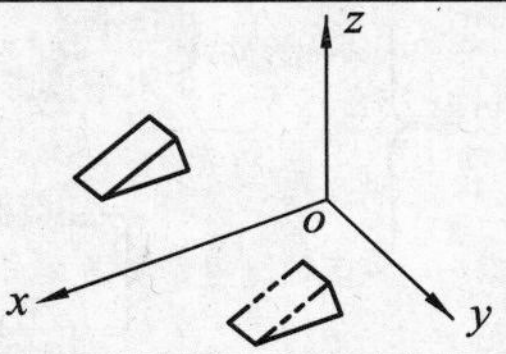	对 xoz 平面的对称变换
	$T=\begin{bmatrix}-1&0&0&0\\0&1&0&0\\0&0&1&0\\0&0&0&1\end{bmatrix}$	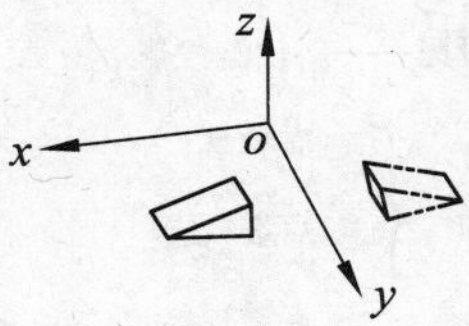	对 yoz 平面的对称变换
错切变换	$T=\begin{bmatrix}1&b&0&0\\0&1&0&0\\0&0&1&0\\0&0&0&1\end{bmatrix}$	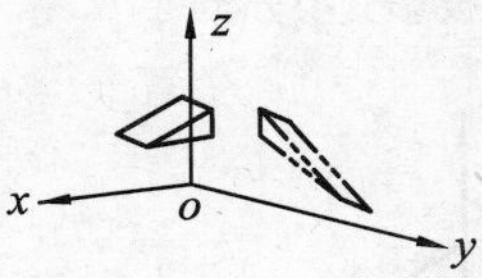	沿 y 含 x 的错切，b 为错切因子
	$T=\begin{bmatrix}-1&0&c&0\\0&1&0&0\\0&0&1&0\\0&0&0&1\end{bmatrix}$	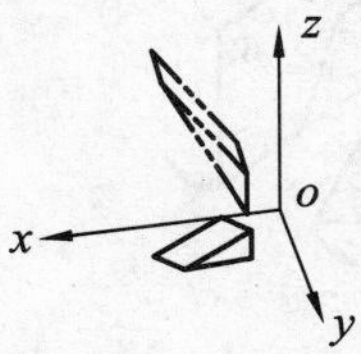	沿 z 含 x 的错切，c 为错切因子

2.1.3　投影变换

1. 投影变换

三维图形的几何变换是使三维物体在空间的位置和形状产生改变，而投影变换则是将三维物体投射到某投影面上，生成二维平面图形。

根据投影中心与投影平面之间的距离，投影可分为平行投影和中心投影。平行投影的投影中心与投影平面之间的距离为无穷大，而对中心投影，这个距离是有限的，投影变换的分类如图 2-6 所示。

2. 正投影（三视图）

投影方向垂直于投影平面时称为正投影，通常说的三视图均属于正投影。三视图是将三维空间物体（如图 2-7 所示）对正面、水平面和侧面进行正投影变换得到 3 个基本视图，然后保持正面（V 面）不动，水平面（H 面）向下旋转 $90°$，侧面（W 面）向右旋转 $90°$，将 3 个视图同时表示在一个平面内，最后将水平面和侧面分别平移一个距离，即可得到三视图，三视图变换过程可参见图 2-8，其中图 2-8（a）为投影后进行展开的图，图 2-8（b）为平移后的三视图。

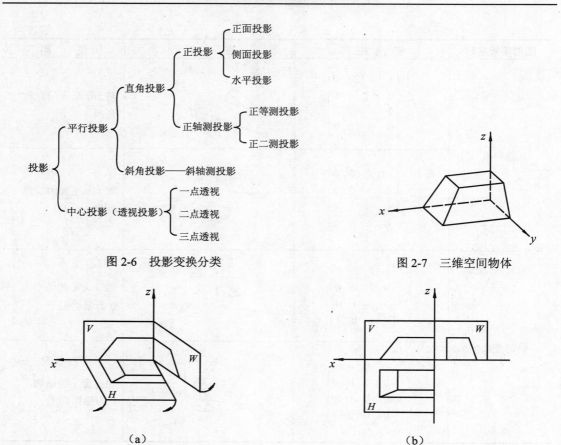

图 2-6　投影变换分类　　　　　　　　　　图 2-7　三维空间物体

（a）　　　　　　　　　　　　　　　　　（b）

图 2-8　三视图变换过程

（1）主视图变换矩阵

将三维物体向 xoz 平面（V 面）作正投影变换可得到主视图，只需将物体各顶点坐标中的 y 值变为 0，而 x、z 坐标值不变，其变换矩阵为：

$$T_v = \begin{bmatrix} 1 & 0 & 0 & 0 \\ 0 & 0 & 0 & 0 \\ 0 & 0 & 1 & 0 \\ 0 & 0 & 0 & 1 \end{bmatrix}$$

（2）俯视图变换矩阵

将三维物体向 xoy 平面（H 面）作正投影变换，再绕 x 轴顺时针旋转 $90°$，使主视图与俯视图在一个平面内，最后沿 z 轴作平移变换（平移量为 m），使 H 面投影和 V 面投影之间保持一段距离，得到俯视图，其变换矩阵为：

$$T_H = \begin{bmatrix} 1 & 0 & 0 & 0 \\ 0 & 1 & 0 & 0 \\ 0 & 0 & 0 & 0 \\ 0 & 0 & 0 & 1 \end{bmatrix} \begin{bmatrix} 1 & 0 & 0 & 0 \\ 0 & \cos(-90°) & \sin(-90°) & 0 \\ 0 & -\sin(-90°) & \cos(-90°) & 0 \\ 0 & 0 & 0 & 1 \end{bmatrix} \begin{bmatrix} 1 & 0 & 0 & 0 \\ 0 & 1 & 0 & 0 \\ 0 & 0 & 1 & 0 \\ 0 & 0 & -m & 1 \end{bmatrix} = \begin{bmatrix} 1 & 0 & 0 & 0 \\ 0 & 0 & -1 & 0 \\ 0 & 0 & 0 & 0 \\ 0 & 0 & -m & 1 \end{bmatrix}$$

（3）左视图变换矩阵

将三维物体向 yoz 平面（W 面）作正投影变换，再绕 z 轴逆时针旋转 $90°$，使主视图、俯视图和左视图在一个平面内，最后沿 x 轴负方向作平移变换（平移量为 l），则得到俯视图，其变换矩阵为：

$$T_w = \begin{bmatrix} 0 & 0 & 0 & 0 \\ 0 & 1 & 0 & 0 \\ 0 & 0 & 1 & 0 \\ 0 & 0 & 0 & 1 \end{bmatrix} \begin{bmatrix} \cos90° & \sin90° & 0 & 0 \\ -\sin90° & \cos90° & 0 & 0 \\ 0 & 0 & 1 & 0 \\ 0 & 0 & 0 & 1 \end{bmatrix} \begin{bmatrix} 1 & 0 & 0 & 0 \\ 0 & 1 & 0 & 0 \\ 0 & 0 & 1 & 0 \\ -l & 0 & 0 & 1 \end{bmatrix} = \begin{bmatrix} 0 & 0 & 0 & 0 \\ -1 & 0 & 0 & 0 \\ 0 & 0 & 1 & 0 \\ -l & 0 & 0 & 1 \end{bmatrix}$$

3. 轴测投影变换

轴测投影是指投影方向不平行于任一坐标面的单面平行投影，通过变换可将三维形体变换成二维轴测投影。轴测投影有正轴测投影和斜轴测投影。

（1）正轴测投影是将三维形体绕某一坐标轴旋转一个角度，再绕另一个坐标轴旋转一个角度，最后向包含这两个坐标轴的平面投影。例如，先绕 z 轴逆时针旋转 β 角，再绕 x 轴顺时针旋转 α 角，然后向 xoz 平面正投影，如图 2-9 所示，其变换矩阵为：

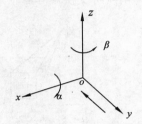

图 2-9　正轴测投影

$$T = \begin{bmatrix} \cos\beta & \sin\beta & 0 & 0 \\ -\sin\beta & \cos\beta & 0 & 0 \\ 0 & 0 & 1 & 0 \\ 0 & 0 & 0 & 1 \end{bmatrix} \begin{bmatrix} 1 & 0 & 0 & 0 \\ 0 & \cos\alpha & -\sin\alpha & 0 \\ 0 & \sin\alpha & \cos\alpha & 0 \\ 0 & 0 & 0 & 1 \end{bmatrix} \begin{bmatrix} 1 & 0 & 0 & 0 \\ 0 & 0 & 0 & 0 \\ 0 & 0 & 1 & 0 \\ 0 & 0 & 0 & 1 \end{bmatrix} = \begin{bmatrix} \cos\beta & 0 & -\sin\beta\sin\alpha & 0 \\ -\sin\beta & 0 & -\cos\beta\sin\alpha & 0 \\ 0 & 0 & \cos\alpha & 0 \\ 0 & 0 & 0 & 1 \end{bmatrix}$$

式中，α、β 的角度值可根据需要确定。当 $\alpha = 35°\,16'$，$\beta = 45°$ 时，可得到正等测投影图；当 $\alpha = 19°\,28'$，$\beta = 20°\,42'$ 时，可得到正二测投影图。

（2）斜轴测投影是将三维形体先沿两个坐标轴方向错切，然后再向包含这两个坐标轴的投影面作正投影变换，得到三维形体的斜轴测投影。

4. 透视投影

（1）透视投影

透视投影是通过投影中心（视点），将三维物体投影到二维平面（投影面）的变换。透视投影是模拟人的眼睛观察物体的过程，即从一个视点（观察点）透过一个平面观察物体，从视点出发的发散视线（投影线）与平面相截交得到的图形就是透视投影图。透视投影表达的物体图形有一种渐远渐小的深度感，是一种与人的视觉观察物体比较一致的三维图形。

（2）相关概念

- 投影中心：又称为视点，相当于观察者眼睛的位置坐标，改变投影中心坐标即从不同角度观察形体。
- 灭点：任何一束不平行于投影平面的平行线的透视投影将汇聚成一点，称之为灭点。

● 主灭点：在坐标轴上的灭点称为主灭点。主灭点数与投影平面切割坐标轴的数量相对应，如果投影平面仅切割 z 轴，则 z 轴是投影平面的法线，因而只在 z 轴上有一个主灭点，而平行于 x 轴或 y 轴的直线也平行于投影平面，因而没有灭点。

（3）透视投影的分类

透视投影按照主灭点的个数分为一点透视、二点透视、三点透视。图 2-10 为立方体的透视示意图，其中图 2-10（a）三维形体的一点透视，经过一点透视变换，只有一个灭点 F_1。图 2-10（b）为三维形体的二点透视，经过二点透视变换后，只有一个方向（y 向）的棱线仍互相平行，其余两个方向的棱线分别汇交于各自的灭点 F_1、F_2。图 2-10（c）为三维形体的三点透视，经过三点透视变换后，3 个方向的棱线分别汇交于各自的灭点 F_1、F_2、F_3。

4×4 阶变换矩阵右上角的 p、q、r 中只要有一个元素不为零，即可产生透视的效果。

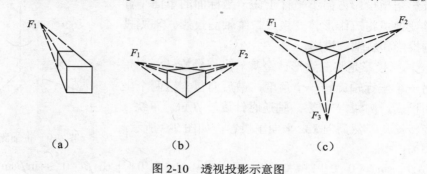

（a）   （b）   （c）

图 2-10   透视投影示意图

（4）三维形体的透视投影

三维形体的透视投影，实际是作三维形体各顶点的透视变换，再向投影面投影。为了获得立体感较强的透视投影，还应选取三维形体与投影面的距离、视点与投影面的距离以及视点高度等。因此，三维形体的透视变换是平移、旋转、正投影变换构成的组合变换。在工程上透视图绘制虽然比轴测图繁琐，但它给人的立体感和真实感更强，若配以现代计算机图形学中着色、明暗度、渲染等技术处理，会产生十分逼真的立体图形效果。

2.2   CAD/CAM 建模技术

2.2.1   几何建模概述

1. 建模的基本概念

对于三维的客观世界中的事物，从人们的认识出发，将这种认识描述到计算机内部的过程称为建模，其基本步骤如图 2-11（a）所示。从图 2-11（b）所示的建模过程中可以看出，建模的实质就是以计算机能够理解的方式，对实体及其属性进行描述、处理、存储、表达，从而在计算机内部构造一个实体的模型。因此，CAD/CAM 建模技术研究的是产品数据模型在计算机内部的建立方法、形成过程及采用的数据结构与算法。该技术是 CAD/CAM 的核心技术，是 CAD/CAM/CAE 的基础。CAD/CAM 建模技术包括几何建模和特征建模技术。

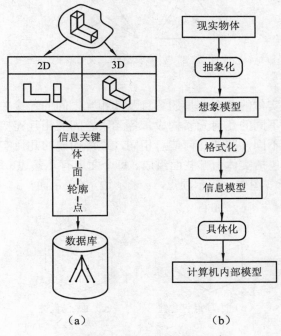

（a）　　　　　　　　　　　　（b）

图 2-11　三维实体的建模

2. 几何建模技术

所谓几何建模，是用计算机来表示和构造三维形体的几何形状、建立计算机内部模型的过程。CAD/CAM 系统中的几何模型就是把三维形体的几何形状及其属性用合适的数据结构进行描述和存储，供计算机进行信息转换与处理的数据模型。这种模型包含了三维形体的几何信息、拓扑信息以及其他的属性数据。几何建模技术就是对产品几何形状信息的处理技术。该技术将对实体的描述和表达建立在几何信息和拓扑信息处理的基础上。

（1）几何建模的基础

① 几何信息

几何信息描述三维形体在三维欧氏空间中的形状、位置和大小，包括基本几何元素点、线、环、面、体等的信息，这些信息可以用几何分量来描述。如空间中的任意一个点可用 3 个坐标分量定义；任意一条直线可用其两个端点的空间坐标定义；环有内环和外环之分，可由有序、有向边组成的封闭边界来定义，内环的边按顺时针走向，外环的边按逆时针走向；面可以是平面或曲面，其中平面可以用有序边棱线的集合来定义，曲面可以用解析函数或自由曲线参数方程来定义。这类信息作为几何模型的主要组成部分，可用合适的数据结构进行组织并存储在计算机内，以供 CAD/CAM 系统处理和转换。

由于实体的各几何元素之间具有一定的相关性，因此只用几何信息来表示空间实体时并不十分准确，常常存在实体表示上的二义性。如图 2-12 所示，由于理解的不同，图中的 5 个顶点可以用两种不同的方式进行连接，这样将得到两种不同的实体模型。

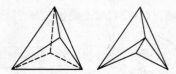

图 2-12　实体表示的二义性

② 拓扑信息

拓扑信息描述构成实体的各个分量的数目及其相互之间的连接关系。任一实体都是由点、线、面、体等各种不同的几何元素构成，各元素之间的相互连接关系构成了实体的拓扑信息。如果拓扑信息不同，即使几何信息相同，最终构成的几何实体可能完全不同。它们之间的连接关系主要包括实体由哪些面组成、每个面上有几条边、每条边有几个顶点等，具体关系如图 2-13 所示（图中 v 表示顶点，e 表示边，f 表示面）。

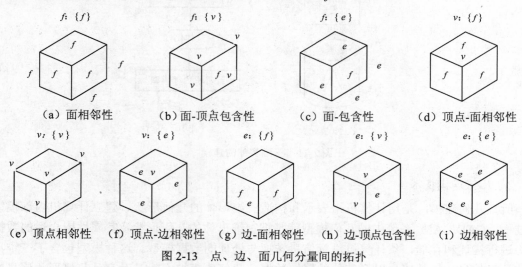

（a）面相邻性　（b）面-顶点包含性　（c）面-包含性　（d）顶点-面相邻性

（e）顶点相邻性　（f）顶点-边相邻性　（g）边-面相邻性　（h）边-顶点包含性　（i）边相邻性

图 2-13　点、边、面几何分量间的拓扑

这 9 种拓扑关系实际上是等价的，可以由一种关系推导出其他几种关系，因此彼此之间并不独立。这样，在实际应用时，就可以依据具体的要求，选择合适的拓扑描述方法。

由于拓扑关系允许三维实体作弹性运动，这些运动使得三维实体上的点仍为不同的点，对于两个形状和大小不一的实体的拓扑关系可能恰好是等价的。如图 2-14 所示，这两个实体的几何信息是不同的，而其拓扑特性却是等价的。这说明，对几何建模方法来说，为了保证描述实体的完整性和数学的严密性，必须同时给出实体的几何信息和拓扑信息。

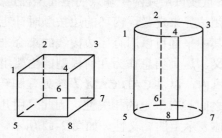

图 2-14　拓扑等价的两个实体

（2）几何建模技术的发展过程

在 CAD/CAM 系统中，几何建模技术的发展经历了由简单的线框建模到三维曲面建模、由曲面建模到实体建模、由实体建模到三维参数化建模以及由三维参数化技术到三维变量化技术的四次飞跃，带来了 CAD 发展史上的技术革命。

20 世纪 60 年代出现的三维 CAD 系统基于简单的线框模型，只能表达基本的几何信息，不能有效地表达几何数据间的拓扑关系。进入 20 世纪 70 年代，正值飞机和汽车工业蓬勃发展的时期，飞机及汽车制造中遇到的大量的自由曲面问题，在当时只能用多截面视图和特征纬线的方式来进行表达。此时法国人提出了贝塞尔算法，使得用计算机处理曲线及曲面问题成为可行。同时，法国达索飞机制造公司开发出以表面模型为特点的三维曲面建模系统 CATIA。CATIA 的出现，标志着 CAD 技术从单纯模仿工程图纸的三视图模式中解放出来，首次实现用计算机完整描述产品零件的主要信息，同时也使得 CAM 技术的开发有了实现的基础。曲面建模带来了 CAD 发展史上的第一次技术革命。

20 世纪 70 年代末到 80 年代初，由于计算机技术的飞速前进，CAD、CAM 技术也开始有了较大发展。由于曲面模型只能表达形体的表面信息，难以准确表达零件的其他特性，如质量、重心、惯性矩等，不利于 CAE 的应用，最大的问题在于分析的前处理特别困难。基于对 CAD/CAE 一体化技术发展的探索，SDRC 公司于 1979 年发布了世界上第一个完全基于实体建模技术的大型 CAD/CAE 软件——I-DEAS。实体建模技术能够精确表达零件的全部属性，在理论上有助于统一 CAD、CAE、CAM 的模型表示，因此，实体建模技术的普及应用标志着 CAD 发展史上的第二次技术革命。

20 世纪 80 年代中期，CV 公司的一批人提出了一种比"无约束自由建模"更新颖的算法——参数化实体建模方法，这种算法主要具有基于特征、全尺寸约束、全数据相关、尺寸驱动设计修改等特点。可惜 CV 公司否决了参数化方案，于是策划参数化技术的这批人离开 CV 公司另外成立了一家参数化技术公司——PTC 公司，开始研制名为 Pro/Engineer 的参数化软件。进入 20 世纪 90 年代，PTC 在 CAD 市场份额排名已名列前茅。参数化技术的应用主导了 CAD 发展史上的第三次技术革命。

20 世纪 90 年代初期，SDRC 公司的开发人员在探索了数年参数化技术后，发现其有许多不足。首先，全尺寸约束的硬性规定干扰和制约着设计者创造力和想象力的发挥；其次，如果在设计中关键的拓扑关系发生改变，将失去某些约束特征而造成系统数据混乱。因此，SDRC 的开发人员大胆地提出了一种更为先进的实体建模技术——变量化技术作为今后的开发方向。于是 SDRC 公司投资一亿美元，历经三年时间，于 1993 年推出了全新体系结构的 I-DEAS MASTER SERIES 软件。变量化技术既保持了参数化技术的原有优点，同时又克服了后者的许多不足之处，它的成功应用为 CAD 技术的发展提供了更大的空间和机遇。变量化技术驱动了 CAD 发展史上的第四次技术革命。

由此可见，CAD 建模技术基础理论的每次重大进展，无一不带动了 CAD/CAE/CAM 整体技术的提高以及制造手段的更新，促进了工业的高速发展。

2.2.2　三维几何建模技术

根据描述方法及存储的几何信息、拓扑信息的不同，三维几何建模技术可以分为线框建模、表面建模和实体建模 3 种。

1. 线框建模（Wire Frame Modeling）

线框建模通过描述三维形体的边界线和轮廓线构成模型的立体框架图。线框模型仅通过顶点和棱边来描述三维形体的几何形状，如图 2-15 所示。其线框模型的数据结构由顶点表（表 2-3）和棱边表（表 2-4）组成，棱边表表示棱边和顶点的拓扑关系，顶点表描述每个顶点的编号和坐标值。

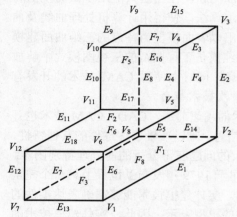

图 2-15　实体的线框模型

表 2-3　顶点表

棱线	端点	
E_1	V_1	V_2
E_2	V_2	V_3
E_3	V_3	V_4
...	...	...
E_{16}	V_4	V_{10}
E_{17}	V_5	V_{11}
E_{18}	V_6	V_{12}

表 2-4　棱边表

顶点	坐标值		
	x	y	z
V_1	x_1	y_1	z_1
V_2	x_2	y_2	z_2
V_3	x_3	y_3	z_3
...	...	...	...
V_{10}	x_{10}	y_{10}	z_{10}
V_{11}	x_{11}	y_{11}	z_{11}
V_{12}	x_{12}	y_{12}	z_{12}

这种模型数据结构简单，信息量少，占用的内存空间比较小，操作速度快。利用线框模型，可通过投影变换快速地生成三视图和任意视点和方向的透视图、轴测图，并能保证各视图间正确的投影关系。

因而，线框建模作为建模的基础，与表面模型和实体模型密切配合，已成为 CAD 建模系统中不可缺少的组成部分。例如，在 CAD 系统中先画一个二维线框图，然后进行拉伸、旋转即可形成三维实体；已建成的实体模型可以用线框图快速地进行图形显示和处理。

但是，由于线框模型只有棱边和顶点的信息，缺少面与边、面与体等拓扑信息，因此形体的信息描述不够完整，容易产生多义性（图 2-16），不易正确表达曲面形体的轮廓线（图 2-17）。此外，由于没有面和体的信息，线框模型也有局限性，不能进行消隐、不能产生剖视图，也给实体的几何特性、物理特性的计算与分析带来了困难。

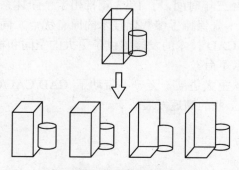

图 2-16　线框模型建模的多义性

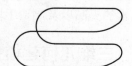

图 2-17　曲面形体难以正确地表示

由此可见，线框模型不适用于对三维形体需要完整信息描述的场合。但在有些情况下，诸如评价三维形体外部形状、布局、干涉检验、绘制图样、显示有限元网格等，线框模型提供的信息已经足够，且由于其较好的时间响应特性，故非常适用于实时仿真技术或中间结果显示等场合。在许多 CAD/CAM 系统中仍将此种模式作为表面模型与实体模型的基础。

2．表面建模（Surface Modeling）

表面建模是通过对三维形体的各个表面或曲面进行描述的一种三维建模方法。根据形体表面的不同可将表面建模分为平面建模和曲面建模两种。

1）平面建模

平面建模是将形体表面划分成一系列多边形网格，每一个网格构成一个小的平面，用这一系列小的平面拼接起来逼近形体的实际表面，即构造出曲面实体的表面模型，如图 2-18 所示。在计算机内部，

图 2-18　平面建模过程描述

表面模型的数据结构仍是表结构，是在线框模型的基础上，除了顶点表和棱边表之外，增加了面表结构。在面表中，包含有构成面边界的棱边序列以及该表面是否可见等信息，该表记录了边与面间的拓扑关系。下面给出的面表（表 2-5）即为图 2-15 所示实体的组成面的信息。

表 2-5　面表

面　号	棱边有向序列	可　见　性
F_1	E_1, E_2, E_3, E_4, E_5, E_6	Y
F_2	E_{12}, E_{11}, E_{10}, E_9, E_8, E_7	N
F_3	E_6, E_{18}, E_{12}, E_{13}	Y
F_4	E_2, E_{14}, E_8, E_{15}	N
F_5	E_4, E_{16}, E_{10}, E_{17}	Y
F_6	E_5, E_{17}, E_{11}, E_{18}	Y
F_7	E_3, E_{15}, E_9, E_{16}	Y
F_8	E_1, E_{13}, E_7, E_{14}	N

由于增加了有关面的信息，平面建模克服了线框建模的许多缺点，能够比较完整地定义三维实体的表面。但平面建模也有局限性，它仍旧没有描述出面与体间的拓扑关系，无法区别面的哪一侧是体内，哪一侧是体外。而且它所描述的仅是实体的外表面，并没有切开实体而展示其内部结构，因而也就无法表示实体的立体属性，无法指出实体是实心的还是空心的。由此，该模型在物性计算、有限元分析等应用中，仍缺乏表示上的完整性。

从数据结构可以看出，平面模型只能用于多面体结构形体，而对于一般的曲面形体来说，精度要求越高，所划分的网格就应越小，数量也就越多，这就使平面模型具有存储量大、精度低、不便于控制和修改等缺点。因而，随着曲线曲面理论的发展和完善，平面建模逐渐被曲面建模所代替，并成功地应用到 CAD/CAM 系统。

2）曲面建模

曲面建模是通过对三维形体的各个表面或曲面进行描述的一种三维建模方法，主要研

究曲面的表示、分析和控制以及由多个曲面块组合成一个完整曲面，适用于其表面不能用简单的数学模型描述的复杂型面，如汽车、飞机、家用电器等产品外观设计以及地形、地貌、矿产分布等资源描述中。这种建模方法重点是在给出的离散点数据的基础上，利用混合函数在纵向和横向两对边界曲线间构造光滑过渡的曲面，使曲面通过或逼近离散点。目前应用最广泛的是双参数曲面，它仿照参数曲线的定义，将参数曲面看成是一条变曲线 $r = r(u)$ 按某参数 v 运动形成的轨迹。

（1）贝塞尔（Bezier）曲线、曲面

这是法国雷诺汽车公司的 Bezier 在 1962 年提出的一种构造曲线、曲面的方法。图 2-19（a）所示为三次 Bezier 曲线的形成原理，这是由 4 个位置矢量 Q_1、Q_2、Q_3、Q_4 定义的曲线。通常将 Q_1、Q_2、$\cdots$、Q_n 组成的多边形折线称为 Bezier 控制多边形。多边形的第一条折线和最后一条折线代表曲线起点、终点的切线方向，其他顶点用于定义曲线的阶次和形状。Bezier 曲线的一般数学表达式为：

$$P(t) = \sum_{i=0}^{n} B_{i,n}(t)Q_i \qquad (0 \leqslant t \leqslant 1) \tag{2-5}$$

式中，Q_i 为各顶点的位置矢量，$B_{i,n}(t)$ 为 Bemstein 基函数，表示为：

$$B_{i,n}(t) = \frac{n!}{i!(n-i)!} t^i (1-t)^{n-i} \qquad (i = 0,1,2,\cdots,n) \tag{2-6}$$

当 $n = 3$ 时，公式（2-5）变为：

$$P(t) = (1-t)^3 Q_0 + 3t(1-t)^2 Q_1 + 3t^2(1-t)Q_2 + t^3 Q_3$$

或写成矩阵形式为：

$$P(t) = (t^3 \quad t^2 \quad t \quad 1) \begin{bmatrix} -1 & 3 & -3 & 1 \\ 3 & -6 & 3 & 0 \\ -3 & 3 & 0 & 0 \\ 1 & 0 & 0 & 0 \end{bmatrix} \begin{bmatrix} Q_0 \\ Q_1 \\ Q_2 \\ Q_3 \end{bmatrix} \tag{2-7}$$

此式称为三次 Bezier 曲线。三次 Bezier 曲线具有直观、使用方便、便于交互设计等优点，是应用最广泛的曲线。但 Bezier 曲线和定义它的特征多边形有时相差甚远，同时当修改顶点或改变顶点数量时，整条曲线形状都会发生变化，曲线局部修改性比较差。此外，高次 Bezier 曲线还有些理论问题待解决，所以通常都是用分段的三次 Bezier 曲线来代替。

用一个参数 t 描述的向量函数可以表示一条空间曲线，用两个参数 u、v 描述的向量函数就能表示一个曲面。可以直接由三次 Bezier 曲线的定义推广到双三次 Bezier 曲面的定义。图 2-19（b）中有 4 条 Bezier 曲线 $P_i(u)$，$i = 0,1,2,3$，它们分别以 $Q_{i,j}$ 为控制顶点（$j = 0,1,2,3$）。当 4 条曲线的参数 $u = u^*$ 时，形成 4 点 $P_0(u^*)$、$P_1(u^*)$、$P_2(u^*)$、$P_3(u^*)$，这 4 点构成 Bezier 曲线方程为：

$$P(u^*, v) = \sum_{i=0}^{3} B_{j,3}(v) P_j(u^*)$$

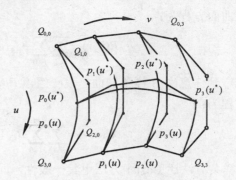

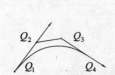

（a）三次贝塞尔（Bezier）曲线　　　　　　　（b）贝塞尔（Bezier）曲面

图 2-19　贝塞尔（Bezier）曲线、曲面

当 u^* 从 0～1 发生变化时，$P(u^*, v)$ 为一条运动曲线，构成的曲面方程为：

$$P(u, v) = \sum_{j=0}^{3} B_{j,3}(v) \sum_{i=0}^{3} B_{i,3}(u) Q_{i,j} = \sum_{i=0}^{3} \sum_{j=0}^{3} B_{i,3}(u) B_{j,3}(v) Q_{i,j} \qquad (2\text{-}8)$$

（2）B 样条曲线、曲面

B 样条曲线、曲面与 Bezier 曲线、曲面密切相关，继承了 Bezier 曲线直观性好等优点，仍采用特征多边形及权函数定义曲线，但权函数是 B 样条基函数。B 样条基函数定义为：

$$B_{i,n}(t) = \frac{1}{n!} \sum_{j=0}^{n-i} (-1)^j C_{n+1}^{j} (t+n-i-j)^n \qquad (0 \leqslant t \leqslant 1) \qquad (2\text{-}9)$$

式中，i 是基函数的序号，$i = 0,1,2,\cdots,n$；n 是样条次数；j 表示一个基函数是由哪几项相加。例如，将 $n=3$ 代入式（2-9）及式（2-5）中可得三次 B 样条曲线的矩阵表达式为：

$$P(t) = \frac{1}{6}(t^3 \quad t^2 \quad t \quad 1) \begin{bmatrix} -1 & 3 & -3 & 1 \\ 3 & -6 & 3 & 0 \\ -3 & 0 & 3 & 0 \\ 1 & 4 & 1 & 0 \end{bmatrix} \begin{bmatrix} Q_0 \\ Q_1 \\ Q_2 \\ Q_3 \end{bmatrix} \qquad (2\text{-}10)$$

B 样条曲线与特征多边形相当接近，同时便于局部修改。与 Bezier 曲面生成过程相似。由 B 样条曲线也很容易推广到 B 样条曲面，如图 2-20 所示，它是由 16 个顶点 $P_{ij}(i, j = 0,1,2,3)$ 唯一确定的双三次 B 样条曲面片。

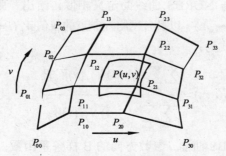

图 2-20　B 样条曲面

该曲面方程为：

$$P(u,v) = \sum_{i=0}^{3} \sum_{j=0}^{3} B_{i,3}(u) B_{j,n}(v) P_{ij} \tag{2-11}$$

推广到任意次 B 样条曲面，设一组点 $P_{ij}(i = 0,1,2,\cdots,n; j = 0,1,2,\cdots,m)$ ，有通用 B 样条曲面方程为：

$$P(u,v) = \sum_{i=0}^{n} \sum_{j=0}^{m} B_{i,n}(u) B_{j,m}(v) P_{ij} \tag{2-12}$$

B 样条方法比 Bezier 方法更具一般性，同时 B 样条曲线、曲面具有局部可修改性和很强的凸包性，因此较成功地解决了自由型曲线、曲面描述的问题。

（3）非均匀有理 B 样条（NURBS）曲线、曲面

这是一种能够将曲面实体融为一体的表示方法，它将描述自由曲线曲面的 B 样条方法，与精确表示二次曲线与二次曲面的数学方法相互统一，具有形状定义方面的强大功能与潜力。该方法可通过调整控制顶点和权因子，方便地改变曲面形状，同时也可方便地转换成对应的贝塞尔曲面，因此 NURBS 已成为当前曲面建模中最流行的技术。STEP 产品数据交换标准也选用了非均匀有理 B 样条作为曲面几何描述的主要方法。

简单地说，NURBS 就是专门做曲面物体的一种造型方法，用它可以做出各种复杂的曲面造型和表现特殊的效果，如人的皮肤、面貌或流线型的跑车等。NURBS 建模是由曲线组成曲面，再由曲面组成立体模型，曲线由控制点控制曲线曲率、方向、长短。

NURBS 曲线定义如下：给定 $n+1$ 个控制点 $P_i(i = 0,1,\cdots,n)$ 及权因子 $W_i(i = 0,1,\cdots,n)$ ，则 k 阶 $(k-1)$ 次 NURBS 曲线表达式为：

$$C(u) = \frac{\sum\limits_{i=0}^{n} N_{i,k}(u) W_i P_i}{\sum\limits_{i=0}^{n} N_{i,k}(u) W_i} \tag{2-13}$$

其中， $N_{i,k}(u)$ 为非均匀 B 样条基函数，按照 deBoor-Cox 公式递推的定义：

$$N_{i,1}(u) = \begin{cases} 1 & u_i \leqslant u \leqslant u_{i+1} \\ 0 & \text{其他} \end{cases}$$

$$N_{i,k}(u) = \frac{(u - u_i) N_{i,k-1}(u)}{u_{i+k-1} - u_i} + \frac{(u_{i+k} - u) N_{i+1,k-1}(u)}{u_{i+k} - u_{i+1}}$$

NURBS 曲面的定义与 NURBS 曲线的定义相似，给出一张 $(m+1)(n+1)$ 的网络控制点 $P_{ij}(i = 0,1,2,\cdots,n; j = 0,1,2,\cdots,m)$ ，以及各网络控制点的权值 $W_{ij}(i = 0,1,2,\cdots,n; j = 0,1,2,\cdots,m)$ ，则其 NURBS 曲面的表达式为：

$$S(u,v) = \frac{\sum\limits_{i=0}^{n} \sum\limits_{j=0}^{m} N_{i,k}(u) N_{j,l}(v) W_{ij} P_{ij}}{\sum\limits_{i=0}^{n} \sum\limits_{j=0}^{m} N_{i,k}(u) N_{j,l}(v) W_{ij}} \tag{2-14}$$

式中， $N_{i,k}(u)$ 为 NURBS 曲面 u 参数方向的 B 样条基函数； $N_{j,l}(v)$ 为 NURBS 曲面 v 参数方向的 B 样条基函数； k 、 l 为 B 样条基函数的阶次。

下面介绍几种常用的由 NURBS 曲线构造的简单曲面的生成方法。

① 线性拉伸面：将一条剖面线 $C(u)$ 沿方向 D 滑动扫成的曲面，如图 2-21（a）所示。

② 直纹面：给定两条具有相同的次数和相同的节点矢量的 NURBS 曲线 $C_1(u)$ 和 $C_2(u)$ 或其他曲线，将两条线上的对应点用直线相连，即可构成直纹面，如图 2-21（b）所示。

③ 旋转面：将定义曲线 Q 绕某轴（如 z 轴）旋转得到的曲面，如图 2-21（c）所示。

④ 扫描面：扫描面的具体构造方法很多，其中应用最多、最有效的方法是沿导向曲线 L（亦称控制曲线）扫描而形成曲面，它适用于具有相同构形规律的场合。具体定义时，只需在给定的距离内，定义垂直于导向曲线的剖面线 Q 即可，如图 2-21（d）～图 2-21（f）所示。

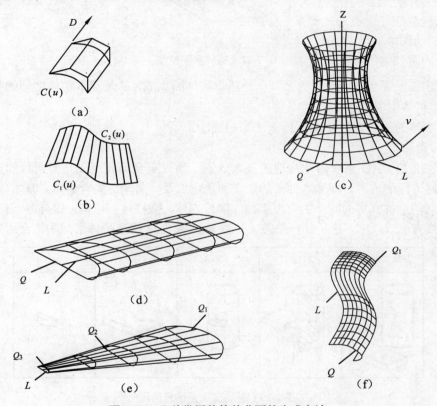

图 2-21　几种常用的简单曲面的生成方法

曲面模型可以为其他应用场合继续提供数据，例如当曲面设计完成后，便可根据用户要求自动进行有限元网格的划分、三坐标或五坐标 NC 编程以及计算和确定刀具运动轨迹等。但由于曲面模型内不存在各个表面之间相互关系的信息，因此在 NC 加工中只针对某一表面处理是可行的，倘若同时考虑多个表面的加工及检验可能出现的干涉现象，还必须采用三维实体建模技术。

3. 实体建模（Solid Modeling）

（1）建模的基本原理

实体建模是利用一些基本体素，通过集合运算（布尔运算）或基本变形操作来构造复杂形体的一种建模技术。实体建模的数据结构不仅描述了全部几何信息，而且定义了所有点、线、面、体的拓扑信息。它与表面建模的不同之处在于能够通过表面法向矢量方便地确定表面的哪一侧存在实体，如图 2-22 所示。利用实体建模可以得到全面完整的实体信息，能够实现消隐、剖切、有限元分析、数据加工、实体着色、光照及纹理处理、物性计算等各种处理和操作。

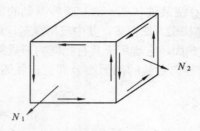

图 2-22   实体表示模型

实体建模主要包括两部分内容：一是基本实体的生成，二是基本实体之间的集合运算。

（2）实体生成的方法

基本实体的生成方法主要有体素法和扫描法。

① 体素法

体素法是用 CAD 系统内部构造的基本体素，通过集合运算生成几何实体的建模方法。主要包括两方面的内容，即基本体素的定义和描述以及体素间的集合运算。基本体素是具有完整的几何信息的真实而唯一的三维实体，如长方体、圆柱体、球体、锥体等。体素间的集合运算主要有交（∩）、并（∪）和差（−）3 种，图 2-23 描述了体素间的集合运算结果。

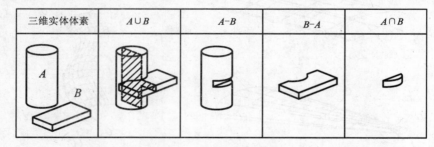

图 2-23   并、交、差运算结果

② 扫描法

扫描法是将平面内的任意曲线进行"扫描"（拉伸、旋转等）形成复杂实体的方法。扫描法又分为平面轮廓扫描和整体扫描两种。

平面轮廓扫描是利用平面轮廓，在空间平移一个距离或绕一固定的轴线旋转生成实体的方法，如图 2-24 所示。整体扫描是定义一个三维实体为扫描基体，让此基体在空间运动生成实体的方法。运动可以是沿某方向的移动，也可以是绕某一轴线转动或绕某一点的摆动，如图 2-25 所示。这种方法在生产过程的运动分析及干涉检验方面具有很大的实用价值，尤其在 NC 加工中刀具轨迹生成和检验方面具有重要意义。

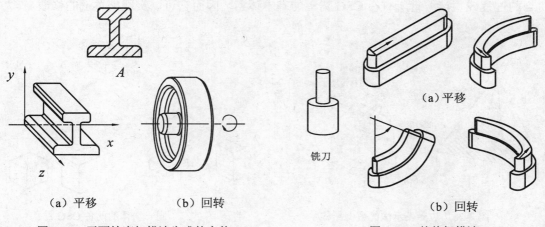

（a）平移　　　　　　（b）回转　　　　　　　　　　　（a）平移

铣刀

（b）回转

图 2-24　平面轮廓扫描法生成的实体　　　　　　　图 2-25　整体扫描法

（3）三维实体模型在计算机内部的表示

与线框模型、表面模型不同，三维实体模型在计算机内部存储的信息不是简单的边线或顶点的信息，而是比较完整地记录了生成实体的各方面数据。描述三维实体模型的方法很多，常用的有边界表示法、构造立体几何法、混合模式、空间单元表示法、扫描变换法等。这几种方法各有特点，且正向着多重模式发展，这里介绍几种常用的表示方法。

① 边界表示法（Boundary Representation）

边界表示法简称 B-Rep 法，图 2-26 描述了该表示法的数据结构。其基本思想为：一个形体可以通过包容它的面来表示，而每一个面又可以用构成此面的边描述，边通过点，点通过 3 个坐标值来定义。因此边界表示法强调的是实体的外表细节，详细记录了构成几何形体的所有几何信息和拓扑信息，将面、边、顶点的信息分层记录，建立层与层之间的联系。

这种内部结构和关系是与采用的实体生成方法无关的。它在数据管理上易于实现，便于系统直接存取组成实体的各几何元素的具体参数和对实体模型进行局部修改，有利于生成模型的线框图、投影图与工程图。但是有关物体生成的原始信息，即它是由哪些基本体定义的，是怎样拼合而成的，在边界表示法中无法提供，同时存在信息冗余问题。

② 构造立体几何法（Constructive Solid Geometry）

构造立体几何法简称 CSG 法，是用基本体素及其集合运算构造实体的方法。任何复杂的实体都可以由某些简单的基本体素加以组合来表示。CSG 法用二叉树的形式描述实体，亦称实体的 CSG 树。CSG 法与 B-Rep 法的主要区别在于：CSG 法对实体模型的描述与该实体的生成顺序密切相关，如图 2-27 所示，同一个实体，完全可以通过定义不同的基本体素，经过不同的集合运算加以构造，所以它是一个过程模型；CSG 法只定义了所表示实体的构造方式，不反映实体的面、边、顶点等有关边界的信息，因此 CSG 法强调的是记录各体素进入拼合时的原始状态，而 B-Rep 法则强调记录拼合后的结果。

与边界表示法相比，CSG 法构造的实体几何模型比较简单，每个基本体素无需再分解，而是将体素直接存储在数据结构中，所以这种方法简洁，生成实体速度快，无冗余信息。另外，采用 CSG 法可方便地实现在边界模型中无法实现的修改，即通过交互方式直接修改拼合的过程或直接编辑所有在 CSG 树上的基本体素，因而它可以实现整体上的修改。

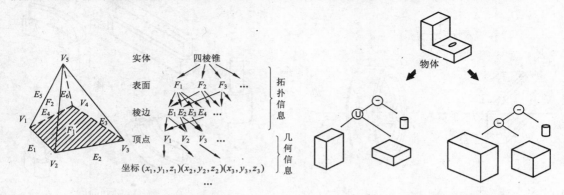

图 2-26　边界表示法的数据结构　　　　　图 2-27　同一物体的两种 CSG 结构

但是，由于 CSG 法构造的实体模型数据结构没有存储实体最终的详细几何信息，故 CSG 法也有局限性，其缺点如下：

- 对形体的修改操作不能深入到形体的局部。
- 直接基于 CSG 法表达显示形体的效率低，且不便于图形输出。
- 不能直接产生显示线框图所需的数据，必须经过复杂的运算才能完成从 CSG 结构到边界表示的转换。因此纯 CSG 模型在实现某些交互操作时会有些困难，几乎很少应用，取而代之的是混合模型。

③　混合模式（Hybrid Model）

该方法建立在边界表示法和构造立体几何法的基础上，在同一 CAD 系统中将两者结合起来，共同表示和描述三维实体。由前述讨论可知，B-Rep 法侧重面、边界的描述，在图形处理上具有明显的优势，尤其是探讨实体详细的几何信息时，其数据模型可以较快地生成线框模型或表面模型；CSG 法则强调过程，在整体形状定义方面精确、严格，但不具备构成实体的各个面、边界、点的拓扑关系，其数据结构简单。

对 CAD/CAM 集成系统来说，单纯的几何模型不能满足要求，往往需要在几何模型的基础上附加制造信息，构成实体模型。由于产品零件的形状特征、设计参数、公差等 CSG 中的体素密切相关，将这些信息加到 CSG 模型上比较方便，而零件的一些加工信息（如表面粗糙度、加工余量等）加在 B-Rep 模型的面上比较合理。因此，可以将这两种方法结合起来，取各自的特点，在系统中采用混合方法对实体进行描述。以 CSG 法为系统外部模型，以 B-Rep 法为内部模型，即 CSG 法作为用户接口，便于用户输入数据、定义体素及确定集合运算类型，而在计算机内部将用户输入的模型数据转化为 B-Rep 的数据模型，以便存储实体更详细的信息。这相当于在 CSG 树结构的节点上扩充边界表示法的数据结构，可以达到快速描述和操作实体模型的目的。

目前大多数 CAD/CAM 系统都是以 CSG 和 B-Rep 的混合表示作为形体数据表示的基础，CSG 和 B-Rep 信息的相互补充确保了实体几何模型信息的完整和正确。

4. 参数化建模和变量化建模

常规的实体建模系统所构造的几何实体具有确定的形状与尺寸，一旦建立，即使结构相似但想改变形状和尺寸也只能重新构造。而采用参数化建模技术和变量化建模技术构造的实体模型，只要通过修改其模型参数即可方便地改变模型的形状和尺寸。

（1）参数化建模技术

参数化建模是由编程者预先设置一些几何图形约束，然后供设计者在建模时使用。与一个几何相关联的所有尺寸参数可以用来产生其他几何。参数化建模具有基于特征、全尺寸约束、尺寸驱动设计修改、全数据相关等技术特点。

尺寸驱动不考虑工程约束，只考虑几何约束（尺寸及拓扑）。采用预定义的办法建立图形的几何约束集，指定一组尺寸作为参数与几何约束集相联系，因此改变尺寸值就能改变图形。尺寸驱动的几何模型由几何元素、尺寸约束和拓扑约束 3 部分组成。当修改某一尺寸时，系统自动检索该尺寸在尺寸链中的位置，找到它的起始几何元素和终止几何元素，使它们按新尺寸值进行调整，得到新模型，接着检查所有几何元素是否满足约束，如不满足，则让拓扑约束不变，按尺寸约束递归修改几何模型，直到满足全部约束条件为止。尺寸驱动一般不能改变图形的拓扑结构，因此对系列化标准化零件设计以及对原有设计作继承性修改则十分方便。例如，图 2-28（a）是驱动前的图形，尺寸参数为 A、B；图 2-28（b）为修改尺寸值 $A-X$ 后的图形，前、后图形拓扑关系不变。

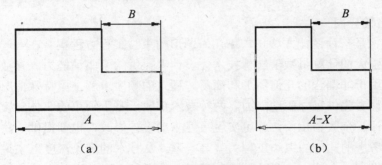

图 2-28　图形的尺寸驱动

参数化建模技术彻底克服了自由建模的无约束状态，几何形状均以尺寸的形式而被牢牢地控制住。如打算修改零件形状时，只需编辑一下尺寸的数值即可实现形状上的改变。尺寸驱动已经成为当今建模系统的基本功能。工程关系，如重量、载荷、力、可靠性等关键设计参数，不能作为约束条件直接与几何方程建立联系，需要另外的处理手段。

（2）变量化建模技术

变量化建模技术是在基于参数化技术的基础上进行改进，保留了参数化技术基于特征、全数据相关、尺寸驱动设计修改的优点，但在约束定义方面做了根本性的改变，将参数化技术中需定义的尺寸"参数"进一步区分为形状约束和尺寸约束。在新产品开发的概念设计阶段，设计者首先考虑的是设计思想及概念，并将其体现于某些几何形状中，而几何形状的准确尺寸和各形状之间的严格的尺寸定位关系，在此阶段还很难完全确定，所以应允许欠尺寸约束的存在。此外在设计初始阶段，整个产品的尺寸基准及参数控制方式还很难决定，只有当获得更多具体概念时，才能逐步确定最佳方案。除考虑几何约束之外，变量化设计还可以将工程关系作为约束条件直接与几何方程联立求解，无须另建模型处理。这种系统更适合于设计人员考虑更高一级的设计特征，作出不同设计方案对这些高级特征影响的分析，更适合作方案设计，因此变量设计是约束驱动。

变量化设计的原理如图 2-29 所示。图中几何元素指构成物体的直线、圆等几何图素；几何约束包括尺寸约束及拓扑约束；尺寸值指每次赋给的一组具体值；工程约束表达设计对象的原理、性能等；约束管理用来确定约束状态，识别约束不足或过约束等问题；约束网络分解可将约束划分为较小方程组，通过联立求解得到每个几何元素特定点（如直线上的两端点）的坐标，从而得到一个具体的几何模型。除了采用代数联立方程求解外，尚有采用推理方法的逐步求解。

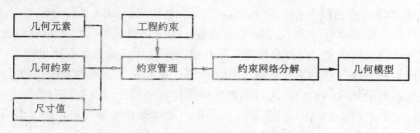

图 2-29　变量化设计原理图

（3）两者的异同

变量化技术是一种设计方法。它将几何图形约束与工程方程耦合在一起联立求解，以图形学理论和强大的计算机数值解析技术为设计者提供约束驱动能力。参数化技术是一种建模技术，应用于非耦合的几何图形和简易方程式的顺序求解，用特殊情况找寻原理和解释技术，为设计者提供尺寸驱动能力。两种技术都属于基于约束的实体建模系统，都强调基于特征的设计、全数据相关，并可实现尺寸驱动设计修改，也都提供方法与手段来解决设计时所必须考虑的几何约束和工程关系等问题。从技术的理论深度上来说，变量化技术要比参数化技术高一个档次。两种技术的最根本的区别在于是否要全约束以及以什么形式来施加约束。两种技术的应用领域亦由于技术上的差异而不同。除去双方重叠的常规用户外，参数化技术的主要用户多集中于零配件和系列化产品行业；变量化技术的主要用户多集中在整机、整车行业，侧重产品系统级的设计开发。目前，变量化技术和参数化技术都还在不断地丰富和完善中。

2.2.3　特征建模技术

几何模型只描述了实体的几何信息及其相互之间的拓扑关系，缺乏明显的工程含义。任何产品在设计、制造过程中，不仅需要提供结构形状、公称尺寸等几何信息，还需要提供加工过程中所需要的尺寸公差、几何公差、粗糙度、材料性能、技术要求等极为重要的非几何信息。因此几何模型对产品的描述是不完整的。特征建模技术（Feature Modeling）克服了传统的几何建模的局限性，面向整个产品的设计过程和制造过程，能完整地、全面地描述零件生产过程的各个环节的信息以及这些信息间的关系。

1. 特征建模原理

特征建模建立在实体建模的基础上，不仅构造了一定拓扑关系组成的几何形状，而且反映了特定的工程语义，支持了零件从设计到制造整个周期内各种应用所需的几乎全部信息，其中包括零件形状信息、加工工艺信息和生产管理信息等。建立特征模型的方法介绍如下：

（1）交互式特征定义

这种方法是利用现有的实体建模系统建立产品的几何模型，进入特征定义系统后，由用户直接通过图形交互拾取，在已有的实体模型上定义特征几何所需要的几何要素，并将特征参数或精度、技术要求、材料热处理等信息作为属性添加到特征模型中。这种建模方法简单，但效率低，难以提高自动化程度，实体的几何信息与特征信息间没有必然的联系，难以实现产品数据的共享，并且信息处理过程中容易产生人为的错误。

（2）特征自动识别

特征自动识别是将设计的几何模型与系统内部预先定义的特征库中的特征进行比较，自动确定特征的具体类型及其他信息，形成三维形体的特征模型。特征自动识别实现了几何信息与特征信息的统一，从而建立了真正的实体特征模型。但特征自动识别一般只对简单形状特征的识别有效，当产品零件比较复杂时，特征识别就显得非常困难，甚至无法实现，且这种方法建立的特征模型仍缺乏 CAPP 所需的公差、材料等属性。

（3）基于特征的设计

这种方法为用户提供了符合实际工程的设计概念和方法，它是利用特征进行零件的设计，即预先定义好大量的特征，存入系统内的特征库，在设计阶段将特征库中预定义的特征实例化后，以实例特征为基本单元建立零件的特征数据模型，从而完成产品的定义或设计。目前广泛应用的 CAD、CAM 软件就是基于特征的设计系统。

2. 特征的定义与分类

（1）特征的定义

自 20 世纪 70 年代末提出特征概念以来，特征至今仍没有一个严格的、完整的定义。在实际应用中，随着应用角度的不同可以形成具体的特征定义。比较一致的意见认为特征是一种封装了各种属性和功能的功能要素，与设计、制造活动有关，含有工程意义和基本几何实体或信息。这个定义强调了特征具有几何形状、精度、材料、技术要求和管理等属性，同时强调了特征是与设计活动和制造有关的几何实体，因而是面向设计和制造的，而且该定义还强调了特征含有工程意义的信息，即特征反映了设计者和制造者的意图。

（2）特征的分类

不同的应用领域，特征的分类有所不同。从设计、制造一体化角度出发，通过分析机械产品大量的零件图样信息和加工工艺信息，可将构成零件的特征分为 5 大类。

① 形状特征：描述具有一定工程意义的几何形状信息，具有特定的功能和加工方法集。形状特征是零件的主要特征，是构造零件形状的基本单元，且具有一定的制造意义。

② 精度特征：描述零件几何形状、尺寸的许可变动量的信息集合，包括公差（尺寸公

差和几何公差）和表面粗糙度。

③ 材料热处理特征：与零件材料和热处理有关的信息集合，如材料性能、热处理方式、硬度值等。

④ 技术特征：描述零件的性能和技术要求的信息集合。

⑤ 管理特征：与零件管理有关的信息集合，包括零件的类型、名称、材料、图号、生产批量等管理信息以及未标注的公差、未标注的粗糙度和热处理要求等总体技术信息。

除上述 5 类特征外，针对箱体类零件提出方位特征，即零件各表面的方位信息的集合。另外，工艺特征模型中提出尺寸链特征，即反映轴向尺寸的信息集合。还有装配特征，即与零部件装配有关的信息集合，如零部件的配合关系、装配关系等。

（3）形状特征的分类

形状特征是描述零件或产品的最主要的特征，从设计、制造集成的角度进行研究，形状特征是具有一定拓扑关系的一组几何元素构成的形状实体，它对应零件的一个或多个功能，并能被一定的加工方法所形成。形状特征根据其在构造零件中所起的作用不同，可分为主形状特征（简称主特征）和辅助形状特征（简称辅特征）两类，图 2-30 所示为轴盘类零件的形状特征分类。

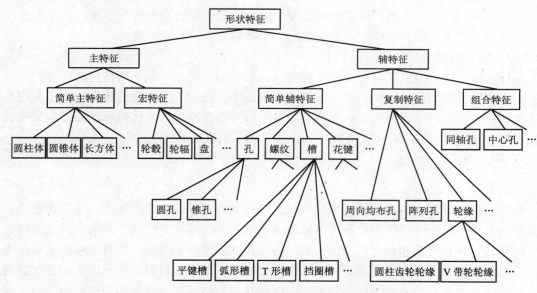

图 2-30   轴盘类零件的形状特征分类

3. 基于特征的集成产品模型

由于产品生命周期内不同阶段的工作是由不同部门、不同工作人员完成的，因此建立了很多局部应用模型，如概念模型、几何形状模型、加工工艺模型、功能模型、装配模型等，这些模型缺乏统一的表达形式，很难实现信息集成、过程集成或功能集成。为了真正实现 CAD/CAM 集成，必须建立完整表达零件信息的集成产品模型，在此模型的基础上，运用产品数据交换技术，实现 CAD、CAM 等各子系统之间数据信息的顺畅交换与共享。

（1）特征间的关系

为了方便描述特征之间的联系，提出特征类、特征实例的概念。特征类是关于特征类型的描述，是具有相同信息性质或属性的特征概括。特征实例是对特征属性赋值后的一个特定特征，是特征类的一个成员。特征类之间、特征实例之间、特征类与特征实例之间有如下的联系。

① 继承关系：继承联系构成特征之间的层次联系，位于层次上级的叫超类特征，位于层次下级的叫亚类特征。亚类特征继承超类特征的属性和方法，这种继承联系称 AKO（A-Kind-of）联系，如特征与形状特征之间的联系。另一种继承联系是特征类与该类特征实例之间的联系，这种联系称为 INS（Instance）联系。

② 邻接关系：反映形状特征之间的相互位置关系，用 CONT（Connect-To）表示。构成邻接联系的形状特征之间的邻接的状态可共享，例如一根阶梯轴，每相邻两个轴段之间的关系是邻接联系，其中每个邻接面的状态可共享。

③ 从属关系：描述形状特征之间的依从或附属关系，用 IST（Is-Subordinate-To）表示。从属的形状特征依赖于被从属的形状特征而存在，如倒角附属于圆柱体。

④ 引用关系：描述形状特征之间作为关联属性而相互引用的联系，用 REF（Reference）表示。引用联系主要存在于形状特征对精度特征、材料特征的引用。

（2）集成产品数据模型

依据特征的上述分类，基于特征的集成产品数据模型如图 2-31 所示。

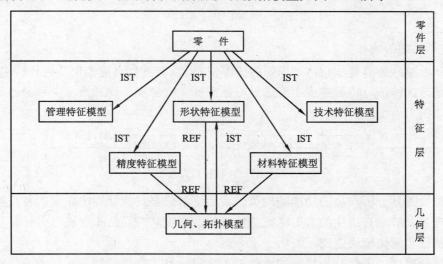

图 2-31　基于特征的集成产品数据模型

从图 2-31 中可以看出，集成产品数据模型具有层次性的特点。零件层主要反映零件的总体信息，是关于零件子模型的索引指针或地址；特征层是一系列的特征子模型及其相互关系；几何层反映零件的点、线、面的几何、拓扑信息。分析这个模型结构可知，零件的几何、拓扑信息是整个模型的基础，同时也是零件图绘制、有限元分析等应用系统关心的对象。而特征层则是零件模型的核心，层中各种特征子模型之间的相互联系反映了特征间的语义关系，使特征成为构造零件的基本单元而具有高层次的工程含义，该模型可以方便地提供高层次的产品信息，从而支持面向制造的应用系统（如 CAPP、NC 编程、加工过程仿真等）对产品数据的要求。

特征的层次性反映了加工工艺过程的先后顺序性。如图 2-32 所示的回转体零件，其主特征包括外螺纹 *th*1、圆柱 *cy*1 和 *cy*2，一级辅特征包括左端面、右端面、左倒角、右倒角、环形槽等，二级辅特征有中心孔等。加工顺序一般为首先粗车、精车外圆型面等，完成主特征型面的加工；然后车端面、车倒角、铣环形槽等，加工一级辅特征型面；最后加工二级辅特征型面，在端面上钻孔等。这样的加工顺序在很大程度上由零件特征的层次结构所决定，先主后辅，步骤比较明确。

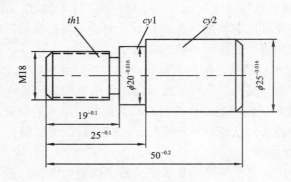

图 2-32　简单的回转体零件示例

4. 特征建模的实现

产品研发总是遵循着从总体到局部的思维模式，反映到信息建模也是先分析主要特征，然后才考虑辅加特征。特征建模主要通过特征拟合、特征实例化和特征关系操作等过程实现，如图 2-33 所示。

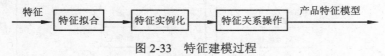

图 2-33　特征建模过程

特征拟合就是分析产品的功能结构等因素后，对照全局特征库中定义的特征类型，由上到下将产品分解成有层次的若干特征的集合体，它仅从产品结构上进行分析，完整的特征信息由特征实例化模块完成。

建立特征模型，进行基于特征的设计、工艺设计及工序图绘制等，必须有特征库的支持。特征库中应包含完备的产品定义数据，并能实现对管理特征、技术特征、形状特征、精度特征和材料特征等的完整描述。在特征库中给出了各种形状特征的结构描述和参数描述。特征库中的特征是框架描述形式，使用时，系统依据该标识从特征类别库中调出相应特征并赋予其实际参数，也就是将特征进行实例化。

产品特征按照一定层次结构组织，零散的特征不能表达产品信息，任何零件都由若干个形状特征实例拼合而成。特征关系操作是由上至下的操作过程，利用操作算子建立辅特征之间、辅与主特征之间及主特征之间的形面关系和约束关系，从而完成产品的总体描述。

5. 特征建模的特点

特征建模着眼于表达产品完整的技术和生产管理信息，且这种信息涵盖了与产品有关的设计、制造等各个方面，为建立产品模型统一的数据库提供了技术基础，是实现 CAD/CAM 集成的一项关键技术。其特点主要概括为以下几个方面：

（1）特征建模使产品的设计工作不停留在底层的几何信息基础上，而是依据产品的功能要素，如键槽、螺纹孔、均布孔、花键等，起点在比较高的功能模型上。特征的引用不仅直接体现设计意图，也直接对应着加工方法，以便于进行计算机辅助工艺过程设计并组织生产。

（2）特征建模以计算机能够理解的和能够处理的统一产品模型代替传统的产品设计、工艺设计、夹具设计等各个生产环节的连接，使得产品设计与原来后续的各个环节并行展开，系统内部信息共享，实现真正的 CAD/CAPP/CAM 的集成，且支持并行工程。

（3）特征建模有利于实现产品设计和制造方法的标准化、系列化、规范化，在产品设计开始时就考虑加工、制造要求，保证产品有良好的工艺性及可制造性，有利于降低产品的生产成本。

2.3 CAD/CAM 集成技术

2.3.1 CAD/CAM 集成的关键技术

CAD/CAM 集成的关键是指 CAD、CAE、CAPP 和 CAM 之间的数据交换与共享。严格地说，CAD/CAM 集成是指信息和物理设备两方面的集成。从信息的角度看，所谓集成是指 CAD、CAPP、CAM 等各模块之间的信息提取、交换、共享和处理的集成，即信息流的集成，CAD/CAM 系统实现双向数据传输与共享；硬件集成是通过网络实现 CAD 系统和 CAM 系统物理设备的互联。

CAD/CAM 的集成，要求产品设计与制造紧密结合，其目的是保证从产品设计、工艺分析、加工模拟直至产品制造过程中的数据具有一致性，能够直接在计算机间传递，从而减少信息传递误差和编辑出错的可能性。由于 CAD、CAPP 和 CAM 是独立发展起来的，并且各自模型处理的着重点不同。CAD 系统采用面向拓扑学和几何学的数学模型，主要用于完整地描述零件的几何信息，对于精度、公差、表面粗糙度和热处理等非几何信息，则没有在计算机内部的逻辑结构中得到充分表达。而 CAD/CAM 的集成，除了要求几何信息外，更需要面向加工过程的非几何信息。因此在独立的 CAD、CAM 之间出现了信息中断，从而导致在建立 CAPP 子系统和 CAM 子系统时，既要从 CAD 子系统中提取几何信息，还需要补充输入上述非几何信息，无法实现 CAD/CAPP/CAM 的完全集成。

目前，CAD/CAM 集成采用的关键技术主要有以下几个方面。

1．特征技术

采用特征技术，可建立 CAD/CAM 范围内相对统一的、基于特征的产品定义模型。该模型不仅要求能支持设计与制造各阶段所需的产品定义信息（几何信息、拓扑信息、工艺和加工信息），而且还应该提供符合人们思维方式的高层次工程描述语义特征，并能表达工程师的设计与制造意图。在此模型的基础上，运用产品数据交换技术，可实现 CAD、CAM 等各子系统之间数据的交换与共享。

2．产品数据管理技术

CAD/CAM 集成系统中的数据形态多样，类型繁多，结构与关系复杂。目前主要通过文件来实现 CAD 与 CAM 之间的数据交换，不同子系统的文件之间要通过数据接口转换，传输效率不高。为了提高数据传输效率和系统的集成化程度，保证各子系统之间数据的一致性、可靠性和数据共享，可采用工程数据库管理系统来管理集成数据，使各系统之间直接进行信息交换，真正实现 CAD、CAM 子系统之间信息的交换与共享。

3．产品数据交换技术

在 CAD/CAPP/CAM 集成中，有大量的数据需要进行交换。为了满足 CAD/CAM 集成的需要，提高数据交换的速度，保证数据传输的完整、可靠和有效，必须使用通用的标准化数据交换标准。产品数据交换标准是 CAD/CAM 集成的重要基础。

4．集成框架（集成平台）

数据的共享和传送是通过网络和数据库实现的。对于以工程数据库管理系统为集成平台的制造信息和控制系统而言，由于各应用分系统环境及数据的异构性，在运行过程中将产生大量异构的中间数据和冗余的产品数据，数据管理效率较差。要使多用户的并行工作共享数据，使单元技术发挥整体的效益，必须将这些彼此分离的信息处理系统集成在一个总体的框架中。采用 PDM 集成技术能有效地克服上述问题，保证数据的安全性和完整性，实现数据的高效管理和高度共享。集成框架对实现并行工程的协同工作是至关重要的。

2.3.2　产品数据交换标准

在产品研发过程中，产品数据是指一个产品从设计到生产过程中对该产品的全部信息的描述。整个产品研发过程也是一个数据采集、传递和加工处理的过程，形成的产品可看作是数据的现实表现。为了适应 CAD/CAM 集成信息交换的要求，就需要通过通用的标准格式接口处理程序，实现 CAD/CAM 系统中各个子系统之间的数据交换。

下面介绍几种常用的产品数据交换标准。

1．IGES 标准

初始图形交换规范（Initial Graphics Exchange Specification，IGES）是在美国国家标准局的倡导下由美国国家标准协会（ANSI）公布的美国标准，是国际上最早、目前应用广泛的数据交换标准。它是一种描述产品的数据文件格式，由一系列产品的几何、绘图、结构和其他信息组成，建立了用于产品定义的数据表示方法与通信信息结构，作用是在不同的

CAD/CAM 系统间交换产品定义数据。其原理是：通过前处理器把发送系统的内部产品定义文件翻译成符合 IGES 规范的"中性格式"文件，再通过后处理器将中性格式文件翻译成接受系统的内部文件。IGES 定义了文件结构格式、格式语言以及几何、拓扑与非几何产品定义数据在这些格式中的表示方法，其表示方法是可扩展的，并且独立于几何造型方法。

IGES 标准使不同软件系统之间交换图形成为现实，目前，绝大多数图形支撑软件（如 I-DEAS、Pro/Engineer、NX、AutoCAD 等）都提供读、写 IGES 文件的接口。

2. STEP 标准

产品模型数据交换标准（Standard for the Exchange of Product Model Data，STEP）是由 ISO 制定并于 1992 年公布的国际标准。它是一套系列标准，其目标是在产品生存周期内为产品数据的表示与通信提供一种中性数字形式，这种数字形式完整地表达了产品信息并独立于应用软件。STEP 采用统一的数据模型以及统一的数据管理软件来管理产品数据，各系统之间可直接进行数据交换，是新一代面向产品数据定义的数据交换和表达标准。它包括为进行设计、制造、检验和产品支持等活动而全面定义的产品零部件及其与几何尺寸、性能参数及处理要求等相关的各种属性数据。STEP 标准为 CAD/CAM 集成、CIMS 提供产品数据共享的基础，是当前被广泛关注、依据并作为计算机集成应用领域的热门标准。

2.3.3　基于 PDM 框架的 CAD/CAM 集成

基于 PDM 框架的 CAD/CAM 系统集成是指集数据库管理、网络通信能力和过程控制能力于一体，将多种功能软件集成在一个统一平台上。它不仅能实现分布式环境中产品数据的统一管理，同时还能为各子系统的集成及并行工程的实施提供支持环境。它可以保证将正确的信息在正确的时刻传递到 PDM 核心层，向上提供 CAD/CAPP/CAM 的集成平台，把与产品有关的信息集成管理起来，向下提供对异构网络和异构数据库的接口，实现数据跨平台传输与分布处理。

PDM 以其对产品生命周期中信息的全面管理能力，不仅自身成为 CAD/CAM 集成系统的重要构成部分，同时也为以 PDM 系统作为平台的 CAD/CAM 集成提供了可能，具有良好的应用前景。以 PDM 为集成平台，包含 CAD、CAPP 和 CAM 3 个主要功能模块的集成系统示意图如图 2-34 所示。

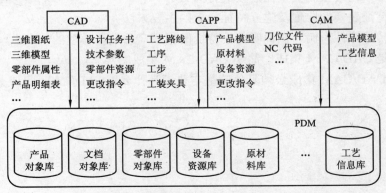

图 2-34　基于 PDM 框架的 CAD/CAPP/CAM 集成

　　从图 2-34 中可以清楚地看出各个功能模块与 PDM 之间的信息交流。CAD 系统生成的二维图样、三维模型（包括零件模型与装配模型）、零部件属性、产品明细表、产品零部件之间的装配关系及任务状态等，全部交由 PDM 系统来管理，而 CAD 系统又从 PDM 系统获取设计任务书、技术参数、原有零部件图样资料以及更改要求等信息；CAPP 系统产生的工艺信息（如工艺路线、工序、工步、工装夹具要求等）以及设计修改意见等，全部交由 PDM 进行管理，而 CAPP 也需要从 PDM 系统中获取产品模型、原材料及设备资源等信息；CAM 系统将其产生的刀位文件和 NC 代码交由 PDM 管理，同时从 PDM 系统获取产品模型信息与工艺信息等。由此可见，PDM 框架平台可在更大范围内实现企业信息共享。

思 考 题

　　1．什么是计算机图形处理技术及图形变换？

　　2．简述坐标系统的分类及其关系。

　　3．何谓窗口和视区？简述两者之间的关系。

　　4．简述图形裁剪和消隐的目的。

　　5．什么叫齐次坐标？图形变换中为什么采用齐次坐标表示法？

　　6．已知三角形各顶点的坐标为(10,10)、(10,30)、(30,15)，对其进行下列变换：

　　（1）沿 x 向平移 20、y 向平移 15，再绕原点旋转 90°。

　　（2）绕原点旋转 90°，再沿 x 向平移 20、y 向平移 15。

要求写出变换矩阵，并画出变换后的图形。

　　7．何谓投影变换？并简述其分类。

　　8．何谓几何信息和拓扑信息？为何在建模中必须同时给出几何信息和拓扑信息？

　　9．试分析三维几何建模的类型、建模原理及应用范围。

　　10．试述曲面建模中几种常用参数曲面的构造方法。

　　11．实体建模方法有哪些？试述三维实体模型在计算机内部的表示方法、原理及优缺点。

　　12．简述参数化建模和变量化建模的特点。

　　13．试述特征建模的原理及建立特征模型的主要方法。

　　14．以回转体零件为例，试说明基于特征的集成产品数据模型的特点。

　　15．什么是 CAD/CAM 集成？简述 CAD/CAM 集成的实质。

　　16．实现 CAD/CAM 集成必须具备的基本要素是什么？CAD/CAM 集成关键技术主要有哪些？

第 3 章　数控加工编程基础

现代数控加工技术是机械、电子、自动控制理论、计算机和检测技术密切结合的机电一体化技术，是 CAM 中的核心技术，是现代集成制造系统的重要组成部分。数控加工技术把机械装备的功能、可靠性、效率以及产品质量提高到一个新水平，对我国今后的技术进步和科学发展具有重要的先导作用。

数控加工过程包括按给定的零件加工要求（零件图纸、CAD 数据或实物模型）进行加工的全过程，一般来说，数控加工技术涉及数控机床加工工艺和数控编程技术两方面。数控加工就是根据被加工零件和工艺要求编制成以数码表示的程序，输入到数控机床的数控装置或控制计算机中，以控制工件和刀具的相对运动，使之加工出合格零件的方法。使用数控机床加工时，必须编制零件的数控加工程序，理想的数控程序不仅应保证加工出符合设计要求的零件，同时应能使数控机床功能得到合理的应用和充分的发挥，且能安全可靠和高效地工作。数控加工中的工艺问题的处理与普通机械加工基本相同，但又有其特点，因此在设计零件的数控加工工艺时，既要遵循普通加工工艺的基本原则和方法，又要考虑数控加工本身的特点和零件编程要求。

数控编程技术是数控加工技术应用中的关键技术之一，是 CAM 中应用性、实践性极强的专业技术，直接面向数控生产实际，也是目前 CAD/CAPP/CAM 系统中最能明显发挥效益的环节之一。数控编程技术在实现设计加工自动化、提高加工精度和加工质量、缩短产品研制周期等方面发挥着重要作用，在机械制造、航空、汽车等工业领域有着广泛的应用。

3.1　数控加工编程的基础知识

3.1.1　数控加工编程的内容

1. 数控编程技术的基本概念

数控编程是从零件图纸到获得数控加工程序的全过程。数控编程的主要内容包括：分析加工要求并进行工艺设计，以确定加工方案，选择合适的数控机床、刀具及夹具，确定合理的走刀路线及切削用量等；建立工件几何模型，计算加工过程中刀具相对工件的运动轨迹或机床运动轨迹；按照数控系统可接受的程序格式，生成零件加工程序，然后对其进行验证和修改，直到合格的加工程序。根据零件加工表面的复杂程度、数值计算的难易程度、数控机床数量及现有编程条件等因素，数控程序可通过手工编程或计算机辅助编程来获得。

因此，数控编程包含了数控加工与编程、机械加工工艺、CAD/CAM 软件应用等多方面的知识，其主要任务是计算加工走刀中的刀位点（Cutter location point，CL 点），多轴加工中还要给出刀轴矢量。数控铣床或者数控加工中心的加工编程是目前应用最广泛的数控编程技术，在本章中若无特别说明，数控编程一般是指数控铣削编程。

2. 数控编程的步骤

数控程序编制的一般步骤如图 3-1 所示。

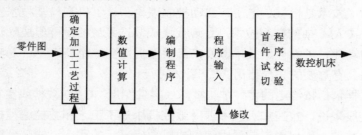

图 3-1　数控编程的步骤

（1）分析零件图、确定加工工艺过程。在确定加工工艺过程时，编程人员要根据被加工零件图样对工件的形状、尺寸、技术要求进行分析，选择加工方案，确定加工顺序、加工路线、装夹方式、刀具及切削参数等，同时还要考虑所用数控机床的指令功能，充分发挥机床的效能，尽量缩短走刀路线，减少编程工作量。

（2）数值计算。根据零件图的几何尺寸确定工艺路线及设定坐标系，计算零件粗、精加工运动的轨迹，得到刀位数据。对于形状比较简单的零件（如直线和圆弧组成的零件）的轮廓加工，要计算出几何元素的起点、终点、圆弧的圆心、两几何元素的交点或切点的坐标值，有的还要计算刀具中心的运动轨迹坐标值。对于形状比较复杂的零件（如非圆曲线、曲面组成的零件），需要用直线段或圆弧段逼近，根据加工精度的要求计算出节点坐标值，这种数值计算一般要用计算机来完成。

（3）编制零件加工程序。加工路线、工艺参数及刀位数据确定以后，编程人员根据数控系统规定的功能指令代码及程序段格式，逐段编写加工程序。

（4）输入加工程序。把编制好的加工程序通过控制面板输入到数控系统，或通过程序的传输（或阅读）装置送入数控系统。

（5）程序校验与首件试切。输入到数控系统的加工程序必须经过校验和试切才能正式使用。校验的方法是直接让数控机床空运转，以检查机床的运动轨迹是否正确。在有 CRT 图形显示的数控机床上，用模拟刀具与工件切削过程的方法进行检验更为方便，但这些方法只能检验运动是否正确，不能检验被加工零件的加工精度。因此，要进行零件的首件试切。当发现有加工误差时，分析误差产生的原因，找出问题所在，加以修正。最后利用检验无误的数控程序进行加工。

3.1.2　数控编程方法

数控编程通常分为手工编程和自动编程两类。自动编程通常指计算机辅助编程，而计算机辅助编程又分为数控语言自动编程、交互图形编程和 CAD/CAM 集成系统编程等多种。目前数控编程正向集成化、智能化和可视化方向发展。

1．手工编程

手工编程就是从工艺分析、数值计算直到数控程序的试切和修改等过程全部或主要由人工完成。这就要求编程人员不仅要熟悉数控代码及编程规则，而且还必须具备机械加工工艺知识和数值计算能力。对于点位加工或几何形状不太复杂的零件，数控编程计算较简单、程序段不多，手工编程是可行的。但对形状复杂的零件，特别是具有曲线、曲面或几何形状并不复杂但程序量大的零件，以及数控技术拥有量较大而且产品不断更新的企业，手工编程就很难胜任。生产实践统计手工编程时间与数控机床加工时间之比一般为 30:1。可见手工编程效率低、出错率高，因而必然要被其他先进编程方法所替代。

2．数控语言自动编程

自动编程是用计算机把人工输入的零件图纸信息改写成数控机床能执行的数控加工程序，即数控编程的大部分工作由计算机来完成。目前常使用自动编程语言系统（Automatically Programmed Tools，APT）来实现。

数控语言自动编程方法几乎是与数控机床同步发展起来的。20 世纪 50 年代初期 MIT 开始研究专门用于机械零件数控加工程序编制的 APT 语言。其后经过多年的发展，APT 形成了诸如 APTII、APTIII、APTIV、APT-AC（Advanced Contouring）和 APT-SS（Sculptured Surface）等多个版本。除了 APT 数控编程语言之外，其他各国也纷纷研制了相应的自动编程系统，如德国 EXAPT、法国 IFAPT、日本 FAPT 等。我国也在 20 世纪 70 年代研制了如 SKC、ZCX 等铣削、车削数控自动编程系统。20 世纪 80 年代相继出现了 NCG、APTX、APTXGI 等高水平软件。近几年来又出现了各种小而专的编程系统和多坐标编程系统。

采用 APT 语言编制数控程序，具有程序简练、走刀控制灵活等优点，使数控加工编程从面向机床指令的"汇编语言"级上升到面向几何元素。但 APT 仍有许多不便之处：采用 APT 语言定义被加工零件轮廓，是通过几何定义语句一条条进行描述，编程工作量非常大；难以描述复杂的几何形状；缺少对零件形状、刀具运动轨迹的直观图形显示和刀具轨迹的验证手段；难以和 CAD、CAPP 系统有效连接；不易实现高度的自动化和集成化。

3．CAD/CAM 系统自动编程

1）CAD/CAM 系统自动编程原理和功能

20 世纪 80 年代以后，随着 CAD/CAM 技术的成熟和计算机图形处理能力的提高，出现了 CAD/CAM 自动编程软件，可以直接利用 CAD 模块生成的几何图形，采用人机交互的实时对话方式，在计算机屏幕上指定零件被加工部位，并输入相应的加工参数，计算机便可自动进行必要的数据处理，编制出数控加工程序，同时在屏幕上动态地显示出刀具的加工轨迹。从而有效地解决了零件几何建模及显示、交互编辑以及刀具轨迹生成和验证等问题，推动了 CAD 和 CAM 向集成化方向发展。

目前比较优秀的 CAD/CAM 功能集成型支撑软件，如 NX、IDEAS、Pro/E、CATIA 等，均提供较强的数控编程能力。这些软件不仅可以通过交互编辑方式进行复杂三维型面的加

工编程，还具有较强的后置处理环境。此外还有一些以数控编程为主要应用的 CAD/CAM 支撑软件，如 MasterCAM、SurfCAM、英国的 DelCAM 等。

　　CAD/CAM 软件系统中的 CAM 部分有不同的功能模块可供选用，如二维平面加工、3 轴～5 轴联动的曲面加工、车削加工、电火花加工（EDM）、钣金加工及线切割加工等。用户可根据实际应用需要选用相应的功能模块。这类软件一般均具有刀具工艺参数设定、刀具轨迹自动生成与编辑、刀位验证、后置处理、动态仿真等基本功能。

　　2）CAD/CAM 系统编程的基本步骤

　　不同 CAD/CAM 系统的功能、用户界面有所不同，编程操作也不尽相同。但从总体上讲，其编程的基本原理及基本步骤大体是一致的，如图 3-2 所示。

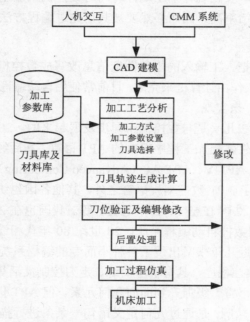

图 3-2　CAD/CAM 系统数控编程原理

　　（1）几何建模。利用 CAD/CAM 系统的几何建模功能，将零件被加工部位的几何图形准确地绘制在计算机屏幕上。同时在计算机内自动形成零件图形的数据文件。也可借助于三坐标测量仪 CMM 或激光扫描仪等工具测量被加工零件的形体表面，通过反求工程将测量的数据处理后送到 CAD 系统进行建模。

　　（2）加工工艺分析。这是数控编程的基础。通过分析零件的加工部位，确定装夹位置、工件坐标系、刀具类型及其几何参数、加工路线及切削加工参数等。目前该项工作仍以人机交互方式输入为主。

　　（3）刀具轨迹生成。刀具轨迹的生成是基于屏幕图形以人机交互方式进行的。用户根据屏幕提示通过光标选择相应的图形目标，确定待加工的零件表面及限制边界，输入切削加工的对刀点，选择走刀方式。然后软件系统将自动地从图形文件中提取所需几何信息进行分析判断，计算节点数据，自动生成走刀路线，并将其转换为刀具位置数据，存入指定的刀位文件。

　　（4）刀位验证及刀具轨迹的编辑。对所生成的刀位文件进行加工过程仿真，检查验证走刀路线是否正确合理，是否有碰撞干涉或过切现象，根据需要可对刀具轨迹进行编辑修改、优化处理，以得到用户满意的、正确的走刀轨迹。

　　（5）后置处理。后置处理的目的是形成具体机床的数控加工文件。由于各机床所使用的数控系统不同，其数控代码及其格式也不尽相同。为此必须通过后置处理，将刀位文件转换成具体数控机床所需的数控加工程序。

　　（6）数控程序的输出。由于自动编程软件在编程过程中可在计算机内部自动生成刀位轨迹文件和数控指令文件，所以生成的数控加工程序可以通过计算机的各种外部设备输出。若数控机床附有标准的 DNC 接口，可由计算机将加工程序直接输送给机床控制系统。

　　3）CAD/CAM 软件系统编程特点

　　CAD/CAM 系统自动数控编程与 APT 语言编程比较，具有以下特点：

　　（1）将被加工零件的几何建模、刀位计算、图形显示和后置处理等过程集成在一起，有效地解决了编程的数据来源、图形显示、走刀模拟和交互编辑等问题，编程速度快、精度高，弥补了数控语言编程的不足。

　　（2）编程过程是在计算机上直接面向零件几何图形交互进行，不需要用户编制零件加工源程序，用户界面友好，使用简便、直观，便于检查。

　　（3）有利于实现系统的集成，不仅能够实现产品设计与数控加工编程的集成，还便于与工艺过程设计、刀夹量具设计等过程的集成。

　　现在，利用 CAD/CAM 软件系统进行数控加工编程已成为数控程序编制的主要手段。

3.2　数控加工编程系统中的基本概念

3.2.1　数控机床的坐标系统

1．坐标系建立原则

数控机床的坐标系统对数控加工及编程是十分重要的。不同的数控机床，其坐标系统的规定可能会略有不同。为了正确地控制数控机床的运动和进行数控编程，我国已根据 ISO 标准对数控机床坐标系统做了统一规定。

　　为编程方便，假定工件固定，用刀具相对于工件进给方向确定坐标轴的正向。数控机床直线进给的直角坐标系采用笛卡儿坐标系，坐标轴分别用 X、Y、Z 表示，围绕 X、Y、Z 轴旋转的圆周进给坐标轴用 A、B、C 表示，方向由右手定则决定，如图 3-3 所示。

　　Z 轴一般规定为与机床主轴轴线平行。如果机床没有主轴，则 Z 轴定义为垂直于工作台。X 轴为水平的、平行于工件装夹平面的坐标轴，平行于主切削方向。Y 轴与 X、Z 轴垂直，方向由右手定则确定。数控车床坐标系和数控铣床坐标系如图 3-4 所示。

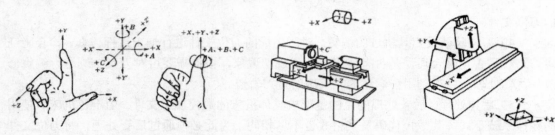

图 3-3   数控机床坐标系统的定义   图 3-4   数控车床坐标系和数控铣床坐标系

2. 机床坐标系与工件坐标系

机床坐标系是数控机床上固有的坐标系。该坐标原点也称为机床原点或机械零点。与机床原点相对应的还有一个机床参考点，又称机械原点，是机床制造商在机床上用行程开关设置的一个物理位置，是进行标定和控制的参考点，与机床原点的相对位置是固定的，也是机床启动时的回零点。一般来说，加工中心的参考点为机床的自动换刀位置。

工件坐标系是编程人员在进行数控编程时使用的坐标系，坐标轴分别为 X'、Y'、Z'，其坐标原点就是程序原点，是编程人员定义在工件上图纸的几何基准点，有时也称为工件原点。编程尺寸都按工件坐标系中的尺寸确定。加工时工件随同夹具安装在工作台，需测量工件原点与机床原点间的距离，这个距离称为工件原点偏置。工件坐标系原点的选择要尽量满足编程简便、尺寸换算少、引起的加工误差小而且测量位置也较为方便等条件。一般情况下程序原点应选在尺寸标注基准点、圆心或对称中心上，Z 轴的程序原点通常选在工件表面上。机床坐标系与工件坐标系的关系如图 3-5 所示。

3. 对刀点和换刀点

对刀点是数控加工时刀具相对工件运动的起点。对刀的目的是确定程序原点在机床坐标系中的位置，对刀点可以与程序原点重合。由于程序也是从这一点开始执行，所以对刀点也称为程序起点或起刀点。编程时，应首先考虑对刀点的选择。对刀点可以设在工件上，也可以设在夹具上或机床上，但必须与工件的定位基准有一定的坐标关系，这样才能确定机床坐标系与工件坐标系之间的相对关系。对刀点的选择应使编程简单、加工过程便于检查，对刀点在机床上应容易找正、方便加工、引起的加工误差小。为了提高零件的加工精度，对刀点应尽量选在工件的设计基准或工艺基准上，如以孔定位的零件，选用孔的中心作为对刀点较合适。在生产中，要考虑对刀的重复精度，对刀时应使对刀点与刀位点重合。

数控机床在加工过程中如果换刀，则需预先设置换刀点并编入程序。换刀点应设在工件外部并要有一定的安全量，这样可避免换刀时刀具及刀架与工件、机床部件及工装夹具相碰。常用机床参考点作为换刀点。对刀点和换刀点的确定如图 3-5 所示。

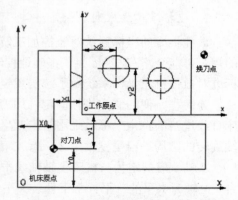

图 3-5   对刀点与换刀点的确定

3.2.2　刀具运动控制面

在数控轮廓加工中，需要对刀具运动进行连续控制。为了确定刀具切削运动轨迹，通常在 CAD/CAM 系统中定义了与刀具运动相关的 3 个控制面，即零件面、导动面和检查面，如图 3-6 所示。

零件面即零件上待加工表面，是在加工过程中始终与刀具保持接触的表面，可由它控制刀具切削的深度。零件面在数控加工过程中是固定不动的面。

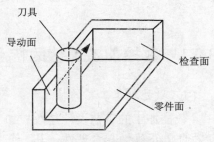

图 3-6　刀具运动控制面

导动面是指在切削运动中引导刀具在指定的公差范围内运动的面，导动面与刀具进给运动方向平行。刀具相对导动面存在着 3 种位置关系，即刀具沿着导动面的左侧运动、刀具沿着导动面的右侧运动及刀具在导动面上运动。导动面在加工过程中是不断变化的。

检查面是用来限制刀具继续向前运动的停止面，用于确定每次走刀的终止位置。刀具与检查面的相对位置关系有刀具刚好与检查面相切、刀具中心停止在检查面上、刀具越过检查面并与之相切、刀具切于导动面和检查面的切点上等。在 CAM 系统中，可通过检查面计算切削过程中的干涉，避免过切现象的产生。

3.2.3　切削加工中的阶段划分

为了便于对数控加工过程的分析，可以人为地将数控加工过程分为以下几个加工阶段，如图 3-7 所示。

（1）起始运动阶段。在这个阶段中刀具由原来的位置快速运动到加工的起刀点。起刀点的位置由用户交互确定。应注意起刀点坐标的选择，以避免刀具在快速运动中与夹具或工件发生碰撞。

（2）接近运动阶段。刀具由起刀点位置运动到进刀点。在这个阶段中，刀具一

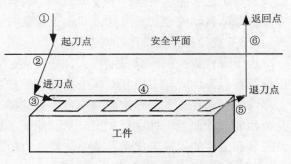

图 3-7　切削加工过程阶段的划分

般以慢速运动。在 CAM 系统中，通常由用户定义一个安全平面，在该平面之上刀具可以快速运动，而在这个平面以下应慢速运动，以免刀具撞入工件。

（3）刀具切入运动阶段。在此阶段，为避免刀具撞伤，比较安全地切入被加工工件，并使被加工表面光滑过渡不留切刀痕迹，刀具的进给速度应略低于正常的切削进给速度。

（4）切削加工阶段。按照确定的刀具运动轨迹进行零件加工。

（5）退出切削阶段。由当前切削位置退回到退刀点。此阶段的速度一般取切削进给速度，因为此时刀具还没有完全远离被加工工件，应注意速度不可太快，以避免损伤刀具。

（6）返回阶段。刀具由退刀点快速运动到返回点，等待下一次切削运动。

3.3　数控编程中的工艺设计

3.3.1　数控加工工艺的特点

1. 数控加工工艺的特点

数控加工的工艺设计是数控加工中的重要环节，处理得正确与否关系到所编制零件加工程序的正确性与合理性，其工艺方案的好坏直接影响数控加工的质量、效益以及程序编制的效率。数控加工工艺问题的处理与普通加工工艺基本相同，在设计零件的数控加工工艺时，首先要遵循普通加工工艺的基本原则和方法，同时还必须考虑数控加工本身的特点和零件编程要求。数控加工工艺的主要特点如下：

（1）数控加工工艺内容十分明确而且具体，工艺设计工作要求相当准确而且严密。

数控机床虽然自动化程度高，但自适应性差，数控加工的工序内容一般要比普通机床加工的工序内容复杂，必须详细到每一次走刀路线和每一个操作细节，即普通加工工艺通常留给操作者完成的工艺与操作内容（如工步的安排、刀具几何形状及安装位置等），都必须由编程人员在编程时予以预先确定。

（2）采用先进的工艺装备，采用多坐标联动自动控制加工复杂表面。

为了满足高质量、高效率和高柔性的要求，数控加工中广泛采用先进的数控刀具、组合夹具等工艺装备，对于一些复杂表面、特殊表面或有特殊要求的表面，数控加工则采用多坐标联动自动控制加工方法，其加工质量与生产效率是普通加工方法无法比拟的。

（3）数控加工的工序相对集中。

由于现代数控机床具有刚性大、精度高、刀库容量大、切削参数范围广及多坐标、多工位等特点。因此，工序相对集中是现代数控加工工艺的特点，明显表现为工序数目少，工序内容多。在工件的一次装夹中可以完成多个表面的多种加工，甚至可在工作台上装夹几个相同或相似的工件进行加工，从而缩短了加工工艺路线和生产周期、减少了加工设备及工装和工件的运输工作量，从而使零件的加工精度和生产效率有了较大的提高。

2. 数控加工工艺设计内容

在对零件进行工艺分析的基础上制定零件的数控加工工艺。

数控加工工艺设计的内容主要包括定位基准的选择、加工方法和加工方案的确定、加工顺序的安排、对刀点和换刀点的设定、刀具走刀路线的确定、零件安装和夹紧方法的选择以及刀具和切削用量的确定等。

数控加工工艺的工序基本符合"工序集中"原则，而工步的划分要从加工精度和效率两方面考虑。数控加工工序的划分有以下几种方式：

（1）先粗后精。加工表面按先粗后精分开进行，以减少热变形和切削力变形对工件的几何精度、尺寸精度和表面粗糙度的影响。对于同一加工表面，应按粗—半精—精加工顺序依次完成，或全部加工表面按先粗后精分开进行，加工尺寸精度要求较高时可采用前者，加工表面位置精度要求较高时可采用后者。

（2）按所用刀具划分。为减少换刀次数、节省换刀时间，应将需用同一把刀加工的加工部位全部完成后再换另一把刀来加工其他部位。同时应尽量减少空行程，用同一把刀加工工件的多个部位时，应以最短的路线到达各加工部位。

（3）按加工部位划分。首先遵循基面先行原则。若零件加工内容较多，构成零件轮廓的表面结构差异较大，可按其结构特点将加工部位分为几个部分，如内形、外形、曲面或平面等，分别进行加工。对既有表面，又有孔需加工的箱体类零件，为保证孔的加工精度，应先加工表面而后加工孔。对既有内表面，又有外表面需加工的零件，通常应安排先加工内表面（内腔）后加工外表面（外轮廓），即先进行内外表面粗加工后进行内外表面精加工。同类表面加工遵循先主后次原则。

（4）按定位方式划分。一次装夹应尽可能完成所有能够加工的表面加工，以减少工件装夹次数、减少不必要的定位误差。例如，对同轴度要求很高的孔系，应在一次定位后，通过换刀完成该同轴孔系孔的全部加工，然后再加工其他坐标位置的孔，以消除重复定位误差的影响，提高孔系的同轴度。

3.3.2　粗、精加工的工艺选择

按加工阶段划分，数控加工也分为粗加工、半精加工和精加工。不同加工阶段的所用刀具、加工路径、切削用量以及进退刀方式也不尽相同，必须预先确定好并编入程序中。

1. 刀具的选用

数控机床的主轴转速比普通机床高出一倍以上，且主轴输出功率大，因此数控加工对刀具的要求比普通加工更严格，不仅要求精度高、强度大、刚性好和耐用度高，而且要求尺寸稳定和安装调试方便。一般情况下，应优先选择标准刀具（特别是硬质合金可转位刀具），必要时也可选用整体硬质合金刀具、陶瓷刀具、CBN 刀具等。刀具的类型、规格和精度等级应符合加工要求。

刀具的选择是在数控编程的人机交互状态下进行的。应根据机床的加工能力、工件材料的性能、加工工序、切削用量以及其他相关因素正确选用刀具及刀柄。数控加工刀具选择总的原则是：安装调整方便、刚性好、耐用度和精度高。在保证安全和满足加工要求的前提下，尽量选择较短的刀柄，以提高刀具加工的刚性。

在数控铣削加工中，最常用的刀具类型有球头铣刀、圆角铣刀和平底铣刀，如图 3-8 所示。图中 O 点为数控编程中表示刀具编程位置的坐标点，即刀位点。刀位点是刀具上表示刀具特征的基准点，对立铣刀、端面铣刀和钻头而言，刀位点一般取刀具轴线与刀具表面的交点，即刀具底面中心；对球头铣刀而言是指球头的球心。球头铣刀具有曲面加工干涉少、表面质量好等特点，在复杂曲面加工中应用普遍，但其切削能力较差，越接近球头底部切削条件越差；平底铣刀是平面加工中最常用的刀具之一，具有成本低、端刃强度高等特点；圆角铣刀具有前两者共同的特点，被广泛用于粗、精铣削加工中。

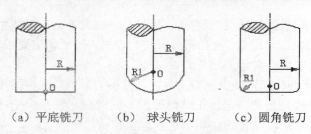

（a）平底铣刀　　（b）球头铣刀　　（c）圆角铣刀

图 3-8　常用铣削刀具类型

　　粗加工的任务是从被加工工件毛坯上切除绝大部分多余材料，通常所选择的切削用量较大，刀具所承担负荷较重，要求刀具的刀体和切削刃均具有较好的强度和刚度。因而粗加工一般选用平底铣刀，刀具直径尽可能选大，以便加大切削用量，提高粗加工生产效率。

　　精加工的主要任务是最终获得所需的加工表面，并达到规定的精度要求。精加工通常所选择的切削用量较小、刀具所承受的负荷轻，其刀具类型主要根据被加工表面的形状要求而定。在满足要求的情况下，优先选用平底铣刀。在曲面加工中，若曲面属于直纹曲面或凸形曲面，应尽量选择圆角铣刀而少用球头铣刀。从理论上讲，在精加工中球头刀半径应尽量根据曲面的最小曲率半径（凹坑或拐角）进行选择，但这样选择的刀具直径较小，大大增加了走刀次数，影响加工效率，切削加工过程中刀具磨损也大，导致整个表面加工质量不一致。所以即使是精加工刀具的选择，也应是由大到小逐步过渡，即先用大直径刀具完成大部分的曲面加工，再用小直径刀具进行清角或局部加工。另外，刀具的耐用度和精度与刀具价格关系极大，必须引起注意的是在大多数情况下选择好的刀具，虽然增加了刀具成本，但由此带来的加工质量和加工效率的提高，则可以使整个加工成本大大降低。

　　在经济型数控加工中，由于刀具的刃磨、测量和更换多为人工手动进行，占用辅助时间较长，因此必须合理安排刀具的排列顺序。一般应遵循以下原则：

　　（1）尽量减少刀具数量，一把刀具装夹后应完成其所能进行的所有加工部位。

　　（2）粗、精加工的刀具应分开使用，即使是相同尺寸规格的刀具。

　　（3）先铣后钻。

　　（4）先进行曲面精加工后进行二维轮廓精加工。

　　（5）在可能的情况下应尽量利用数控机床的自动换刀功能，以提高生产效率等。

　　2．加工路径的选择

　　利用 CAM 系统编程，在粗、精加工的加工路径选择上也应注意有所区别。

　　粗加工时，刀具的加工路径一般选择单向切削，即刀具始终保持一个方向切削加工，当刀具完成一行加工后提拉至安全平面，然后快速运动到下一行的起始点后落刀再进行下一行的加工。因为粗加工时切削量较大，切削状态与用户选择的顺铣与逆铣方式有较大的关系，单向切削可保证切削过程稳定。为了缩短刀具在每行切削后向上提拉的空行程，可根据加工的部位适当改变安全平面的高度。

　　精加工切削力较小，对顺铣、逆铣方法不敏感，因而精加工的加工路径一般可以采用双向切削，这样可大大减少空行程，提高切削效率。

3. 加工进退刀方式的选择

粗、精加工对进退刀方式选择的出发点是不相同的。粗加工选择进退刀方式主要考虑的是刀具切削刃的强度；而精加工考虑的是被加工工件的表面质量，不至于在被加工表面内留下进刀痕。

对于粗加工，由于除键槽铣刀端部切削刃过刀具中心之外，其余刀具端面刀刃切削能力较差，尤其是刀具中心处没有切削刃根本就没有切削能力。因此必须重视粗加工时进刀方式的选择，以免损伤工件和机床。对于外轮廓的粗加工刀具的起刀点，应放在工件毛坯的外部，逐渐向毛坯里面进行进刀；对于型腔的加工，可事先预钻工艺孔，以便刀具落在合适的高度后再进行进给加工；也可以让刀具以一定的斜角切入工件。

CAM 系统通常提供了多种进退刀方式以供用户选择，如圆弧切入/退出引导、垂直/退出切入引导、平行切入/退出引导等。

3.3.3　加工路线的确定及优化

1. 加工路线的确定

加工路线是指数控加工中刀具刀位点相对于被加工工件的运动轨迹和方向，即刀具从对刀点开始运动起直至结束加工程序所经过的路径，包括切削加工的路径及刀具引入、返回等非切削空行程，因此又称走刀路线，是编制程序的依据之一。走刀路线直接影响刀位点的计算速度、加工效率和表面质量。一般 CAM 系统提供多种切削加工路线形式供用户选用，刀具加工路线的确定主要依据以下原则：

（1）保证被加工零件获得良好的加工精度和表面质量。

（2）尽量使走刀路线最短，以减少空程时间，提高加工效率。

（3）使数值计算方便，减少刀位计算工作量，减少程序段，提高编程效率。

例如，连续铣削平面零件内外轮廓，采用立铣刀侧刃加工零件外轮廓时，铣刀应沿外轮廓曲线延长线的切向切出，避免从零件外廓的法向直接切入切出而产生刀具的刻痕；同样，在铣削封闭内表面时，也应从轮廓的延长线切入切出，如轮廓线无法外延，则刀具应尽量在轮廓曲线的交点处沿轮廓法向切入切出。另外在轮廓铣削过程中，要避免进给停顿，否则会因铣削力突然变化而在停顿处的轮廓表面留下刀痕。此外，为有效控制加工残余高度，针对曲面的变化采用不同的刀轨形式和行间距进行分区加工。

图 3-9 所示为发动机叶片加工的两种不同的走刀路线。由于加工面是直纹面，采用图 3-9（a）所示的方案沿直纹母线走刀，刀位计算简单，程序段少，加工过程符合直纹面建模规律，保证母线的直线度；图 3-9（b）所示的方案沿横截面线走刀，刀位计算复杂，程序段多。

图 3-10 所示型腔加工 3 种不同的路线中：图 3-10（a）为行切法，加工路线最短，其刀位计算简单，程序量少，但每一条刀轨的起点和终点会在型腔内壁上留下一定的残留高度，表面粗糙度差；图 3-10（b）为环切法，加工路线最长，刀位计算复杂，程序段多，但内腔表面加工光整，表面粗糙度最好；图 3-10（c）的加工路线介于前两者之间，可综合行切法和环切法两者的优点且表面粗糙度较好，获得较好的编程和加工效果。因此，对于图 3-10（b）、图 3-10（c）两种路线，通常选择图 3-10（c），而图 3-10（a）由于加工路线最短，适用于

对表面粗糙度要求不太高的粗加工或半精加工。此外采用行切法时，需要用户给定特定的角度以确定走刀的方向，一般来讲走刀角度应平行于最长的刀具路径方向比较合理。

因而在数控编程时，应根据被加工面的形状、加工精度要求，合理地选择走刀方向、加工路线，以保证加工精度和加工效率。

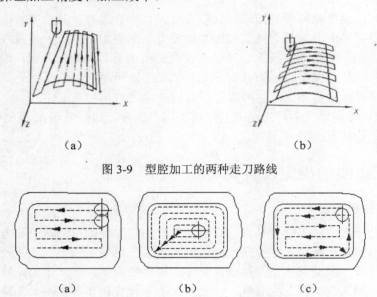

图 3-9　型腔加工的两种走刀路线

图 3-10　型腔加工的 3 种走刀路线

2. 加工路线的优化

如果一个工件上有许多待加工的对象，如何安排各个对象的加工次序以便获得最短的刀具运动路线，这便是加工路线的优化问题，例如孔系的加工，可通过优化确定各孔加工的先后顺序，以保证刀具运动路线最短。

在 CAM 系统中，刀具路线优化可有两种计算方法：一种为距离最近法，另一种为配对法。距离最近法是从起始对象开始，搜寻与该对象距离最近的下一个对象，直到所有对象全部优化为止。如图 3-11（a）所示为用距离最近法优化的走刀路线。配对法是以相邻距离最近的两个对象一一配对，然后对已配对好的对象再次进行两两配对，直至优化结束。配对法所消耗时间较长，但能获得更好的优化效果。如果在加工中需要使用不同的刀具，这时在路径优化的同时还要考虑刀具的更换分类，否则可能引起加工过程中的多次换刀，反而影响整个加工过程的效率，如图 3-11（b）所示。

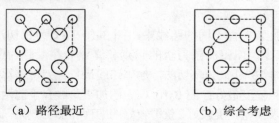

（a）路径最近　　　　　　（b）综合考虑

图 3-11　走刀路线的优化

3. 切削用量的选择

切削用量包括被吃刀量和宽度、主轴转速及进给速度。数控加工切削用量的选择原则与普通机床的相同：粗加工时，一般以提高生产效率为主；半精加工和精加工时，应在保证加工质量的前提下，兼顾切削效率和生产成本。由于数控机床及所配的刀具较普通机床的刚度高，因而在同等情况下，所采用的切削用量通常比普通机床大，加工效率也较高。因此，选择切削用量时要充分考虑这些特点。切削用量的选择必须注意：保证零件加工精度和表面粗糙度；充分发挥刀具切削性能，保证合理的刀具耐用度；充分发挥机床的性能；最大限度提高生产率、降低成本。

切削参数具体数值应根据数控机床使用说明书、切削原理中规定的方法并结合实践经验加以确定。被吃刀量由机床、刀具和工件的刚度确定。粗加工时应在保证加工质量、刀具耐用度和机床—夹具—刀具—工件工艺系统的刚性所允许的条件下，充分发挥机床的性能和刀具切削性能，尽量采用较大的被吃刀量、较少的切削次数，得到精加工前的各部分余量尽可能均匀的加工状况，即粗加工时可快速切除大部分加工余量、尽可能减少走刀次数，缩短粗加工时间；精加工时主要保证零件加工的精度和表面质量，故通常取较小被吃刀量，零件的最终轮廓应由最后一刀连续精加工而成。主轴转速由机床允许的切削速度及工件直径选取。进给速度则按零件加工精度、表面粗糙度要求选取，粗加工取较大值，精加工取小值，最大进给速度则受机床刚度及进给系统性能限制。需要特别注意的是：当进给速度选择过大时，则加工带圆弧或带拐角的内轮廓易产生过切现象，加工外轮廓则易产生欠切现象；当被吃刀量、进给速度大而系统刚性差时，则加工外轮廓易产生过切，加工内轮廓易产生欠切现象。

3.4　数控加工仿真及后置处理

3.4.1　数控加工仿真概述

目前，数控编程技术已经在工艺规划和刀具轨迹生成等技术方面取得了不小的成绩，但由于零件形状的复杂多变以及加工环境的复杂性，很难确保加工过程不出现问题，诸如加工过程中的过切与欠切、机床各部件之间的干涉碰撞等。因此，实际加工前，采取有效方法对加工程序进行检查和验证是十分必要的。数控加工仿真技术通过软件模拟加工环境、刀具路径与材料切除过程，检验并优化加工程序，从而减少或部分替代实际生产中的工件试切，具有柔性好、成本低、效率高且安全可靠等特点，是提高编程效率与质量的重要措施，是验证数控加工程序的可靠性和预测切削过程的有力工具。

数控加工仿真过程可分为几何仿真和物理（力学）仿真两大类。

1. 几何仿真

几何仿真将刀具与零件视为刚体，不考虑切削参数、切削力等其他物理因素对切削加工的影响，只仿真刀具、工件几何体的相对运动，主要用来验证数控程序的正确性。既可检验 NC 程序控制的刀位轨迹是否符合加工要求，有无过切或欠切，又可检验干涉和碰撞，可以部分替代耗时、费力的试切过程。它可以减少或消除因程序错误而导致的机床损伤、夹具破坏或刀具折断、零件报废等问题，也可以缩短产品研发周期，降低生产成本。

根据在仿真过程中数据驱动是采用 CL 数据还是采用 NC 代码，数控加工的几何仿真可分为两种：一种是基于后置处理前的数据（CL 数据）所进行的仿真，即基于刀位轨迹的数控加工过程仿真——刀位轨迹仿真；另一种是基于后置处理所产生的 NC 程序而进行的仿真，即基于数控程序的数控加工过程仿真——加工过程动态仿真。

刀位轨迹仿真不考虑切削参数的影响，可以脱离具体的数控机床环境进行，只仿真工件刀具的运动，主要目的是检验刀位轨迹的正确性，以保证零件的加工质量。这类仿真方法开展得比较早，到目前为止已有一些比较成熟的商品化软件。基于 NC 程序仿真的主要用途是 NC 程序的正确性检验与优化以及操作工的培训。由于驱动数控机床运动的是 NC 指令，所以基于 NC 程序的加工过程仿真比基于 CL 数据的加工过程仿真更接近实际，但也由于在仿真过程中考虑了加工环境，从而增加了工艺系统的实体模型，专用性强。

数控加工几何仿真利用计算机图形学的方法，采用动态的真实感图形，模拟数控加工全过程。通过运行数控加工仿真软件，能够判别加工路径是否合理，检测刀具的碰撞和干涉，达到优化加工参数、降低材料消耗和生产成本、最大限度地发挥数控设备的利用率的目的。现代数控加工过程的动态仿真验证方法有两种：一种是只显示刀具模型和零件模型的加工过程动态仿真，典型的代表有 NX 软件中 Vericut 动态仿真工具和 MasterCAM 系统的 N See 动态仿真工具；另一种是同时动态显示零件模型、刀具模型、夹具模型和机床模型的机床仿真系统，典型的代表有 NX 软件中 Unisim 机床仿真工具。

2. 物理仿真

物理仿真将切削过程中各物理因素的变化映射到虚拟制造系统中，在实际加工之前分析与预测各切削参数的变化及干扰因素对加工过程的影响，能够揭示加工过程的实质。物理仿真的主要内容包括切削力仿真、加工误差仿真、切屑生成过程仿真、刀具磨损仿真、数控机床的振动和温度仿真、加工表面完整性（如表面粗糙度、加工硬化、残余应力等）加工误差和加工精度仿真等。物理仿真的关键技术是建立加工过程的数学模型。由于切削加工过程是复杂的多输入和多输出系统，涉及的参数众多，会受到各种干扰因素的影响，且参数之间互相耦合。因此，建模时如何综合考虑这些参数和干扰因素，使加工过程模型一方面反映切削实际，另一方面又能反映参数变化及干扰因素对切削过程的影响，是切削过程建模的关键。物理仿真由于切削机理复杂，建模难度大，目前还处于理论研究阶段，是数控加工过程仿真发展的主要方向。

3.4.2　加工过程动态仿真

1. 加工过程仿真系统的总体结构

加工过程仿真系统的总体结构如图 3-12 所示，其主体是加工过程仿真模型，是在工艺系统的实体模型和数控加工程序的基础上建立起来的。其主要功能模块如下：

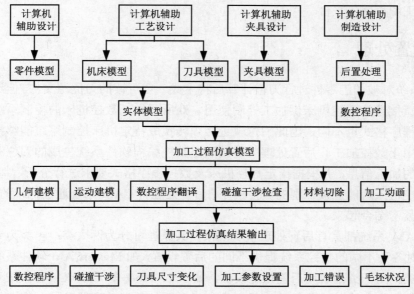

图 3-12　加工过程仿真系统的总体结构

（1）几何建模。描述零件、机床（包括工作台或转台、托盘、换刀机械手等）、夹具、刀具等所组成的工艺系统实体。

（2）运动模型。描述加工运动和辅助运动。

（3）数控程序翻译。仿真系统读入数控程序，进行语法分析，翻译成内部数据结构，驱动仿真机床，进行加工过程仿真。

（4）碰撞干涉检查。检查刀具与被加工零件轮廓的干涉，刀具、夹具、机床、工件之间的运动碰撞等。

（5）材料切除。考虑工件由毛坯成为零件过程中形状、尺寸的变化。

（6）加工动画。进行二维或三维实体动画仿真显示。

（7）加工过程仿真结果输出。输出仿真结果，进行分析，以便处理。

2. 加工过程仿真的干涉碰撞检验

干涉是指两个元件在相对运动时它们的运动空间有干涉。碰撞是指两个元件在相对运动时，由于空间有干涉而产生碰撞，这种碰撞会造成刀具、工件、机床、夹具等的损坏，是绝对不允许的。干涉碰撞检验是加工过程仿真系统的一个重要功能。在数控机床或加工中心的环境下，完善的仿真系统不仅要检查刀具与工件的干涉和碰撞，而且应能检查刀具与夹具、机床工作台及其他运动部件之间的干涉和碰撞，特别是机械手换刀、工作台转位时更要注意干涉和碰撞。

采用数控加工过程三维动态仿真系统，动态模拟数控切削的加工过程，验证数控程序的可靠性，可以防止干涉和碰撞的发生，有效地减少或消除因程序错误而导致的机床损坏、夹具或刀具折断、零件报废等问题，同时也可以减少产品的设计制造周期，降低生产成本。

在信息化时代，数控仿真技术不仅是编程工具，而且还将成为在网络平台上面向制造业的高效数控加工编程服务平台。

3.4.3　后置处理

CAM 系统对被加工零件进行刀位计算后将生成一个可读的刀位源文件。但这种刀位源文件还不能直接送给数控机床供加工控制使用。众所周知，数控机床的控制系统不同，所使用的数控程序格式也不同，因此刀位轨迹必须转换成特定机床控制系统能够接受的数控程序，才能用于数控加工。后置处理就是读取由数控编程软件系统生成的刀位源文件，从中提取相关的加工信息，并根据指定数控机床及数控程序格式要求进行分析、判断和处理，最终生成数控机床所能直接识别的数控程序。后置处理将 CAM 系统通过机床的 CNC 系统与数控加工紧密结合起来。

一般 CAM 系统都具有后置处理模块，根据其原理可分为两大类：一类为专用后置处理模块，针对各种不同的数控系统提供不同的后置设置，如 MasterCAM 软件系统的后置处理就属于此类；另一类是通用后置处理模块，如 NX、Pro/E 等 CAD/CAM 集成系统。通用后置处理模块是在标准的刀位轨迹以及通用 CNC 系统的运动配置及控制指令的基础上进行处理的，它包含机床坐标运动变换、非线性运动误差校验、进给速度校验、数控程序格式变换及数控程序输出等内容。

一般来说，通用后置处理模块的主要组成部分介绍如下：

（1）机床数据文件 MDF（Machine Data File）。该文件可以由 CAM 系统所提供的机床数据文件生成器 MDFG（Machine Data File Generator）生成。MDF 文件描述了数控机床的控制器类型、指令定义、输出格式等机床基本特征。

（2）刀位源文件 CLSF（Cutter Location Source File）。该文件描述了刀具的位置、刀具运动、控制、进给速度等数控加工时有关信息。

（3）后处理模块 PM（Postprocessor Module）。PM 是一个可执行程序，用以将刀位文件转换生成控制机床的数控程序。

后处理模块 PM 首先读入刀位源文件 CLSF 和机床数据文件 MDF，然后根据机床数据文件所描述的格式，对刀位源文件进行处理，转换生成数控代码，供由 MDF 所描述的机床使用。后置处理的过程原则上是解释执行，即每读出刀位源文件中的一个完整的记录（行），便分析该记录的类型，确定是进行坐标变换还是进行代码转换，然后根据所选数控机床进行相应处理，生成一个完整的数控程序段，并写到数控程序文件中去。

后置处理是 CAD/CAM 集成系统非常重要的组成部分，它直接影响 CAD/CAM 软件的使用效果。只有采用正确的后置处理系统，才能将刀位轨迹输出为相应数控系统机床能正确执行的数控程序。有效的后置处理对于保证零件加工质量、加工效率与数控机床可靠运行具有重要的作用。

思 考 题

1．简述数控加工编程的基本过程及主要内容。
2．简要说明各种数控编程的方法、原理和特点。
3．如何定义数控机床坐标系？以立铣及卧铣数控机床为例进行说明。
4．试分析数控加工工艺的特点。
5．数控加工常用的刀具有哪些？加工中如何选择刀具？
6．在数控加工中，如何确定加工路线？
7．试述数控加工仿真过程的意义和种类。
8．简述后置处理的作用和过程。

第 2 篇

NX CAD/CAM 应用基础

第 4 章 NX 应用基础

4.1 NX 概述

4.1.1 NX 发展概况

NX，原名 UG（Unigraphics），是美国西门子公司推出的新一代数字化产品开发系统，也是当今世界最先进的计算机辅助设计、分析和制造的集成软件之一，为制造业产品开发的全过程提供可靠的解决方案，功能涉及概念设计、工程设计、性能分析以及制造加工等，广泛应用于汽车、航空、机械和造船等行业。

NX 软件从 CAM 发展而来。20 世纪 70 年代，美国麦道飞机（McDonnell Douglas）公司（现波音飞机公司）成立了解决自动编程系统的数控小组，UG 软件的雏形问世。1983年，UG 上市。1987 年，通用公司（GM）将 UG 作为其 C4（CAD/CAM/CAE/CIM）项目的战略性核心系统。1989 年普惠发动机公司（P&W）选择 UG 作为其辅助设计软件。1989年，UG 宣布支持 UNIX 平台及开放系统的结构，并引入与 STEP 标准兼容的三维实体建模核心 Parasolid。1990 年 UG 成为麦道公司的机械 CAD/CAM/CAE 的标准。

1991 年 UG 并入美国 EDS 公司，以 EDS UG 运作，并开始从大型机版本到工作站版本的转移。1993 年 UG 引入复合建模的概念，将实体建模、曲面建模、线框建模及参数化、特征化建模融为一体。1995 年 UG 发布 Windows NT 版本。1996 年 UG 发布了高级装配功能模块、先进的 CAM 模块以及工业造型模块，在全球发展迅猛，并占领了巨大的市场份额，当年通用公司一次订购 10000 套 UG 及 iMAN 软件，将 UG 作为其企业核心 CAD/CAM系统。1997 年 UG 新增了包括 WAVE 在内的一系列工业领先的新功能，WAVE 可以定义、控制、评估产品模板，被认为是在未来几年中业界最有影响的新技术。

1998 年 EDS UG 并购了 Intergraph 公司的机械软件部，成立 UGS 事业部。2000 年，UGS 发布了首个嵌入"基于知识工程"语言的软件产品——UG V17。2001 年 9 月 EDS公司收购 SDRC 公司，将其与 UGS 组成 Unigraphics PLM Solutions 事业部，同年发布了新的版本——UG V18，调整了对话框，使设计更加便捷。2002 年推出 UG NX 1.0，其中 NX是当时 EDS 的内部开发代号，有 Next Generation 的含义，表明 UG 软件开始致力于成为新一代系统架构和开发平台。

2003 年 3 月，Unigraphics PLM Solutions 事业部被 3 家公司以现金支付方式收购，成为独立公司——UGS 公司，同年发布了 UG NX 2.0，该版本基于最新的行业标准，具有支持 PLM 的体系结构。2004 年 UGS 公司发布了 UG NX 3.0，为用户的产品设计与加工过程提供了数字化建模和验证手段，针对用户的虚拟产品设计和工艺设计的需要，提供经过实践验证的解决方案。2005 年，UGS 发布具有崭新 NX 体系结构的 UG NX 4.0，使得开发与应用更加简单和快捷。2007 年 4 月，发布 NX 5.0——NX 的下一代数字产品开发软件，旨在帮助用户以更快的速度、更低的成本开发创新产品。

2007 年 5 月 UGS 公司正式被西门子收购，成为西门子产品生命周期管理软件公司，拥有 IDEAS、NX、SolidEdge 等著名 CAX 软件和 TeamCenter 系列 PLM 软件，为用户提供多级化的、集成的、企业级的包括软件与服务在内的完整的数字化产品开发解决方案。2008 年 6 月，西门子发布建立在同步建模技术基础之上的 SIEMENS NX 6.0，同步建模技术的发布标志着 NX 的一个重要里程碑。2009 年 10 月，西门子宣布推出其旗舰数字化产品开发解决方案 NX™ 软件的最新版——NX 7.0，并引入了三维精确描述（HD3D）功能，即一个开放、直观的可视化环境，有助于全球产品开发团队充分发掘 PLM 信息的价值，并显著提升其制定卓有成效的产品决策的能力。2010 年推出的最新 NX 7 增强版——NX 7.5，是首款支持全新的精确定义产品生命周期管理（HD-PLM）技术框架的软件产品。HD-PLM 技术框架有助于加快产品研发的决策过程，使 NX 软件在设计、分析和零部件制造模块等几方面的功能都得到了增强。

目前 NX 软件在航天航空、汽车、通用机械、工业设备、医疗器械以及其他高科技应用领域的机械设计和模具制造自动化中的应用，不仅显著简化了复杂产品的设计，提高了产品的设计水平，而且降低了产品的制造成本，提高了企业的敏捷制造能力和快速响应市场的能力。NX 一直支持美国通用汽车公司实施目前全球最大的虚拟产品开发项目，NX 在美国的航空业装机量已超过 10000 台，占有 90%以上的俄罗斯航空市场和 80%的北美汽轮机市场，NX 已成为日本著名汽车配件制造商 DENSO 公司的标准。NX 软件主要客户包括通用汽车、通用电气、福特、波音、飞利浦、洛克希德、劳斯莱斯、普惠发动机、日产、克莱斯勒、戴姆勒以及美国军方等。NX 软件自从 1990 年进入中国以来，应用越来越广泛，现已成为我国工业界主要使用的大型 CAD/CAE/CAM 软件之一。

NX 软件作为知识驱动制造业自动化技术领域的领先者之一和推进制造业信息化工程的一个重要的技术支撑，充分体现了设计优化技术与基于产品和过程的知识工程的组合，为制造业产品的敏捷制造和新产品创新开发的全过程提供了一种最优的解决方案。

4.1.2　NX 软件的特点

NX 软件建立在统一的关联的数据库基础上，涵盖了产品设计、分析和制造中的全部流程，使产品开发从概念设计到数控加工编程和工程分析真正实现了数据的无缝集成，从而优化了企业的产品设计与制造。在面向过程驱动技术的环境中，运用并行工程工作流、上下关联设计和产品数据管理技术，使用户的全部产品以及精确的数据模型在产品开发全过程的各个环节保持相关。NX 不仅具有强大的实体建模、曲面建模、虚拟装配以及产生工程图等设计功能，而且在设计过程中还可以进行有限元分析、机构运动分析、动力学分析和仿真模拟，大大提高了设计的可靠性。同时，可以用建立的三维模型直接生成数控代码，用于产品的加工，其后处理程序支持多种类型数控机床。随着版本的不断更新和功能的不断扩充，NX 扩展了软件的应用范围，面向专业化和智能化发展。

（1）产品开发过程无缝集成

NX 通过高性能的数字化产品开发解决方案，把从设计到制造流程的各个方面集成到一起，可以完成自产品概念设计到详细设计、分析仿真和制造的全过程，因此，产品开发的整个过程是无缝集成的完整解决方案。

（2）可控制的管理开发环境

NX 以 Teamcenter 软件的工程流程管理功能为动力，形成了一个产品开发解决方案。所有产品开发应用程序都在一个可控制的管理开发环境中相互衔接。产品数据和工程流程管理工具提供了单一的信息源，从而可以协调开发工作的各个阶段，改善协同作业，实现对设计、工程和制造流程的持续改进。

（3）全局相关性

在整个产品开发流程中，应用装配建模和部件间链接技术，建立零件之间的相互参照关系，实现各个部件之间的相关性。在整个产品开发工程流程中，应用主模型方法，实现集成环境中各个应用模块之间完全的相关性。

（4）集成的仿真、验证和优化

NX 中全面的仿真和验证工具，可在开发流程的每一步自动检查产品性能和可加工性，以实现闭环、连续、可重复验证，提高产品质量，同时减少设计错误和实际样板制作费用。

（5）知识驱动型自动化

NX 可以帮助用户收集和重用企业特有产品和流程知识，使产品开发流程实现自动化，减少重复性工作，同时减少错误的发生，并使企业能针对标准和设计规则进行实时验证。

（6）开放式的用户接口

NX 提供了多种二次开发接口，满足软件二次开发需要。用户可以应用 Open UIStyle 开发接口开发自己的对话框；可以应用 Open GRIP 语言进行二次开发；应用 Open API 和 Open++ 工具，用户可以通过 VB、C++ 和 Java 语言进行二次开发，而且支持面向对象程序设计的全部技术。

4.1.3　NX 模块简介

NX 软件具有强大多样的功能命令，按照不同的工作情况需要，NX 将各功能命令以模块化的样式进行了组织与归类。每个模块都有独立的功能，各项功能通过各自的应用模块来实现，而且模块之间是相互关联的，可以在模块间进行切换，以增加产品设计的可行性。各个模块都可以在开始菜单中找到，如图 4-1 所示，常用的应用模块通常在顶层列出，若用户需要应用更多高级模块，则可进入"所有应用模块"中进行选择。下面对 NX 软件的几个主要应用模块以及功能作简单介绍。

1. 基本环境模块

基本环境（Gateway）模块（也称入口模块），是连接 NX 软件中所有其他模块的基础，是启动 NX 软件时运行的第一个模块。该模块为 NX 其他模块的运行提供了底层的统一数据库支持和一个窗口化的图形交互环境，其功能包括打开、创建、存储和输入输出各种不同格式文件等文件操作，以及强化的视图显示操作、视图布局和图层功能、工作坐标系操控、对象信息和分析、访问联机帮助等。

　　启动 NX 后，首先显示 NX 的启动窗口，如图 4-2 所示，然后进入 NX 的基本环境模块，如图 4-3 所示。通过选择开始菜单中的"基本环境"命令（如图 4-1 所示），用户都可以在任何时候从其他应用模块返回到基本环境模块。

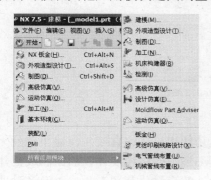
图 4-1　NX 7.5 应用模块

图 4-2　NX 7.5 启动窗口

图 4-3　基本环境模块

2. CAD 模块

　　CAD 模块是 NX 软件最重要、最基本的组成模块之一，包含了一系列综合的计算机辅助设计应用程序。CAD 模块的效率不仅仅体现在设计过程中，几乎可以延伸到产品开发的所有阶段。

　　（1）零件建模应用模块

　　零件建模应用模块（如图 4-4 所示），是 NX 软件中其他应用模块实现其功能的基础。该模块能够为用户提供一个实体建模环境，可以交互式地创建和编辑组合模型、仿真模型和实体模型，可以通过直接编辑实体的尺寸或者通过其他构造方法来编辑和更新实体特征。

　　建模模块为用户提供了多种创建模型的方法，如草图工具、实体特征、特征操作和参数化编辑等。用户可以选择不同的方法去创建模型。一般来说，建模的方法取决于模型的复杂程度。比较好的建模方法是利用草图工具，用户可以将自己的最初设计构思，用概念性的模型轮廓勾勒出来，便于抓住创建模型的灵感。

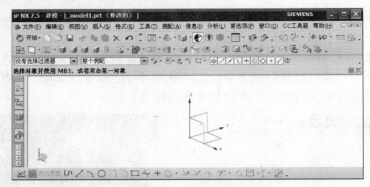

图 4-4　零件建模应用模块

① 实体建模

实体建模应用子模块将基于约束的特征建模功能和显式的直接几何建模功能无缝地结合起来，使用户充分利用集成于参数化特征建模环境中的传统实体、曲面和线框建模功能的优势。该模块提供用于快速有效地进行概念设计的变量化草图工具，以及各种曲线生成和编辑、布尔运算、各种扫掠、尺寸驱动、定义和编辑变量及其表达式、非参数化模型的参数化等通用的建模和编辑工具。该模块是 NX 中所有其他建模模块的基础。

② 特征建模

特征建模应用子模块用工程特征来定义设计信息，在实体建模基础上提高了用户设计意图表达的能力。该模块支持各种标准设计特征的生成和编辑，包括各种孔、键槽、凹腔、凸垫以及长方体、圆柱、圆锥、球体等。所有特征均可以参数化定义，并对其大小及位置进行尺寸驱动编辑，可以相对其他特征或几何体定位，可以编辑、删除、抑制、复制、粘贴、引用以及改变特征时序，并提供特征历史树，记录所有特征的相关关系，便于特征查找和编辑。

③ 自由曲面建模

自由曲面建模应用子模块支持复杂曲面和实体模型的创建，提供生成、编辑和评估复杂曲面的强大功能，包括直纹面、扫描面、自由曲面、曲线广义扫掠、标准二次曲线方法放样、多张曲面间的光顺桥接和动态拉动调整曲面等。

④ 用户自定义特征

该模块提供一种基于用户自定义特征（UDF）概念定义和存储零件族的方法，可生成用户专用的自定义特征库和零件族，使细节设计变得简单，提高了用户设计建模效率。该模块包括从已生成的参数化实体模型中提取参数、定义特征变量、建立参数间相关关系、设置变量默认值和定义代表该 UDF 的图标菜单的全部工具。UDF 扩展了 NX 的成形特征的范围和功能，且同 NX 内置的特征一样可以进行参数化编辑。

⑤ 同步建模

同步建模突破了基于历史记录的建模系统的限制，可以识别当前的几何图形状况，有效地进行尺寸驱动的直接建模，快速捕捉设计意图，而不用像先前那样必须考虑相关性及约束等情况；能够快速进行设计变更，不管设计源自何处、是否存在历史树；允许用户重用来自其他 CAD 系统的数据，无须重新建模。同步建模可以提高设计效率、增加原有数据的重用率以及扩展与第三方 CAD 系统应用数据有效协同工作的能力，极大地方便了直接利用任何来源的 CAD 几何模型的 CAE 和 CAM 用户。

（2）外观造型设计应用模块

外观造型设计应用模块为工业设计应用提供专门的曲面建模和曲面分析的设计工具。此模块为工业设计师提供了产品概念设计阶段的设计环境，模块中包括所有用于产品概念设计阶段的基本选项，如可以创建并且可视化最初的概念设计，也可以逼真地再现产品造型的最初曲面效果图。模块中不仅包含所有建模模块中的造型功能，而且包括一些较为专业的用于创建和分析曲面的工具。可以设计出不同形状的复杂曲面，并且创建的曲面还可以与实体特征混合应用，更便于产品外观造型设计。

（3）工程制图应用模块

工程制图模块提供一种从三维实体模型得到完全相关的二维工程图的方法，可以生成与实体模型相关的尺寸标注，保证工程图纸随着实体模型的改变而同步更新。这种关联性使得用户编辑模型变得更为方便。该模块提供了自动视图布置、各种剖视图和向视图以及自动和手工尺寸标注、几何公差、粗糙度标注、明细表自动生成等工具，支持 ANSI、ISO 和 GB 等主要的工业制图标准。不论绘制单页还是多页详细装配图和零件图，都能减少工程制图的时间和成本。

（4）装配建模应用模块

装配建模模块用于产品的虚拟装配，支持自顶而下、自底而上等产品开发方法。参数化的装配建模功能可以模拟实际机械装配过程，生成的装配模型中零件数据是对零件本身的链接映像，保证装配模型和零件设计双向相关，零件设计修改后装配模型中的零件会自动更新，同时可在装配环境下直接修改零件设计。该模块提供包括坐标系定位和逻辑对齐、贴合、偏移等灵活的定位方式和约束关系，在装配中安放零件或子装配件，并可定义不同零件或组件间的参数关系。该模块改进了软件操作性能，减少了对存储空间的需求。装配功能的内在体系结构使设计团队能创建和共享大型的产品级装配模型，可使团队成员同步并行工作。

（5）基于系统的建模

NX 提供了基于系统的产品建模解决方案——WAVE 技术，特别适用于汽车、飞机等复杂产品的设计。该技术可用于从产品初步设计到详细设计的每个阶段，可以帮助用户找出驱动产品设计变化的关键设计变量并放入顶层控制结构中，其控制结构可以把设计标准传递给子系统开发人员。通过这一严格控制，分布的设计团队可以在一个共用的产品框架中并行工作。基于系统的建模提供了一种自上而下、模块化的产品开发方法，使参数化真正符合产品的设计过程和规则，即先总体设计后详细设计，局部设计决策服从总体设计决策。WAVE 是面向产品级的并行工程技术，解决了复杂产品设计中的设计控制问题和产品级的参数驱动，大大提高了设计重复利用率。

3．CAM 应用模块

NX CAM 应用模块提供了应用广泛的 NC 加工编程工具，使加工方法有更多的选择灵活性。CAM 将所有的 NC 编程系统中的元素集成到一起，包括刀具轨迹的创建和确认、后处理、机床仿真、数据转换工具、流程规划和车间文档等，使制造过程中的所有相关任务能够实现自动化。

NX CAM 应用模块可以让用户获取和重用制造知识，给 NC 编程任务带来全新层次的自动化，CAM 应用模块中的刀具轨迹和机床运动仿真及验证有助于工艺人员改善 NC 程序质量和提高机床效率。

（1）加工基础模块

该模块提供连接 NX 所有加工模块的基础框架。用户可在图形方式下观察刀具运动情况并可对其运动轨迹进行图形化编辑。该模块还提供通用的点位加工编程功能，可用于钻孔、攻丝和镗孔等加工编程。交互界面可按用户需求进行灵活的修改和剪裁，并可定义标准化刀具库、加工工艺参数样板库，常用的加工方法和工艺参数都已标准化。

NX CAM 的所有模块都可在实体模型上直接生成加工程序，并保持和实体模型相关。

（2）车削模块

车削模块提供回转体类零件加工所需的全部功能，如粗车、多次走刀精车、车退刀槽、车螺纹和钻中心孔等。该模块可以使用二维轮廓或实体模型，生成的刀具路径和零件几何模型完全相关，刀具路径能随几何模型的改变而自动更新。输出的刀位源文件可直接进行后处理，产生机床可读文件。用户可控制进给量、主轴转速和加工余量等参数。通过在屏幕上模拟显示刀具路径，可检测参数设置是否正确。同时生成一个刀位源文件（CLSF），用户可以对其进行存储、删除或编辑。

（3）铣削加工模块

主要用来进行铣削加工编程，NX CAM 具有广泛的铣削加工性能。包括下面几种类型：

① 固定轴铣削

固定轴铣削模块提供了产生 3 轴刀具路径的完整全面的功能，诸如型腔铣削、清根铣削的自动操作，减少了切削零件所需要的步骤；而诸如平面铣削操作中的优化技术，则有助于缩短切削具有大量凹腔零件的时间。

② 高速铣削加工

NX CAM 具有诸如限制逆铣、圆弧转角、螺旋切削、圆弧进刀和退刀、转角区进给率控制等功能，支持高速铣削加工。这些功能提供关于切削路径、进给率和转速以及对整个机床运动的控制。使用非均匀有理 B 样条（NURBS）形式的刀具轨迹，NX 可以提供注塑模和冲模加工中所需要的高质量精加工刀具路径。

③ 曲面轮廓铣削

NX CAM 在 4 轴和 5 轴加工方面具有很强的能力和稳定性，可以很好地处理复杂表面和轮廓的铣削，而且 NX CAM 曲面轮廓铣削模块还提供了大量的切削方法和切削样式，该模块可用于固定轴和可变轴加工。可变轴铣削模块主要通过各种刀轴控制选项提供多种驱动方法，例如刀轴垂直于加工面控制选项，或将与零部件相关的面作为驱动面的刀轴控制选项。顺序铣削模块主要用于切削过程中刀具路径每一步的生成都需要控制的情况，适合高难度的数控程序编制。

（4）后置处理

后置处理模块由 NX Post Execute 和 NX Post Builder 共同组成，用于将 NX CAM 模块建立的 NC 加工数据转换成数控系统可执行的加工数据代码。数控系统通过读取刀位文件，根据机床运动结构及控制指令格式，进行坐标运动变换和指令格式转换。该模块支持当今世界上几乎所有主流的 NC 机床和加工中心，并在多年的应用实践中已被证明适用于 2～5 轴的铣削加工、2～4 轴的车削加工和电火花线切割。

（5）线切割加工模块

NX 线切割模块支持对 NX 的线框模型或实体模型的 2 轴或 4 轴的线切割加工。该模块提供了多种线切割加工走线方式，如多级轮廓走线、反走线和区域移除。此外，还支持 glue stops 轨迹，以及各种钼丝半径尺寸和功率设置的使用。

4. CAE 模块

CAE 模块是进行产品分析的主要模块，包括高级仿真、设计仿真和运动仿真等。借助 CAE 进行仿真，设计人员可以用数字化的方式理解、预测和改善产品性能，探索更多设计概念，同时又可降低与昂贵的实物原型相关的直接成本，从而实现更迅速、明智的决策，最终可以取得更出色的产品性能。

（1）强度向导

强度向导提供了极为简便的仿真向导，可以快速地设置新的仿真标准，适用于非仿真技术专业人员进行简单的产品结构分析。仿真过程的每一阶段都为分析者提供了清晰简洁的导航。由于采用了结构分析的有限元方法，自动地划分网格，因此该功能也适用于对较复杂的几何结构模型进行仿真。

（2）设计仿真模块

NX 设计仿真允许用户对实体组件或装配执行仅限于几何体的基本分析。这种基本验证可使设计人员在设计过程的早期了解其模型中可能存在结构或热应力问题的区域。

NX 设计仿真提供一组有针对性的预处理和后处理工具，并与流线化版本的 NX Nastran 解算器完全集成。用户使用 NX 设计仿真可以执行线性静态、振动（正常）模式、线性屈曲和热分析，还可以进行适应性、耐久性及优化的求解过程。

NX 设计仿真中创建的数据可完全用于高级仿真。一旦设计人员采用 NX 设计仿真执行了其初始设计验证，就可以将分析数据和文件提供给专业 CAE 分析师。分析师可以直接采用该数据，并将其作为起点在 NX 高级仿真产品中进行更详细的分析。

（3）高级仿真模块

高级仿真模块是一种综合性的有限元建模和结果可视化的产品模块，旨在满足资深 CAE 分析师的需要。NX 高级仿真模块包括一整套预处理和后处理工具，并支持多种产品性能评估解法。NX 高级仿真模块提供了对包括 NX Nastran、MSC Nastran、ANSYS 和 ABAQUS 在内的许多业界标准解算器的无缝、透明支持。NX 高级仿真模块提供 NX 设计仿真中可用的所有功能，还支持高级分析流程的众多其他功能。

（4）运动仿真模块

运动仿真模块包括全面的分析建模能力、内嵌式解算器和用于高级统计、动力学及运动学仿真的后处理显示等功能，可以帮助设计人员理解、评估和优化设计中的复杂运动行为，使产品功能和性能与开发目标相符。用户在运动仿真模块中可以模拟和评价机械系统的一些特性，如较大的位移、复杂的运动范围、加速度、力、锁止位置、运转能力和运动干涉等。一个机械系统中包括很多运动对象，如铰链、弹簧、阻尼、运动驱动、力和弯矩等，这些运动对象在运动导航器中按等级有序地排列着，反映了它们之间的从属关系。

装配设计是所有运动仿真的基础，在 NX 的主模型和运动仿真模型之间建立双向关联。

（5）注塑流动分析模块

注塑流动分析是一个集成在 NX 中的注塑分析系统，具有前处理、解算和后处理能力，并且提供了在线求解器和完整的材料数据库。该模块用于对整个注塑过程进行模拟分析，包括填充、保压、冷却、翘曲、纤维取向、结构应力和收缩，以及气体辅助成型分析等，使模具设计师在设计阶段就能找出未来产品可能出现的缺陷，提高一次试模的成功率，它还可以作为产品研发人员优化产品设计的参考。

5．其他专用模块

除上面介绍到的常用 CAD、CAM、CAE 模块，NX 软件中还提供了非常丰富的面向制造行业的专用模块，这里简单介绍几种。

（1）钣金设计模块

钣金设计模块为专业设计人员提供了一整套工具，以便在材料特性和制造过程的基础上智能化地设计和管理钣金零部件。其中包括一套结合了材料和过程信息的特征和工具，这些信息反映了钣金制造周期的各个阶段，包括弯曲、切口以及其他可成型的特征。

（2）管线布置模块

管线布置模块为电气和机械管线子系统提供了定制化的设计环境。对于电气管线布置，设计者可以使用布线、管路和导线指令，充分利用电气系统的标准零件库。机械管线布置为管道系统、管路和钢制结构增加了设计工具。所选管线系统的模型与 NX 装配模型相关，便于设计变更。

（3）工装设计向导

工装设计向导主要有 NX 注塑模具设计向导、NX 级进模具设计向导、NX 冲压模具工程向导及 NX 电极设计向导等。

注塑模具设计向导可以自动地生成分型线、凸凹模、注塑模具装配结构及其他注塑模设计所需的结构。此外还提供了大量基于模板、可用于定制的标准件库及标准模架库，简化了模具设计过程，提高了模具设计效率。级进模具设计向导包含了多工位级进模具设计知识，具有高性能的条料开发、工位定义及其他冲模设计任务能力。冲压模具工程向导可以自动地提取钣金特征并映射到过程工位，以便支持冲压模工程过程。电极设计向导可以自动地建立电极设计装配结构、自动标识加工面、自动生成电极图纸以及对电极进行干涉检查，以便满足放电加工任务的需要，还可自动生成电极物料清单。

此外，NX 软件还有人机工程设计中的人体建模、印刷电路设计、船舶设计及车辆设计/制造自动化等模块。

4.1.4　NX 7 软件的新增功能

NX 7 增强版是首款支持精确定义产品生命周期管理（HD-PLM）技术框架的软件。HD-PLM 技术框架在 NX 软件中提供了一个可视的直观环境，有助于加快产品研发的决策过程，为用户和整个行业创造了重要价值。而且 NX 7 增强版在设计、分析和零部件制造模块等几方面的功能都得到了增强。

（1）精确定义的决策体系

HD-PLM 可以帮助用户在整个产品生命周期中有效地做出质量更优、可信度更高的决策，即"精确定义的决策"。

HD-PLM 是一个把用户与相关人员、工具以及进行智能决策评估所需的相关的精确产品信息连接到一起的技术体系。HD-PLM 依托于西门子软件的技术基础，通过一系列无缝集成的 PLM 解决方案，在全球分布的企业和整个产品生命周期中建立起连续、直观的决策支持环境。用户能够通过跨领域的信息网络，"利用数据、赋予意义、构建知识、加速理解"，做出不仅与其工作相关而且考虑到对上下游其他领域影响的决策。

HD-PLM 技术框架旨在通过贯穿于西门子的企业级产品集成解决方案，有效地将分布广泛且来源各不相同的数据转化为知识。通过个性化定制，主动向用户提供执行任务所必需的信息，通过整合、分析和监测信息，协助用户做出决策。并通过交互导航方式直观地呈现出所需产品的丰富信息，应用分析技术评估各种备选方案，验证用户决策的正确性，提高产品生命周期中的决策质量。

（2）精确定义产品开发决策

三维精确描述（HD3D）在 HD-PLM 技术框架之下将 NX 和 Teamcenter 功能结合起来，以可视的直观方式为全球分布的产品研发部门提供了解、协同和决策所必需的信息。

HD3D 是用于产品开发的可视示意板，提供了一种收集、整理和展示产品信息的简单、直观的方法。它直接在三维产品开发环境中，以可视方式报告 Teamcenter 管理的数据，并直接用于关键决策。

HD3D 可以高效地索引和处理属性数据列表，并将其与三维产品模型关联起来，对产品与过程信息进行可视合成。用户可以通过交互式导航，以可视化方式理解 PLM 数据，并得到需要的详细信息。

HD3D 还与 NX 验证检测工具（Check-Mate）一起构成一个直观的可视交互平台，从而加快根据要求验证产品设计的速度。丰富的可视反馈信息使用户能够在整个研发过程中监控关键性功能要求，快速评估各种产品研发问题和潜在瓶颈，帮助用户有效改善决策过程，充分确保产品质量，加快设计流程，降低设计成本，提高生产效率。

（3）重新定义产品设计效率

除了支持 HD-PLM，NX 7 还具有许多新的功能，可重新定义产品开发的效率。

① 新型快速设计工具可加快二维草图的绘制和定位，自动推断约束条件和建模意图，缩短了建模所需的时间。

② 将具有同步建模技术与 NX 自由曲面建模集成，可应用于任何几何体，包括导入的

复杂模型，大大改进了模型创建和修改的过程。用户可从简单的几何构型设计开始，运用先进的建模工具，在更少的时间内完成复杂的模型建立。

③ 同步建模技术进一步扩展增强了特征阵列、装配、薄壁几何体、倒圆、倒角等功能，有助于几何体模型的重复使用。

④ NX DraftingPlus 是一套新型设计工具，增强了 NX 的二维功能和与三维模型的集成，具有从二维曲线生成三维几何体的曲线绘制和修改工具，并且简化了产品设计流程，实现了单一设计环境下的二维、三维设计工作流程整合。

（4）重新定义产品分析和仿真的效率

NX 7 增强版提升了 CAE 的功能和效率，加强了与产品设计的集成，并且使数字仿真模型与测得的数据相关联，缩短工程师在设计过程中验证产品性能的时间。

① NX 7 中加入了新的模型准备流程，可帮助用户处理复杂的几何体，如对薄壁部件划分网格，增强梁和螺栓建模等，使集成设计和 CAE 效率得以进一步增强。许多新增功能简化了设计与分析之间的数据交互，增强了耦合分析的能力。NX 通过直观的有限元建模方式，简化了分析师处理大型复杂模型的方式，并使工程师们使用的系统模型能够随着设计逼真度的提高而得到更新。

② NX CAE 与各种解算技术的结合扩大了集成性。增添了柔性体的耐久性和弹性分析以及更多可用于结构、热量和流量分析的解决方案，能够进行高逼真模型验证设计。而高逼真模型将柔性分析和刚体运动结合起来，可以评价组件柔性体对机械装置性能和耐久力的影响。

③ NX 7 引入了两种新的 CAE 产品，即 NX 有限元（FE）模型关联和 NX 有限元模型更新。它们构成一个完整的综合系统，可用于模态分析、预备测试计划、测试分析关联和模型更新。

（5）重新定义零部件制造效率

NX 将 CAM 和 CMM 功能集成在一起，进一步重新定义了零部件制造的效率。

① NX 叶轮加工解决方案是为整体叶盘结构和叶轮特别设计的 NX CAM 集成应用程序，将用户置于具体的编程任务环境中，简化了创建智能刀具路径的任务，缩短了叶轮类复杂形状零件的编程时间，能够显著提高数控编程人员的生产效率。

② NX CMM（三坐标测量机）数控测量编程可以利用测量机直接测量三维设计模型所附的 PMI（产品制造信息）数据并自动生成检验结果和探查路径，缩短了检测时间。这一集成化的应用程序添加了模拟和防止碰撞功能，可用于验证 CMM 编程决策、加工和探测数据库内容，从而大幅提高了数控测量编程效率。

4.2　工　作　环　境

4.2.1　NX 的工作界面

1. 主界面

双击桌面上的 NX 快捷方式图标，启动 NX 软件。首先进入如图 4-3 所示的基本环境模块。通过新建文件或者打开文件的方式（具体操作方法参照 4.2.2 小节），进入 NX 的应用模块，展现 NX 的主界面，如图 4-4 所示，主要包括标题栏、菜单栏、工具栏、选择条、图形窗口、提示行和状态行、资源栏等几个部分。

（1）标题栏

标题栏位于窗口顶部，与一般 Windows 软件的标题栏用途大致相同，在此用来显示软件的版本号、当前使用的应用模块名称以及正在操作的文件名称和状态等信息。

（2）菜单栏

菜单栏位于主窗口顶部、标题栏下方，是一系列 NX 命令功能的目录集，是调用各应用模块和执行各命令以及进行系统参数设置的基础工具。根据调用的应用模块不同，菜单栏略有差别。各种命令和设置选项分类放置在菜单栏中不同下拉式菜单中。选择菜单栏中任何一个功能时，系统将会弹出下拉菜单，同时显示出该功能菜单包含的有关命令，如图 4-5 所示。每一个命令的前后可能有一些特殊标记。如符号"Ctrl+N"等表示快捷键；符号"…"表示该选项有下一级对话框；符号"▶"表示该选项为级联菜单，有子菜单。

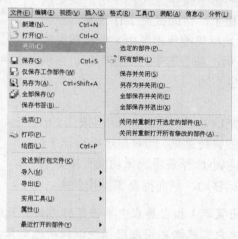

图 4-5　文件管理菜单

（3）工具栏

工具栏在菜单栏之下，提供由各种形象化的图标按钮组成的工具条集合。工具条按照不同的功能分类，每个图标代表一个功能，如图 4-6 所示。工具条与菜单中的命令相对应，使用户能够快捷方便地实现常用功能、命令的操作。工具条中图标按钮右侧有"▼"符号时，表示这是个组合按钮，选择后便会展开相应的级联菜单，如图 4-7 所示为标准工具条中的辐射菜单。若工具条中的按钮为灰色显示，则表示在当前不可用。

图 4-6　工具条

图 4-7　辐射菜单

（4）图形窗口

图形窗口是用户进行建模、装配、分析等操作的区域，以图形的形式显示模型的相关信息，占据了屏幕的大部分空间。单击位于状态行最右方的全屏模式图标按钮▣或选择"视图"→"全屏"命令，切换到全屏显示模式，可以提供更大的可视化与设计空间，便于更方便、快捷、有效地进行设计，从而加快工作流程。

① 工具条管理器

全屏模式运行 NX 时，将显示工具条管理器，如图 4-3 所示，可在该管理器中访问菜单、所有当前活动工具条和资源条的紧凑工具条。工具条管理器根据选择模块的不同，支持所有典型的 NX 工作流。在该管理器中选择单个选项卡可以显示活动角色中可用的工具条，并且可在多个选项卡间循环切换来更改显示的工具条。此外，单击▣按钮，可以显示浮动工具条，单击⚙按钮可以定制工具条管理器。

② 辐射菜单

辐射菜单提供了快捷的命令操作方式，使用户能更快速地定位到常用的命令按钮上，帮助提高工作效率。在图形窗口按住 MB3 不放，在光标周围将出现由 8 个按钮组成的辐射菜单，如图 4-7 所示，基于选中的对象不同，出现于辐射菜单中的可用按钮也不同。

③ 视图快捷菜单

当光标位于图形窗口空白处时，单击 MB3 或按住 Ctrl 键并单击 MB3，将弹出视图快捷菜单，同时显示小选择条，如图 4-8 所示。视图菜单和小选择条将选择功能直接显示在光标位置上，减少了鼠标移动，从而提高了操作效率。

图 4-8　视图菜单和小选择条

注意：快捷菜单（也称弹出菜单）指在屏幕中单击鼠标右键打开的菜单栏，含有常用命令，方便操作。快捷菜单内容根据不同应用模块以及所选对象数量会有所不同。

（5）选择条

选择条是选择工具的集合，可定义所选对象的类型并快速选中特定的对象。默认情况下，选择条出现在工具栏下方，如图 4-4 所示，包括"类型过滤器"、"选择范围"、"最高选择优先级"、"常规选择过滤器▣·"、"类选择▣·"、"启动点捕捉▣"等选项，提供了多种过滤可选对象的途径。如"类型过滤器"将简化和缩小预选对象的范围，"最高选择优先级"可以定义选择对象的顺序，同时也定义了快速拾取框的对象顺序。▣·设定鼠标框选方式（矩形或套索）。建模时，如果需要用到点，NX 将自动启用点捕捉菜单并打开点捕捉工具条，捕捉点的选项将变为可用状态，利用点捕捉工具▨会有效地选择符合要求的点的类型。

（6）提示行和状态行

提示行根据当前操作给出提示，指导用户进行后续的操作，具有一定的操作导航能力。状态行位于提示行的右方，用于显示关于当前完成步骤或者当前选项的信息。

在默认状态下，提示行和状态行位于图形窗口的上方。提示行和状态行是重要的信息反馈源，在操作过程中，用户应经常注意其中的相关信息，以便作出正确的选择。

（7）资源栏

资源栏是位于图形窗口边缘（默认位置在左侧）的一组选项卡集合，由导航器以及集成的浏览器窗口和资源板组成，是用于管理当前操作及其参数的树形界面（光标离开资源栏时其界面将自动收起）。其中导航器包括部件导航器和装配导航器，提供了关于当前显示部件的相关信息，同时也是一个进行操作和编辑当前对象的方便途径。

2. 对话框和鼠标的操作键

（1）对话框

对话框包含了当前任务所需的明确步骤，能够自上而下引导用户完成当前功能信息输入，当前进行步骤将会高亮显示。针对不同的操作，对话框的内容和作用也不同，但几个常用按钮的功能是相同的，如"确定"表示接受输入并关闭对话框，"后退"表示返回上一级对话框，"应用"表示接受输入但不关闭对话框，"取消"表示不接受输入并关闭对话框。对话框使用多种不同颜色引导用户进行操作，通过自上而下设定输入方式指导用户完成操作，当前进行的步骤高亮显示。默认操作按钮呈绿色高亮显示，对应鼠标中键。

对话框中相似的选项功能按类成组，必须定义输入的功能组前由图标 ✱ 标出，同时已完成定义的组由图标 ✔ 标出。对话框中的组可通过位于其右方的箭头 ∧ 、 ∨ 来进行展开与收起状态的切换，常用的组将呈展开状态。在参数输入文本框中，输入选项会以 ▼ 图标的形式出现在输入框的右侧（如图 4-35 所示），允许用户选择不同的参数形式（如测量、公式、函数、参考等）来完成参数的输入。单击对话框名称右侧的 ↻ 按钮可以重新设置。

（2）鼠标

鼠标操作是 NX 应用中最常见的操作，NX 推荐使用三键鼠标，鼠标左键（MB1）、中键（MB2）、右键（MB3）的常用功能如表 4-1 所示。

表 4-1　鼠标的常用功能

操　作	功　　能
MB1	单击用于选择菜单项和屏幕上的对象，双击相当于选择并回车
MB2	单击用于"确定"，即回车。在图形窗口中按住并拖动可旋转视图。滚动滚轮可缩放视图
MB3	单击用于弹出快捷菜单。鼠标在屏幕不同区域时显示的快捷菜单不同
Alt+ MB2	取消操作
Shift+MB1	选择连续排列的对象
Ctrl+ MB1	选择或者取消非连续排列的对象
MB2+MB3 或 Shift+MB2	在图形窗口中按住并拖动，可平移视图
MB2+MB1 或 Ctrl+MB2	在图形窗口中按住并拖动，可缩放视图

3. 选择球的操作

在图形窗口中，鼠标的光标将变成一选择球 ⊕ ，在其他区域时光标显示为一箭头 ↖ 。

一般情况下，只要把选择球的十字叉点置于欲选择的对象上，选中对象将变成预选色，按下 MB1 确认，这时选中对象将变成选中色，即完成对象选择。

有时，光标选取的位置可能有多个重叠在一起的可选对象，这时选择球会变成快速拾取指示光标，单击后会弹出"快速拾取"对话框，如图 4-9 所示，在列表框中移动光标时，图形窗口中与之相对应的对象呈高亮度显示，"快速拾取"对话框的快速拾取功能用于从多个对象中快速选择一个或几个特定对象。

图 4-9　"快速拾取"对话框

4.2.2　文件管理

文件管理主要包括建立新文件、打开文件、保存文件和关闭文件等工作。既可以通过下拉菜单中的命令或者工具条的图标来完成，还可以使用快捷键。

（1）文件命名

文件是模型和其他设计信息的载体。NX 软件生成的模型（包括零件或组件）文件称为部件文件，以统一的文件后缀.prt 存储。为了区分建模、装配、制图、数控加工等应用，有效地进行文件管理，用户应制定本单位的文件命名规则，如产品型号_零件编号_应用类型_版本号.prt（注意，NX 不支持中文的文件名，路径中也不能有中文）。

（2）创建新文件

在图 4-5 所示菜单栏中选择"文件"→"新建"命令，或单击图 4-6 所示标准工具条中的"新建文件"按钮，即可打开如图 4-10 所示的"新建"对话框。

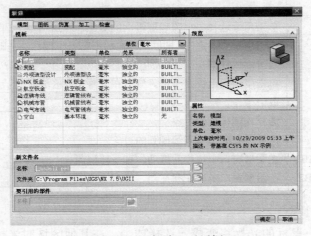

图 4-10　"新建"对话框

该对话框顶部有"模型"、"图纸"、"仿真"、"加工"和"检查"等标签。单击某个标签可切换至某个选项卡，在该选项卡所对应的"模板"列表框中列出了 NX 软件中可用的现存模板，模板包含了相关环境或系统设置。新建部件文件前，首先选择一个模板，新建的部件文件将自动继承该模版的属性和设置。

在"新建"对话框中先选择要创建文件的路径，在文件名栏中输入文件名，并设置度量单位，NX 提供的度量单位有毫米和英寸。完成以上选项设置后单击 确定 按钮，即可完成文件创建，NX 将启动与模板相对应的应用模块。

（3）打开文件

在图 4-5 所示的下拉菜单中选择"打开"菜单项或者单击工具栏中的 按钮，弹出如图 4-11 所示的"打开"对话框。对话框的文件列表框中列出了当前工作目录下存在的部件文件。可以直接选择要打开的部件文件，或者在文件名文本框中输入要打开的部件文件名，"预览"窗口中将显示所选文件的图形，若是多页图形，NX 自动显示"图纸页"下拉列表框，可通过改变显示页面打开用户指定的图形。如果所需文件不在当前目录下，可以通过查找范围找到文件所在的路径。

对于上次打开过的文件，可以选择在图 4-5 中的"最近打开的部件"菜单项，其子菜单中列出了最近打开过的文件名，直接选择即可；也可以选择菜单栏中"关闭"子菜单下的"重新打开选择的部件"、"重新打开所有修改的部件"命令。

（4）导入/导出文件

在 NX 中包含其他应用程序文件格式的转换接口，可将其他格式的文件导入转换为 NX 格式的文件，也可以将 NX 格式文件转换为其他格式文件。

选择"文件"→"导入"命令，在"导入"子菜单中选择对应文件类型并设置导入方式，即可获得 NX 的格式文件。选择"文件"→"导出"命令，系统会弹出子菜单，可以将 NX 文件导出为多种文件格式，选择命令后，系统会显示相应的对话框供用户操作。

（5）保存文件

保存文件时，既可以保存为当前的文件名，也可以另存为另一个名称的文件，还可以保存显示文件或者对文件实体数据进行压缩。在菜单栏中选择"文件"→"保存"命令或者单击 按钮，即可直接对文件进行保存。在菜单栏中选择"文件"→"另存为"命令，则会打开"另存为"对话框，在对话框中选择保存路径、文件名，即可将文件保存。

（6）关闭文件

完成建模以后，需要将文件关闭，这样可以保证已完成的工作不会被系统在意外情况下修改。在图 4-5 所示的菜单栏中选择"文件"→"关闭"命令，关闭文件通过其子菜单下的命令来实现。用户可以根据需要选择文件关闭方式。如果选择"选定的部件"命令，则系统弹出如图 4-12 所示的"关闭部件"对话框，其中各选项功能介绍如下。

● 顶层装配部件：在文件表中只列出顶层装配文件，而不列出装配中包含的组件。
● 会话中的所有部件：文件表中列出当前进程的所有文件。
● 仅部件：仅关闭所选择的部件。
● 部件和组件：关闭所选择的部件和组件。

完成以上选项，再选择要关闭的文件，单击 确定 按钮即可。

图 4-11   "打开"对话框

图 4-12   "关闭部件"对话框

此外，单击图形窗口右上角的 ☒ 按钮，将会关闭当前工作窗口。NX 在退出时不会自动保存文件，也不提示是否要保存文件。因此，在退出前应确认已经将文件保存。

4.2.3   工作界面定制

（1）工具条的定制

为方便用户操作，NX 软件提供了大量的工具条。当启动某应用模块后，为使用户能够拥有较大的图形窗口，主界面上通常只显示默认状态下的常用工具条及其常用图标。

为了方便管理和使用各种工具条，NX 允许用户根据工作需要和操作习惯定制工具条，包括显示或隐藏工具条、在工具条上添加或移除图标以及拖动工具条到指定位置等。工具条可以以固定或浮动的形式出现在窗口中，可以实现停靠功能，即能够以水平或垂直布置的方式出现在窗口中。如果将鼠标停留在工具条按钮上，将会出现该工具对应的功能提示。

① "定制"对话框

用户可以通过在菜单栏中选择"工具"→"定制"命令，或在工具栏区域的任何位置单击 MB3 弹出的快捷菜单中选择"定制"命令，则打开"定制"对话框，通过设置相关选项，进行相应工具条的制定。

"定制"对话框中的"工具条"选项卡用于显示或隐藏某些工具条，如图 4-13 所示。选中或取消工具条名称复选框，则在主界面上显示或隐藏相应工具条，标记 ☑ 说明该工具条当前被显示。

"命令"选项卡用于添加或移除菜单条、工具条以及视图菜单中的图标，如图 4-14 所示。在左侧的列表框中选择定义类别（如标准工具条），则右侧命令组合框中将显示所对应的所有图标。从中拖动一个图标将其添加至工具条中，或从工具条取出一个图标将其移除。

"选项"和"布局"选项卡分别用于设定工具条图标的大小、工具条以及主界面中提示行和状态行的布置方式等。

② 工具条图标的增减

系统默认状态下，每个工具条上只显示其中的几个图标，若要添加需要的图标，也可以单击工具条右上角的三角形按钮■，选择 添加或移除按钮· 命令，将光标放在工具条名称上即可看到该工具条上可用的工具清单，选中工具清单上图标前面的复选框，即可把该图标添加到工具条上，取消选中图标前的复选框，则工具条上该图标将被移除。

（2）角色

"角色"可以通过隐藏不常用的工具来调整界面，以方便用户不同需求的使用，角色不同，NX 中界面的菜单和按钮也会不同。系统默认的"基本功能"角色提供简单应用所需的所有工具且显示易于查看的大图标及图标名称，适合初学者使用。

在如图 4-4 所示的资源栏中单击■按钮，出现如图 4-15 所示的"角色"列表，选择相应选项即可完成角色设置。

图 4-13　"定制"对话框 1　　　　图 4-14　"定制"对话框 2　　　图 4-15　"角色"列表

4.2.4　图层的操作

（1）图层的概念

图层的主要功能是在复杂建模时控制不同种类的几何对象的显示、编辑和状态。所有的层在建模之前已经存在了，不同的几何对象可以放在不同的层中，通过对层的操作来对同一类对象进行共同操作。图层的概念类似于分别在多个透明薄膜上画图并重叠在一起的构图方法，一个层相当于一个薄膜，不同的是层上的对象可以是三维的。一个 NX 部件文件可以含有 1～256 层，每层上可包含任意数量的对象，因此一个图层可以含有部件文件的所有对象，而部件中的对象也可以分布在多层中。当前的工作图层在"实用工具"工具条中的"工作图层"框 2 中显示。

（2）图层的状态

图层有 4 种状态，即工作、可选、仅可见和不可见。工作层是指用户正在使用的图层，该层上的几何对象和视图总是可见的且能够操作；可选层是指该层上的对象和视图可见且可选择；仅可见层是指该层上的对象和视图可见但不可选择；不可见层是指该层上的对象和视图不可见、不可选择。

　　在一个部件的所有图层中，只有一个图层是工作层，当前的操作只能在工作层上进行，其他图层可以通过可见性和可选择性等设置进行辅助工作。如果要在某图层中创建对象，则应在创建前使其成为工作层。建模时，1 层为默认工作层。

　　（3）图层的设置

　　图层的设置包括图层状态的设置和编辑、图层的显示和选择等。在菜单栏中选择"格式"→"图层设置"命令（如图 4-16 所示），弹出如图 4-17 所示的"图层设置"对话框。利用此对话框可以进行图层的状态设置、图层的信息查询及图层的类目编辑。其中，对话框上部的"工作图层"文本框可以显示工作层的层号或输入层号设置工作层；中间列表框列出层分类的目录，选择预设置图层状态的层号，再单击"图层控制"下的 、 、 、 等按钮，设置或改变图层的可选、工作状态、仅可见和不可见 4 种状态；单击 按钮可查看图层相关信息。

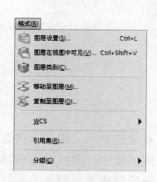

　　　　　　　　图 4-16　"格式"菜单　　　　　　　　　　　　图 4-17　"图层设置"对话框

　　（4）图层的移动和复制

　　如果要调整对象所在的图层，通过图 4-16 中的"移动至图层"或"复制至图层"两个命令来完成。选择"移动至图层"命令，先弹出类选择器对话框（详见 4.3.5 小节），选中要移动的对象后，单击"确定"按钮，接着就会弹出如图 4-18 所示的"图层移动"对话框。在该对话框中指定要移入层的层号，再单击"确定"按钮即可将对象从一层移动到另一层中。

　　对于"复制至图层"的操作，其操作方法与"移动至图层"类似，两者的不同点在于执行"复制至图层"操作后，选取的对象同时存在于原图层和指定的图层中。

（5）图层的类别

为了便于用户按照类别查找图层，NX 提供了将多个图层设置为集合的方法，并预定义了若干层组，如 01_BODY、02_SKETCH、03_DATUM 等。用户可以按下面方法自行将图层分类成组。

在菜单栏中选择"格式"→"图层类别"命令或单击"实用工具"工具条中的"图层类别"按钮，系统弹出如图 4-19 所示的"图层类别"对话框。在"类别"文本框中输入类别名称，单击"创建/编辑"按钮，出现如图 4-20 所示的对话框。在"范围或类别"文本框中输入层号或层的范围，或者在层列表框中选择图层号，并单击"添加"按钮。

图 4-18 "图层移动"对话框　　图 4-19 "图层类别"对话框 1　　图 4-20 "图层类别"对话框 2

一般约定，1～20 层为实体层，21～40 层为草图层，41～60 层为曲线层，61～80 层为参考层，81～100 层为片体层，101～120 层为工程制图层。实际操作时，不同的用户对图层的使用习惯不同，但同一设计单位要保证图层设置一致。

（6）视图中的可见图层

选择图 4-16 中的"图层在视图中可见"命令，再选择视图，可改变图层在视图中的可见性。

4.2.5　观察视图与视图布局

1. 观察视图

在建模中，沿着某个方向去观察模型，得到的一幅平行于投影平面的图像称为视图，不同的视图用于显示在不同方位和观察方向上的图像。在模型的创建过程中，用户经常需要改变观察模型视图的位置和角度，以便进行操作和分析研究。观察视图的操作可以应用视图快捷菜单（如图 4-8 所示）、"视图"工具条（如图 4-6 所示）、菜单栏中的"视图"以及鼠标（如表 4-1 所示）等工具。菜单栏中的"操作"子菜单如图 4-21 所示，视图快捷菜单中的"渲染样式"子菜单和"定向视图"子菜单如图 4-22 和图 4-23 所示。而利用"视图"工具条观察视图是最直观和最常用的方法，该工具条包含了视图观察操作的所有工具。

  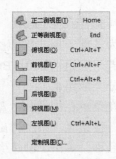

图 4-21　"操作"子菜单　　　图 4-22　"渲染样式"子菜单　　　图 4-23　"定向视图"子菜单

（1）观察视图的显示样式

在观察视图时，为了达到不同的观察效果，往往需要改变视图的显示方式，"渲染样式"提供的视图显示方式如图 4-22 所示，主要有着色显示和线框显示。着色显示方式是指以渲染工作实体面的方式显示当前模型的所有实体。线框显示方式是以线框方式显示模型的结构特征。

- ：带边着色，将同时显示实体面和面上各轮廓边，如图 4-24（a）所示。
- ：着色，将隐藏面的轮廓边。
- ：局部着色，突出显示重要的面。
- ：艺术外观，则根据指定的基本材料、纹理和光源渲染工作视图中的面。
- ：带有淡化边的线框，将以灰色线条显示隐藏线，如图 4-24（b）所示。
- ：带有隐藏边的线框，将不显示图形中的隐藏线，如图 4-24（c）所示。
- ：静态线框，将图形中的隐藏线显示为虚线，如图 4-24（d）所示。

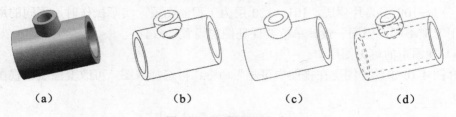

（a）　　　　　　　　（b）　　　　　　　　（c）　　　　　　　　（d）

图 4-24　视图显示方式

（2）切换视图方位

通过视图方位的调整，可以方便、快捷地切换和观察模型对象的各个方向的视图，如图 4-23 所示，在绝对坐标系下，系统提供的 8 种标准视图方位可供选择，有前（主）视图、后视图、俯视图、仰视图、左视图、右视图、正二测视图和正等测视图，单击对应的选项将切换到相应的视图方位，图 4-25 所示为部分标准视图。三维模型提交时，最终可按正等测视图显示（按该视图默认方向），不保留边框。

（3）观察视图的方法

在设计中常常需要通过观察视图来粗略检查模型设计是否合理，可以应用图 4-21 所示的视图操作子菜单，还可以使用工具条、快捷菜单和鼠标等。

- ：适合窗口，单击该按钮，将调整视图的中心和比例以便将可见图形全部显示在视窗边界内。

- ⬚：缩放，单击该按钮后，按住 MB1，以两个对角线端点确定一个矩形为放大区域，区域内图形将被放大。
- ⬚：放大/缩小，单击该按钮后，按住 MB1，然后在视窗边界内移动光标即可实现放大或缩小功能。
- ⬚：旋转，单击该按钮后，按住 MB1，在视窗边界内移动即可实现旋转功能。
- ⬚：平移，单击该按钮后，按住 MB1，在视窗边界内移动即可实现平移功能。
- ⬚：透视，将工作视图从非透视状态转换为透视状态，从而使模型具有逼真的远近层次感。
- ⬚：刷新，重画图形窗口中的所有视图，擦除临时显示的对象，例如作图过程中遗留下来的痕迹。

（4）截面视图

截面视图是指利用假想的平面去剖切选定对象，以观察到对象内部结构特征。此选项在创建或观察比较复杂的几何特征时经常使用。

在菜单栏中选择"视图"→"截面"→"新建截面"命令，打开"查看截面"对话框，如图 4-26 所示，先确定剖切方式和截面的方位，再确定剖切位置。通过该对话框可定义以下 3 种剖切方式。

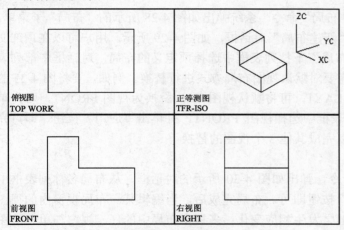

图 4-25　标准视图　　　　　　　　　图 4-26　"查看截面"对话框

① 一个平面

使用一个平面剖切现有对象是最常用的剖切方法，被平面越过的部分将处于隐藏状态，并可根据设计需要定义剖切平面。新建的截面视图如图 4-27 所示。

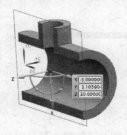

图 4-27　截面视图

② 两个平行平面

该剖切方法就是通过依次定义两个平行的剖切面剖切模型。选择该剖切方法后，选取任一平面，该平面将被激活，可拖动基准轴或定义偏移距离。

③ 方块

该剖切方法是指通过一个矩形方块剖切现有模型，在方块以外的部分将会被隐藏。选择该剖切方法后，可选取方块中任意面定义偏移距离，从而获得方块剖切的效果。

2. 视图布局

视图布局是按用户定义的方式排列在图形窗口的视图的集合。视图和视图布局均可被命名，可随部件文件一起保存。一个布局可以允许用户在图形窗口最多排列 9 个视图，而且可以在布局的任一视图中选择对象。视图布局的操作主要是控制视图布局的状态和显示情况。用户根据需要可以将图形窗口分为多个视图，同时显示整体视图和细节视图，从整体视图上观察在细节视图中所做的改动。

NX 提供了 6 种预先定义的布局，即 L1、L2、L3、L4、L6 和 L9。每一种预定义布局包含一系列默认的视图，图 4-25 所示为布局 L4 的默认视图。

（1）建立新布局

在菜单栏中选择"格式"→"布局"命令，系统弹出如图 4-28 所示的"布局"子菜单。从中选择"新建"命令，将出现"新建布局"对话框，如图 4-29 所示。用户可以在顶部文本框中输入新的布局名称，从"布局"下拉列表框中选择预定义的布局，对话框中部列表框中列出所有可选视图，可根据需要对默认视图布局方式进行替换。例如，要将图 4-25 的布局 L4 修改为图 4-29 中的布局 LAY1，可将默认视图 TOP 替换为视图 FRONT，可先单击左上角方位按钮 TOP，再从列表框中选择视图 FRONT，并单击"应用"按钮，即可完成该位置上对应的视图，同理可以完成其他 3 个视图的替换。

（2）打开布局

在图 4-28 中选择"打开"命令，弹出如图 4-30 所示的对话框，从布局名称列表框中选择满意的布局名，单击"确定"按钮即可。布局完成后，当编辑某一布局视窗内的视图图形时，其他视窗内的图形也将随之发生相应变化；多视窗布局中的任一视窗与单一的图形窗口区功能完全一致。

图 4-28　"布局"子菜单

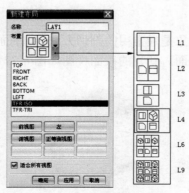

图 4-29　"新建布局"对话框

图 4-30　"打开布局"对话框

4.2.6 对象编辑

（1）几何对象的类型

NX 的几何对象介绍如下。

- 点：以"＋"表示，是独立存在的几何对象，可以直接删除。
- 曲线：包括直线、圆弧、圆、二次曲线及样条曲线等，独立存在，可直接删除。曲线可以在草图中创建，也可以单独创建，可以在三维空间的任何位置创建曲线。
- 基准面及基准轴：无边界，用一个特殊符号表示，可独立删除。
- 体：分为实体和片体，均独立存在，可直接删除。实体是由封闭表面包围的具有体积的体；片体是由封闭曲线围成的曲面片，厚度为零。
- 表面：由封闭曲线围成的区域，一般指实体的表面，不能独立删除。
- 棱边：表面的边界线，依赖于表面，不能独立删除。
- 顶点：实体棱边的交点，不能独立删除。

（2）选择对象

在建模过程中，经常面临选择对象，常用的选择方法有利用选择球、选择条以及类选择器，也可以应用菜单。

选择菜单栏中的"编辑"→"选择"命令后，系统弹出如图 4-31 所示的"选择"子菜单。其中的"特征"只对模型的特征进行选择，边、体等不被选择；"多边形"多用于对多边形的选择；"全选"对所有的对象进行选取。

（3）编辑对象显示

选择菜单栏中的"编辑"→"对象显示"命令后，系统弹出类选择器，选取对象后，弹出如图 4-32 所示的"编辑对象显示"对话框，通过该对话框可编辑所选对象的层、颜色和着色显示等参数，改变对象的显示状态。

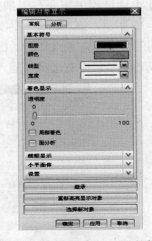

图 4-31 "选择"子菜单　　　　　图 4-32 "编辑对象显示"对话框

（4）显示和隐藏对象

当模型比较复杂时，全部显示不仅占用系统资源，而且还会影响操作，这时可以将暂时不需要的对象（如草图、基准面和曲线等）隐藏。选择菜单栏中的"编辑"→"显示和隐藏"命令，弹出"显示和隐藏"子菜单，如图 4-33 所示。其中，"显示和隐藏"对选定对象进行显示或隐藏，"隐藏"用于隐藏指定对象，"颠倒显示和隐藏"将反转所选对象的显示或隐藏，"显示所有此类型的"表示按设定的类型把隐藏对象恢复显示。如图 4-34 所示为"显示和隐藏"对话框，在其中单击所选对象右侧的"✚"或"━"可将所选对象显示或隐藏。

图 4-33　"显示和隐藏"子菜单　　　　　　　图 4-34　"显示和隐藏"对话框

4.3　常　用　工　具

在 NX 软件的操作过程中，有些工具会经常使用，如点构造器、矢量构造器、类选择器、工作坐标系等。熟练掌握这些常用工具可以极大地提高工作效率。

4.3.1　点构造器

用户在设计过程中需要在模型空间确定点的位置时，系统通常会弹出一个"点"对话框，如图 4-35 所示，该对话框又称为"点构造器"，用于根据需要捕捉已有的点或创建新的点。在不同的情况下，"点"对话框的形式和所包含的内容可能会有所差别。单击工具栏中的 按钮或者在菜单栏中选择"插入"→"基准/点"→"点"命令，将会弹出此对话框。

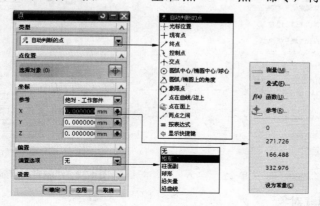

图 4-35　"点"对话框

（1）点的类型

利用捕捉功能，拾取所选对象的相关点。首先在对话框顶部"类型"下拉列表框中选择点的类型，再选取对象，系统就会拾取所选对象的指定类型的点。点的类型介绍如下。

- ⬚：自动判断的点，根据光标位置，系统自动判断用户选取点的类型。
- ⬚：光标位置，屏幕上十字光标所在位置的定位点，该点位于工作平面上。
- ⬚：现有点，一个已有的点，由"插入"→"基准/点"→"点"或"点集"生成。
- ⬚：终点，光标所在位置的几何对象（直线、圆弧、二次曲线及其他曲线等）的终点。圆的终点为零象限点。
- ⬚：控制点，光标所在位置的几何对象的控制点。控制点与几何对象类型有关，可以是现有点、直线的中点和终点、圆的圆心、开口圆弧的端点、中点和圆心、样条曲线定义点及其他曲线的端点等。

注意：当高亮显示边缘或曲线且鼠标指向特定控制点所处位置上时，控制点将变为可见。

- ⬚：交点，两曲线的交点或一曲线与一曲面的交点。若两者交点多于一个，系统在靠近第二对象处选取一点；若两者未实际相交，则选取两者延长线的交点。
- ⬚：象限点，光标所指的圆弧或椭圆弧的最近象限点。

此外，点的类型还包括"圆弧中心/椭圆中心/球心"、"圆弧/椭圆上的角度"、"点在曲线/边上"、"点在面上的"、"两点之间"、"按表达式"等。

（2）输入点的坐标值

在"点"对话框的"参考"栏中选择了工作坐标系 WCS 时，按输入的工作坐标值建立点，否则坐标文本框的标识为"X、Y、Z"，此时输入的坐标值为绝对坐标值。

（3）偏置方式建立点

这是一种相对确定点的方法，即通过选择一个已知参考点并指定偏置方式，再输入相对的偏置参数来确定点的位置。点构造器对话框中提供了 6 种偏置方式。

- 无：指定的点即为要建立的点。
- 矩形：按所选参考点在直角坐标系中的偏移量确定偏置点位置。选定参考点后，在对话框中输入相对的偏移量，即 X-增量、Y-增量和 Z-增量。
- 柱面副：按所选参考点在圆柱坐标系中的偏移量确定偏置点的位置。输入的偏置参数为偏移点在半径、角度和 Z-增量方向上相对于参考点的偏移值。
- 球形：按所选参考点在球形坐标系中的偏移量确定偏置点的位置。输入的偏置参数为偏置点在半径、角度 1 和角度 2 方向上相对于参考点的偏移值。
- 沿矢量：偏置点相对于所选参考点的偏置由矢量方向和偏置距离确定。
- 沿曲线：用设定偏置弧长或曲线总长的百分比来确定沿所选取的曲线的偏置点。

4.3.2　矢量构造器

在建模过程中，经常需要利用矢量以辅助模型的创建，例如创建实体时的生成方向、

投影方向、特征生成方向等，单击 按钮弹出
如图 4-36 所示的"矢量"对话框，又称矢量构
造器，用来建立单位矢量。矢量的定义类型介
绍如下。

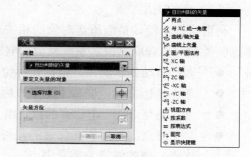

- ：自动判断的矢量，根据选择的对
  象自动判断定义的矢量类型。
- ：两点，指定空间两点来确定一矢
  量，其方向为由第一点指向第二点。
- ：与 XC 成一角度。在 XC-YC 平
  面上定义与 XC 轴成一定角度的矢量。

图 4-36   "矢量"对话框

- ：曲线或轴矢量，通过选择曲线或边来定义矢量。当选择直线时，定义的矢量
  由选择点指向最近的终点；选择圆或圆弧时，矢量为圆或圆弧所在平面的法向。
- ：曲线上矢量，定义选择曲线某一位置的切向矢量、法向矢量或曲线所在平面
  的法向矢量。

此外，矢量的定义类型还包括定义与任一坐标轴同向或反向的矢量类型（如 X 轴、–X
轴、Y 轴、–Y 轴、Z 轴、–Z 轴），以及"面/平面方向"、"视图方向"、"按系数"、
"按表达式"、"固定"等。

4.3.3   工作坐标系

NX 中坐标系的坐标轴是正交的，且遵循右手定则。使用合适的坐标系可以提高设计
效率。NX 有绝对坐标系和工作坐标系（WCS）。绝对坐标系是固定坐标系，与所有对象
都相关，在文件建立时就已存在。工作坐标系是用户使用的参考坐标系，决定了构建实体
特征时的方位和角度，在创建较为复杂的模型过程中，为了方便模型各部位的创建，经常
要对坐标系进行平移、旋转、各轴的变换、隐藏、显示或者保存每次建模的工作坐标系。
在一个部件文件中允许出现多个坐标系，但工作坐标系只有一个。

在菜单栏中选择"格式"→WCS 命令（如图 4-16 所示），弹出如图 4-37 所示的子菜单。

（1）动态坐标系

动态坐标系允许用户通过手动拖拽的方式来移动或旋转当前的工作坐标系。

在图 4-37 中选择"动态"命令或双击图形窗口中的坐标系，工作坐标系变成图 4-38
所示的动态坐标系。坐标系原点上的圆形标记为原点手柄，选取原点手柄并按住 MB1 拖动
到满意位置后释放，即可实现 WCS 的移动。各坐标轴上的箭头为坐标轴移动手柄，选取
任一坐标轴上的箭头，按住鼠标拖动，即可实现 WCS 的沿此轴方向的移动。连接两坐标
轴圆弧上的圆点是绕另一坐标轴旋转手柄，选取任一坐标轴旋转手柄，可将坐标系绕此坐
标轴旋转。建模时，通过手柄移动和旋转以调整模型的方位。

（2）移动坐标系

在图 4-37 中选择"原点"命令，打开如图 4-35 所示的"点"对话框。利用点构造器定
义 WCS 的原点位置，可以实现工作坐标系的移动，但各坐标轴的方向保持不变。

（3）旋转坐标系

在图 4-37 中选择"旋转"命令，打开如图 4-39 所示的对话框。对话框中提供了 6 个确定旋转方向的单选项，选定旋转方向后，在角度栏中输入旋转的角度，单击"确定"按钮即可将坐标系绕某一坐标轴旋转指定角度。

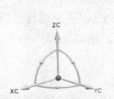
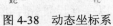

图 4-37　WCS 子菜单　　　图 4-38　动态坐标系　　　图 4-39　坐标系旋转对话框

（4）定义工作坐标系

在图 4-37 中选择"定向"命令，打开如图 4-40 所示的 CSYS 对话框。首先在对话框中选取坐标系的定义类型，然后进行相应的操作。常用的坐标系定义类型介绍如下。

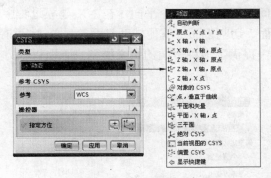

图 4-40　CSYS 对话框

- 动态，可以手动拖拽坐标系到任何位置和任何角度。
- 自动判断，根据用户选取的对象自动判断工作坐标系定义类型。
- 原点，X 点，Y 点。通过指定三点（原点、X 轴上一点和 Y 轴上一点）定义工作坐标系，三点所在平面为 XOY 面，Z 轴按右手定则确定。
- X 轴，Y 轴。选择或定义两个矢量来定义工作坐标系，交点为原点，第一矢量的方向（由选取点指向最近的端点）为 X 轴正向，第二矢量确定 Y 轴方向。
- X 轴，Y 轴，原点。选择两个矢量和一个点来定义工作坐标系。先指定一点作为坐标系原点，再利用矢量创建功能先后选取或定义两个矢量。
- Z 轴，X 点。选择一矢量和一点定义工作坐标系。Z 轴正向为所选矢量的方向，坐标原点为 Z 轴上与指定点距离最近的点，X 轴为原点指向指定点的方向。
- 平面和矢量。通过指定平面和矢量定义工作坐标系。平面与矢量的交点为坐标原点，平面的法向方向为 X 轴，矢量在平面上的投影方向为 Y 轴。

- 　：对象的 CSYS。将在视图中选取对象的自身坐标系定义为当前的工作坐标系。该方法在进行复杂形体建模时很实用，可以保证快速准确地定义坐标系。
- 　：点，垂直于曲线。通过一点并与一条曲线或边正交的方式定义工作坐标系。
- 　：三平面，由 3 个相交的平面确定工作坐标系。3 个平面的交点为坐标原点。第一平面的法向方向为 X 轴，第二平面的法向方向为 Y 轴。
- 　：当前视图的 CSYS，用当前视图定义工作坐标系。X 轴平行于视图底边，Y 轴平行于视图侧边，原点为视图原点。
- 　：偏置 CSYS，创建新的 CSYS。需要选择已建 CSYS 并输入平移和旋转值。

此外，坐标系的定义类型还包括"Z 轴，X 轴，原点"、"Z 轴，Y 轴，原点"、"平面，X 轴，点"以及"绝对 CSYS"。

（5）坐标系的保存和显示

在图 4-37 中选择"保存"命令，可以保存设置完毕的工作坐标系；选择"显示"命令，可以控制坐标系在图形窗口区的显示或隐藏。

4.3.4　平面构造器

平面对象表示向空间无限延伸的一个平面，在 NX 建模过程中，经常会遇到需要构造平面的情况，如参考平面、切割平面或其他辅助平面等。单击　按钮，弹出如图 4-41 所示的"平面"对话框，其中提供了多种平面的定义类型。下面以长方体为例介绍几种构造平面的方法。

图 4-41　"平面"对话框

- 　：自动判断，根据所选的对象，自动判断生成平面的类型。
- 　：成一角度，通过一参考平面和一指定直线，定义通过指定线并与参考平面成一定角度的平面。如图 4-42（a）所示为选择长方体的一个面和一条边定义的平面。
- 　：按某一距离，定义与参考平面偏置一指定距离的平行平面。如图 4-42（b）所示为选择长方体的上表面定义的偏置平面。
- 　：二等分，定义两个参考平面的对称平面。如图 4-42（c）所示为选择长方体的上、下两表面定义的对称平面。
- 　：两直线，通过选择两条直线定义平面。如果所选的两条直线共面，则定义的平面包含这两条直线；否则，定义的平面包含第一条直线，而平行于第二条直线。

如图 4-42（d）所示为通过长方体对角线上两条边定义的平面。

此外，平面的定义类型还包括通过任一坐标平面偏置（"XC-YC 平面"、"XC-ZC 平面"和"YC-ZC 平面"）以及其他类型。

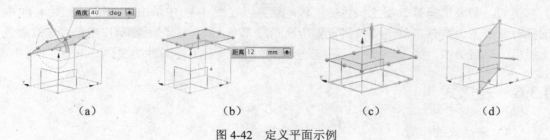

图 4-42　定义平面示例

4.3.5　类选择器

类选择器是一种限制选择对象类型的过滤器集合，可以快速地选择对象，方便用户操作。当需要选择对象时，如选取菜单栏中的"信息"→"对象"命令，系统将弹出如图 4-43 所示的"类选择"对话框。对象的选取方式有 3 种，分别是选择对象、全选和反向选择。限制选择对象类型的方式有以下几种。

- ⊕：类型过滤器，用于设置需要包括以及要排除的对象类型。在图 4-43 中单击⊕ 按钮，弹出如图 4-44 所示的"根据类型选择"对话框，当选取曲线、面、尺寸 等对象类型时，可以通过"细节过滤"按钮对选取的对象进行进一步限制。
- ▦：图层过滤器，设置对象所在层是包含还是排除，可以选取特定的一层或几层。
- ▆▆▆：颜色过滤器，用来设置选取对象的颜色。
- ▦：属性过滤器，是对选取对象的线型、线宽等进行过滤。
- ↩：重置过滤器，把选取的对象恢复成系统默认的过滤形式。

图 4-43　"类选择"对话框

图 4-44　"根据类型选择"对话框

　　如果图形不复杂，用户可只使用类型过滤器设置选取对象的类型，甚至可以在图形窗口用光标直接选取；如果图形复杂，可以将上述过滤器结合起来使用，通过限制对象的类型、层、颜色以及其他选项提高选择速度。

　　例如，需要选择第 5 层上绿色的实体，就可以在图 4-43 中单击 按钮，在图 4-44 中选择对象类型为实体，单击 按钮设置所选图层为 5，再单击████████按钮设置选取颜色为绿色，然后单击"确定"按钮，系统就会选中所有满足上述条件的实体。

4.3.6　表达式

　　（1）表达式的作用

　　表达式是参数化编辑的有力工具。表达式可以在单独的部件或部件间控制特征的关系或参数。例如，一个轴段的孔径可以通过它的外径表达式来表示，如果外径发生变化，孔径也会自动随着改变。使用表达式，可以很容易地实现对模型的修改，通过修改控制特定参数的表达式，可以实现对模型中特征的更新。也可以用特定部件的表达式作为部件的变量。通过改变表达式的值，就可以把部件改成一个具有相似拓扑结构的新部件。而且使用表达式，可以控制装配中的部件与部件之间的尺寸与位置关系。

　　（2）表达式的组成

　　表达式用算术或条件公式控制模型的特征参数或尺寸。表达式由赋值号"="连接的两部分组成，左侧为变量名，右侧为组成公式的字符串，字符串经计算后将值赋予左侧的变量。表达式内的公式可包括变量、函数、数字、运算符和符号的组合，公式也可以是另一个部件的测量尺寸或链接表达式。

　　变量名是由字母与数字组成的字符串，但必须以字母开始，可以包含下划线"_"，变量名的字母一般不区分大小写。公式中的每一个变量，必须在应用之前以表达式变量名的形式出现。

　　表达式的运算符分为算术、关系和逻辑运算符，与其他高级语言中的运算符基本相同。

　　表达式的函数为 NX 的内置函数，在图 4-45 所示的"表达式"对话框中单击"函数"按钮 *f(x)*，可以插入内置函数和用户定义的函数到表达式公式中。常用的内置函数如表 4-2 所示。

图 4-45　"表达式"对话框

表 4-2　常用的内置函数

函　数　名	函　数　表　示	函　数　意　义	备　　注
sin	sin(x)	正弦函数	x 为角度函数
cos	cos(x)	余弦函数	x 为角度函数
tan	tan(x)	正切函数	x 为角度函数
abs	abs(x)	绝对值函数	结果为弧度
asin	asin(x)	反正弦函数	结果为弧度
acos	acos(x)	反余弦函数	结果为弧度
atan	atan(x)	反正切函数	结果为弧度
atan2	atan2(x)	反余切函数	结果为弧度
log	log (x)	自然对数	ln(x)
log10	log10 (x)	常用对数	lgx
exp	exp (x)	指数	e^x
pi	Pi()	圆周率 π	3.14159265358

表达式也可以使用条件语句，如 length =if (width < = 2) (0.5 * width) else (2)。

（3）表达式的建立与编辑

表达式可以自动建立或手动建立。系统在以下情况会自动生成开头为 p 的变量名（如 p0、p1 等）的表达式：

① 建立特征时，某些特征参数将用相应的表达式表示。

② 定义草图尺寸约束时，每个定义尺寸用一个表达式表示。

③ 特征或草图定位时，每个定位尺寸用一个表达式表示。

④ 使用控制阵列特征的函数。

⑤ 建立装配配对条件时。

选择菜单栏中的"工具"→"表达式"命令，用户可以利用弹出的"表达式"对话框检查、创建或编辑表达式。在任一参数输入的对话框中文本输入框右侧（如图 4-35 所示），单击 按钮选择" =公式"，同样可以利用弹出的"表达式"对话框，采用表达式形式来完成参数的输入。

创建表达式时，先确定变量类型，在"名称"文本框中输入变量名，在"公式"文本框中输入公式，单击右侧的 按钮，最后单击 确定 按钮，即可创建表达式。

编辑表达式时，在表达式列表框中选择欲编辑的表达式，在"名称"文本框中修改该表达式的变量名，在"公式"文本框中修改公式。

对于模型已经建立的表达式，可以将其导入当前模型的表达式中，并根据需要再进行编辑。如在文本文件中输入已建立的表达式，然后在图 4-45 中单击"导入"按钮 ，将文件中的表达式导入表达式变量表中。也可以在图 4-45 中单击"导出"按钮 将当前模型的表达式导出到指定的文本文件中。

部件中每创建一个特征或草图，其所有的参数都是由表达式定义的，可以通过修改这些表达式来编辑和修改这些特征的参数，这些改动可以直接实现模型的自动更新。

4.3.7 信息查询

信息查询主要用于查询几何对象和零件信息，方便用户在产品设计中快速了解当前设计信息，从而提高设计的准确性和有效性。

在菜单栏中选择"信息"选项，系统将弹出如图 4-46 所示的"信息"子菜单，其中包含了多种查询功能，并以"信息"对话框的形式将查询的信息反馈给用户。如图 4-47 所示为对象信息窗口，其中包括被查询对象的所有信息，如名称、图层、颜色、线型、宽度等。

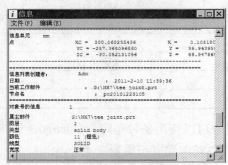

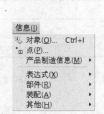

图4-46 "信息"子菜单   图4-47 信息窗口

4.3.8 对象分析

在产品设计中，应用分析工具对构建的三维模型进行几何计算或物理特性分析，可以及时发现存在的问题，并根据分析结果修改设计参数。

在菜单栏中选择"分析"选项，系统将弹出如图 4-48 所示的"分析"子菜单，下面介绍常用的分析工具。

（1）测量距离

用于测量两对象之间的距离、曲线长度、圆或圆弧半径、圆柱尺寸等。选择"分析"→"测量距离"命令，或单击"分析"工具条中的 按钮，弹出如图 4-49 所示的"测量距离"对话框。

在该对话框的"类型"下拉列表中选取不同的测量方式，可以测量两对象之间的距离、两点在投影平面上的距离、对象之间的长度、圆弧或圆的半径、两点在曲线之间的距离、组件之间的距离等。

（2）测量角度

计算两个对象之间或由 3 点定义的两直线之间的夹角。选择"分析"→"测量角度"命令，系统弹出如图 4-50 所示的"测量角度"对话框。

该对话框中的"类型"栏用于选择测量方法，"参考类型"下拉列表框用于设置选择对象的方法，"评估平面"下拉列表框用来选择测量角度形式，"方位"下拉列表框用于选择测量的位置，"关联"复选框用于设置是否与选取对象关联。

（3）测量截面

计算截面的重心、面积和周长等。选择"分析"→"截面惯性"命令，系统弹出如图 4-51 所示的"截面惯性分析"对话框。

（4）测量体

计算实体的体积、质量等属性。选择"分析"→"测量体"命令，系统弹出如图 4-52 所示的"测量体"对话框，可以分别测量体的体积、表面积、质量、回转半径、重量等。

（5）单位

选择"分析"→"单位"命令可以修改分析的单位，不同的应用要求的单位也有所不同。

图4-48　"分析"子菜单　　图4-49　"测量距离"对话框　　图4-50　"测量角度"对话框

图4-51　"截面惯性分析"对话框　　　　图 4-52　"测量体"对话框

4.4　系统参数设置

NX 软件的系统参数包括对象参数、可视化参数、选择参数、用户界面参数、建模环境参数等。这些参数通过如图 4-53 所示的"首选项"菜单中的命令来设置，用户可以根据需要，改变系统默认的某些参数设置，如对象的显示颜色、图形窗口的背景颜色和对话框中显示的小数点位数等。系统参数设置的作用是在使用某些具体功能之前，通过对一些控制参数的设定，以形成特定的工作环境。系统参数设定后，会影响后面的操作，但对在此之前已有的对象不起作用。

4.4.1　对象参数设置

对象参数设置是设置对象的颜色、图层、线型及线宽、透明度及偏差矢量等默认值。在如图 4-53 所示的"首选项"菜单中选择"对象"命令，弹出如图 4-54 所示的"对象首选项"对话框，该对话框中包括"常规"和"分析"两个选项卡。

（1）常规

在如图 4-54 所示的"常规"选项卡中，用户可以改变首选项对象的类型，设置对象的工作图层、设置对象的颜色并根据调色板改变颜色以及设置线型和线宽。还可以设置实体或者片体的局部着色、面分析和透明度等参数。图 4-54 中下部的继承按钮 ⟋ 用于设置所选择的对象继承某个对象的属性，信息按钮 ⓘ 用于显示对象的设置信息。

利用"常规"选项卡，可以对各种对象的各种属性参数分别定义，例如先选择一种对象类型，分别定义它的颜色、线型、线宽等属性，然后单击"应用"按钮，接着再定义另一种对象类型，这样在不退出对话框的状态下，可以完成多种对象的参数设置。

（2）分析

在如图 4-55 所示的"分析"选项卡中，用户可以设置曲面连续性显示的颜色，单击相应复选框后面的颜色小块，打开"颜色"对话框，选择一种颜色作为曲面连续性的显示颜色。此外，还可以进行截面分析显示、曲线分析显示、偏差度量显示和高亮线显示等的设置。

图 4-53　"首选项"菜单　　　图 4-54　"对象首选项"对话框 1　　　图 4-55　"对象首选项"对话框 2

4.4.2　可视化参数设置

可视化参数设置是指设置各种显示参数。在图 4-53 中选择"可视化"命令时，会出现

如图 4-56 所示的"可视化首选项"对话框。该对话框中有 8 个选项卡，提供对各种显示项
的控制，用户单击不同的标签即可切换到相应的选项卡中设置相关的参数。图 4-53 中的"背
景"命令用于设置图形窗口的背景特性。下面介绍几种常用的可视化参数设置。

（1）视觉

"可视化首选项"对话框中的"视觉"选项卡用于控制选定视图的显示方式，如图 4-56
所示。其中"渲染样式"设置视图的着色模式，"着色边颜色"设置视图的着色边颜色，
"隐藏边样式"设置视图隐藏边的显示方式，"透明度"设置处在着色或部分着色模式中
的着色对象是否透明显示，"着重边缘"设置着色对象是否突出边缘显示以及"边显示设
置"等。使用时先从视图列表中选择欲设置的一个或多个视图，然后对列表框下方的参数
作相应的设置。

（2）颜色

"可视化首选项"对话框中的"颜色"选项卡用于控制部件创建过程中不同状态的颜
色显示，如图 4-57 所示。在"部件设置"中，包括预选色、选择色及隐藏物体的颜色，"随
机颜色"应用于面或体，用于对模型进行必要的检查。

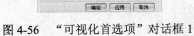

図 4-56　"可视化首选项"对话框 1　　　　　図 4-57　"可视化首选项"对话框 2

（3）名称/边界

"可视化首选项"对话框中的"名称/边界"选项卡用于设置对象的名称、视图名称等
是否显示。如图 4-58 所示，对象名称有 3 种显示类型："关"表示不显示对象、属性、图
样及组名等名称，"定义的视图"设置在定义对象、属性、图样等视图中显示名称，"工
作视图"设置在当前视图中显示对象等名称。

（4）背景

在图 4-53 中选择"背景"命令会出现如图 4-59 所示的对话框。在该对话框中可修改
背景颜色。背景色分为着色视图背景色和线框视图背景色，每种视图的背景色又分为渐变
色（从顶部到底部渐变的过渡色）和单一色。合理利用背景编辑功能，可使对象显示更加
清晰。

图 4-58　"可视化首选项"对话框 3

图 4-59　"编辑背景"对话框

4.4.3　用户界面参数设置

在图 4-53 中选择"用户界面"命令时，会出现如图 4-60 所示的"用户界面首选项"对话框，主要用于设置用户界面的各项参数，如显示的数值位数、对话条选项、视窗定位、宏选项以及用户工具等。

用户界面参数设置是指设置对话框中的小数点位数、撤销时是否确认、跟踪条、资源条、日记和用户工具等参数。

（1）常规

在如图 4-60 所示对话框的"常规"选项卡中，用户可以设置已显示对话框中的小数位数、跟踪条的小数位数、信息窗口的小数位数以及主页网址等参数，可以设置是否在跟踪条中跟踪显示光标位置。

图 4-60　"用户界面首选项"对话框 1

（2）布局

图 4-61 所示对话框中的"布局"选项卡用于设置 Windows 风格、资源条的显示位置

和方式等参数。

图 4-61　"用户界面首选项"对话框 2

4.4.4　选择参数设置

选择参数设置是指设置用户选择对象时的一些相关参数，如光标半径、选取方法和矩形方式的选取范围等。

在图 4-53 中选择"选择"命令时，会出现如图 4-62 所示的"选择首选项"对话框。用户可以设置多选的参数、面分析视图和着色视图等高亮显示的参数、延迟和延迟时快速拾取的参数、光标半径（大、中、小）等的光标参数、成链的公差和成链的方法等参数，设定选择行为。其中鼠标的框选有两种方式，即矩形和套索，套索⬭选择方式允许用户使用一个不规则的套索框来选中位于其内的对象。

例如，当采用如图 4-62 所示的多选方式选取对象时，先移动光标到图形窗口内，按住 MB1 拖出矩形框，则矩形框内的对象高亮度显示，表示被选中。

4.4.5　工作平面设置

工作平面由 WCS 的 XC-YC 轴定义，新创建的对象将被放置在工作平面上，工作平面设置在进入各应用模块后方可进行，在工作平面上设置网格显示的目的是为点的捕捉和精确绘图提供方便的参考工具。

在图 4-53 中选择"栅格和工作平面"命令时，会出现如图 4-63 所示的"栅格和工作平面"对话框，用于设置是否在图形窗口中的工作平面上显示网格以及网格的形式（矩形均匀、矩形非均匀或极坐标）、颜色、间距等，为突出工作平面上的对象显示，也可设置"不在工作平面上的对象"的显示方式为"淡化对象"或"使不可选"。

图 4-62　　"选择首选项"对话框

图 4-63　　"栅格和工作平面"对话框

4.5　NX 应用初步

4.5.1　用户化设置

在 NX 软件安装完成后，用户可以根据工作需要，对 NX 运行环境及其默认参数进行设置，以满足自己的要求。

在 Windows 环境下，软件的工作路径是由系统注册表和环境变量来设置的。NX 安装以后，会自动建立一些系统环境变量，如 UGFLEXLM_DIR、UGII_BASE_DIR、UGII_TMP_DIR 和 UGII_LICENSE_FILE 等。如果用户要编辑环境变量，可以在桌面上将光标移到"我的电脑"上，单击 MB3，在弹出的快捷菜单中选择"属性"命令，在随后弹出的"系统属性"对话框中选择"高级"选项卡，单击"环境变量"按钮，弹出"环境变量"对话框。在其中双击某个环境变量，在弹出的"编辑系统变量"对话框中完成环境变量的设置，如图 4-64 所示。

NX 的所有系统参数和环境变量均包含在其系统文件中，如 NX 的环境变量配置文件（ugii_env_ug.dat），位于 NX 安装主目录的 UGII 子目录下，用来设置运行 NX 的相关参数，如定义用户工具菜单、定义文件的路径、模板文件的目录、机床数据文件存放路径、默认参数设置文件、NX 使用的默认字体等。NX 的众多默认参数设置文件构成了 NX 软件默认的运行环境。当 NX 启动时，会自动调用默认参数设置文件中的默认参数。NX 的操作参数一般都可以进行修改。用户可以预先设置默认参数设置文件中各参数的默认值，以提高设计效率。用户欲了解详细的系统默认设置，可以到 NX 安装目录下查找相关文件。

NX 允许用户自定义各项默认设置，对于大多数 NX 的普通用户而言，这是设置 NX 运行环境及其修改默认参数的便捷方法。在菜单栏中选择"文件"→"实用工具"→"用户默认设置"命令，出现如图 4-65 所示的"用户默认设置"对话框，其中有多个选项卡，默认设置是基于不同应用模块以及类别进行的。用户利用此对话框可以交互式地进行浏览、查询以及更改操作，定置个性化的用户界面。对默认选项的更改将在 NX 软件重新启动后生效。

如在图 4-65 所示对话框的"基本环境"→"常规"→"目录"选项中，将 NX 文件创建的默认路径设置为"G:\NX75\"。

图 4-64　环境设置对话框

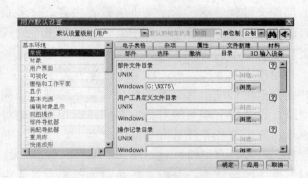

图 4-65　"用户默认设置"对话框

4.5.2　NX 应用初步

NX 软件的应用都是在部件文件的基础上进行的，专业应用过程通常具有固定的模式和流程。NX 的一般应用流程如图 4-66 所示，主要包括按照实体、特征或曲面进行部件的建模，然后进行组件装配建模，经过结构或运动分析来验证产品设计方案，确定零部件的最终结构特征和技术要求，最后进行专业的制图以及数控编程与加工。

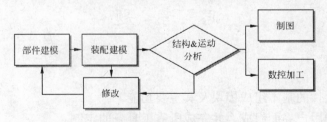

图 4-66　NX 的应用流程

由此可见，建模是 NX 软件应用的基础。应用 NX 软件进行建模的一般步骤如下：

（1）新建一个部件文件或打开一个已存在的部件文件。

（2）根据操作需要选择相应的应用模块。

（3）检查或设置相关系统参数，准备工作环境。

（4）分析模型，建立必要的设计变量，并建立几何模型。

（5）对建立的模型进行分析和修改。

（6）保存部件文件。

模型创建后，可以根据要求添加附加说明，如几何尺寸和公差或属性等；可用于进行分析研究、用于装配成虚拟的产品模型、用于渲染为真实模型的图片、用于创建数控加工刀位轨迹、用于使用标注创建关联的工程图等。

NX 是一个功能强大的 CAD/CAE/CAM 集成软件，为简化运行环境的设置，应建立种子文件（Seed Part）。种子文件有时又称模板文件，是指按相关标准规定，预先设定好应用环境参数（如图层、属性等）的空白 NX 部件文件。其中体现了许多常用标准的设定，是用户工作的起点。一般地，用户设计时打开一个种子文件，再另存为自己的部件文件，该部件文件就继承了种子文件的设置内容。许多企业都有一个种子文件，其内容包含了所有的企业标准，如颜色、图层、单元或测量等的规定，种子文件是规范设计工作环境以及贯彻企业标准的有效工具。

用户进入 NX 以后，首先打开种子文件，设置必要的属性值，确定零件的原点和方向，并定义建模环境，包括数据精度、显示选项、布局、视图和坐标系统等。一般情况下，模型原点设置尽可能与绝对坐标系的原点相关，绝对坐标系可与零件自身的主视图相一致，原点通常定位在零件基准平面的交点上，也可使零件的长边方向与 Z 轴相重合。NX 中所创建的对象具有的特性包括图层、颜色和线型，其中图层一般用于按 NX 自身的对象分类对部件中的数据进行分组，颜色有助于辨别对象中相似的元素，而线型则帮助用户建立模型显示的立体感。应建立对象与图层、颜色和线型的对应关系，用户应养成在创建对象前就切换到相应的图层上进行工作的好习惯。

此外，为辅助各功能模块的操作，NX 提供了对建立的三维模型进行信息查询的功能以及几何计算和物理特性分析的功能。用户在建立模型的过程中，可以随时应用这些工具了解所指定项目或零件的信息，分析设计模型，以提高设计的可靠性和设计效率。

至此，NX 建模的所有准备工作已经完成，下面要进行的就是具体的建模工作。

思 考 题

1. 简述 NX 软件的特点。
2. 试述 NX 软件的基本组成模块及其主要功能。
3. 熟悉 NX 的用户界面组成，并完成所需工具条的定制。
4. NX 中图层的作用是什么？简述图层的 4 种状态及其操作的影响。
5. 设置自己的视图布局，并观察改变显示模式或视图方向时各视图的变化。
6. NX 有几种坐标系？各自有什么作用？试设定自己的工作坐标系。
7. 在屏幕上移动鼠标，观察光标的变化并试着解释原因。
8. 了解常用系统参数的作用及其设置方法。

第 5 章　NX 实体建模

5.1　综　　述

5.1.1　特征分类

NX 软件的实体建模是 NX 所有其他建模应用的基础,具有交互建立和编辑复杂实体模型的能力,有助于用户快速地进行概念设计和结构细节设计。在 NX 的建模模块中,可以将特征分为以下几类:

- 体素特征:指简单的三维实体模型,如长方体、圆柱体、圆锥体和球体等。
- 扫描特征:指通过对草图或曲线及实体表面等进行拉伸、回转或沿引导线扫掠来创建三维模型。
- 基准特征:又称参考特征,是辅助设计工具,如基准平面、基准轴和基准坐标系。
- 设计特征:依附于某个实体的特征,如孔、槽、键槽、腔体、凸台和垫块等。
- 细节特征:在实体上进行的以细节操作为特点的特征,如拔模、抽壳、边倒圆、倒斜角、镜像以及布尔运算等。
- 自定义特征:用户自己定义的特征。

5.1.2　实体建模概述

NX 软件的实体建模是基于特征的建模,而不是用低层次的基于 CAD 的几何体,在 NX 中提供了强大的面向工程的设计特征。NX 的实体建模是基于约束的建模,模型的几何体是由约束来驱动的,约束是定义模型几何体的一组设计规则,可以是尺寸约束或几何约束(如平行和相切),模型随着约束而改变。NX 中的特征是以参数形式定义的,其大小和位置均可进行尺寸约束的编辑。例如,通过定义直径和深度定义一个孔,可以通过输入新的数值来直接编辑孔特征参数。通过模型上所选几何体的位置关系来定位特征,则该特征便与此几何体关联起来,可以通过改变定位尺寸的值来编辑特征的位置。

NX 模型中的特征具有相关性,即在一个部件中某一个特征的参数变化将引起相关特征的变化。例如,一个通孔与此孔所穿过的模型上的面相关联,如果改变了模型的面,那么与此面关联的孔将自动更新。NX 的特征间具有依附关系。如果一个特征依附于另一个对象而存在,则它是此对象的子特征或依附者,而此对象就是其子特征的父特征。例如一个抽壳对象是在长方体中生成的,则长方体就是其父特征,而抽壳就是长方体的子特征。父特征与子特征是多对多的关系,子特征同时也可以是其他特征的父特征。如果需要了解部件文件中各特征间的所有依附关系,可以使用部件导航器 🔲（见 5.8.1 小节）。

NX 软件的应用基于统一的工程数据库的支持，参数化建模技术可以使用户直接对数据库进行操作，采用交互方式编辑模型及其属性，进而控制参数化的过程；变量化建模技术术将直接几何描述和历史树描述结合起来，保留每一个设计的中间过程信息，用户可以针对零件上的任意特征进行图形化的编辑、修改，而且在一个主模型中就可以实现动态地捕捉设计、分析和制造的意图。

总之，NX 提供了丰富的建模工具，用户可以根据设计意图选择正确的建模策略。

5.1.3　零件建模过程

设计零件的过程就是利用 NX 的各种特征逐步实现设计要求的过程。一般可以把零件建模的过程想象成一个加工过程，如图 5-1 所示，建模次序遵循加工次序，将有助于减少模型更新故障。

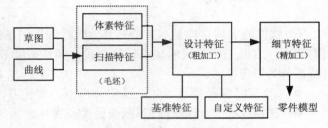

图 5-1　特征及零件设计

（1）设计基体，相当于构造"毛坯"，是后续特征设计的基础。生成毛坯的方法有体素特征和扫描特征。

（2）"粗加工"，利用设计特征以及基准特征和自定义特征，模拟粗加工过程，完成零件基本形状的设计。

（3）"精加工"，利用细节特征，完成零件的细节设计。

零件建模应遵循建模基本原则，如建模前设置必要的属性值；确定零件的原点和方向；建立初始的基准；建立关键设计变量；分析零件，确定工作的起点；进行特征的规划，设计特征框架；定义建模环境（数据精度、显示选项、布局、视图、坐标系统及部件导航器的设定等）。建模时应优先创建参考特征；按加工过程进行特征操作，遵循"一创建，即定位，再检查"的原则；在特征创建过程中，先添加增加材料的特征，后添加去除材料的特征；遵循正确的数据组织策略，注意层、布局、特征组、特征名称的应用。

零件结构的分析对于建模过程起到关键性作用。对于复杂零件模型而言，模型的分解是建模的关键。如果一个模型不能直接用三维特征完成，则需要找到模型的某个二维轮廓特征，然后用扫描的方法，或曲面建模的方法建立。对于二维轮廓，在不能确定约束条件或不需要进行参数化时，可直接使用曲线定义轮廓。在草图设计时可以使用局部约束功能。在设计过程中用户需要注意自己的设计基准，设计基准通常决定设计思路，好的基准会帮助简化建模过程并方便后期的设计修改。通常，大部分的建模过程都是从基准设计开始的。较困难的建模特征应尽可能早地实现，这样就可以尽早发现问题，并寻找替代方案。使用 NX 建模时，还要充分利用层的功能组织设计数据。在不同设计阶段，可以隐藏不需要的特征。NX 允许在模型完成之后再建立零件之间的参数关系，但更直接的方法是在建模中直接引用相关参数。用户可以建立全相关的参数化模型，通过编辑参数来修改模型而维持设计意图的完整性。

5.2　草　　图

5.2.1　概述

1. 草图的用途

草图（Sketch）是一个命名的、位于指定平面上的二维曲线和点的集合。草图曲线与非草图曲线的主要区别在于：绘制草图曲线时，用户可以按照设计思路粗略地绘制曲线轮廓，然后再对草图曲线施加约束（几何约束与尺寸约束）和定位，从而精确地控制其尺寸、形状和位置，以完整地表达设计的意图。

使用 NX 软件进行建模一般从草图开始，然后采用建模工具对此草图进行拉伸、旋转等操作。任何根据草图创建的特征都会与草图相关联，并随着草图的改动而更新。

草图的用途介绍如下：

（1）可以对草图进行拉伸，如图 5-2 所示。

（2）可以对草图进行回转，如图 5-3 所示。

（3）可以创建沿引导线扫掠特征。其引导线和截面线均可在草图界面中创建，如图 5-4 所示。

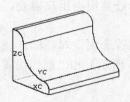　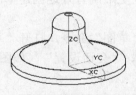　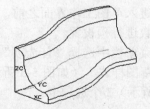

　　图 5-2　拉伸草图　　　　　图 5-3　回转草图　　　　图 5-4　沿引导线扫掠草图

（4）可以使用多个草图作为片体的截面轮廓。

（5）可以应用草图创建变化的扫掠特征。草图也可以用作控制模型或特征形状的函数曲线。

草图可以用来创建较复杂的截面形状，反映模型轮廓的投影关系；也可以用来定义扫描路径，形成参数化的轨迹线。草图适用于：当需要对构成特征的曲线轮廓进行参数化控制时，使用草图将会非常方便；当用标准的设计特征无法满足设计需要或编辑困难时，可以使用草图来建立；当需要建立形状相同但尺寸不同的部件族时，可将草图作为用户自定义特征的一部分。

2. 应用草图的一般步骤

（1）明确设计意图，规定草图参数。

（2）设置草图所在的图层。

注意：最好把每个草图单独放在一个层里。如果在进入草图工作界面前未进行工作图层设置，则可在退出草图界面后，通过"移动到图层"功能将草图对象移到指定的图层。

（3）草图参数预设置。

（4）进入草图工作界面，设置草图工作平面。

（5）创建草图对象。

（6）约束草图及定位草图。

（7）编辑草图修改设计。

（8）退出草图界面，应用草图建模。

下面将介绍 NX 的建模模块中草图的应用方法，其中包括建立草图、约束草图和编辑草图等，最后举例说明草图的应用。

5.2.2　草图工作界面

在建模模块中，草图的建立或编辑可以在草图工作界面中进行。草图工作界面具有草图所特有的菜单和工具条，其中提供的草图选项直接位于图形窗口上；选项图标是切换按钮，按下的状态意味着此功能已激活；当光标在图形窗口中来回移动时，动态输入框将追踪光标；约束符号可以帮助用户进行动态约束管理；动态操作功能用于拖动曲线和尺寸、编辑尺寸值以及删除草图对象等操作。

1. 草图首选项设置

在进入草图工作界面之前，为了更准确有效地创建草图，通常根据用户需要，对草图基本参数进行预设置。

在菜单栏中选择"首选项"→"草图"命令，打开"草图首选项"对话框，该对话框包括"草图样式"（如图 5-5 所示）、"会话设置"（如图 5-6 所示）和"部件设置"（如图 5-7 所示）3 个选项卡。

图 5-5　"草图首选项"对话框 1　　图 5-6　"草图首选项"对话框 2　　图 5-7　"草图首选项"对话框 3

（1）草图样式

该选项卡可以设置草图文本高度、草图尺寸标注样式等。如"尺寸标签"用于选择尺寸标注的样式，有表达式（p0=15）、名称（p0）和值（15）3 种选项；"屏幕上固定文本高度"用于设定尺寸文本高度等不随视图缩放而改变、"文本高度"设定尺寸的文本高度、"创建自动判断约束"可以自动创建系统捕捉范围内的约束关系，"连续自动标注尺寸"自动完成连续的标注尺寸，"显示对象颜色"表示显示草图对象的实际颜色。

（2）会话设置

该选项卡的"设置"栏可以对当前 NX 的草图会话基本参数进行编辑设置。其中，"捕捉角"可以设置默认捕捉误差允许的角度范围，如果指定的直线与水平或垂直参考方向夹角小于或等于捕捉角度值，则这条直线自动捕捉到垂直或水平位置，默认的捕捉角为 3°；"更改视图方位"控制进入或退出草图界面时是否更改视图方位，当该选项处于启用状态时，视图在激活草图时朝向草图平面，在切换到建模界面时回到模型视图的方位；"保持图层状态"用于控制工作图层是否在草图界面中保持不变；"显示自由度箭头"控制自由度箭头的显示；"动态约束显示"用于控制相关几何对象较小时是否显示约束符号；"背景"可指定草图界面会话的背景色。"名称前缀"选项指定草图中各种对象的默认前缀，如草图的默认前缀为 SKETCH_。

（3）部件设置

该选项卡设置草图中各种几何对象以及尺寸的颜色。通过不同颜色的显示，用户可以快捷方便地区分草图中的各种对象，通过对象的颜色可以查看草图是否过约束并找到出现过约束的位置。

2．草图工作平面

草图工作平面是用于草图创建、约束和定位、编辑等操作的平面，是草图对象附着的平面，在一个草图中创建的所有草图几何对象（曲线或点）都是在此平面上的。灵活运用草图工作平面可以有效提高建模效率。指定或创建草图工作平面是绘制草图的前提。

在菜单栏中选择"插入"→"草图"或在特征工具条中单击"任务环境中的草图"按钮 创建草图，即可进入草图工作界面，此时菜单栏及工具栏都会发生相应的变化，并弹出"创建草图"对话框，其中提供了建立草图工作平面的两种方法，即"在平面上"（如图 5-8 所示）和"在轨迹上"（如图 5-9 所示）。

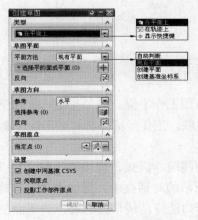

图 5-8　"创建草图"对话框 1

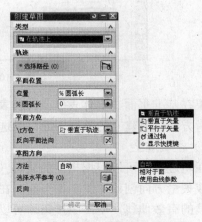

图 5-9　"创建草图"对话框 2

（1）在平面上

"在平面上"是指定一平面为草图的工作平面。选择"在平面上"后，"创建草图"对话框如图 5-8 所示，在"平面方法"下拉列表中提供了 3 种指定草图工作平面的方式，分别介绍如下。

● 现有平面：可以指定基准平面或三维实体模型中的任意平面为草图工作平面。

● 创建平面：通过平面构造器创建一个平面作为草图工作平面。

● 创建基准坐标系：创建一个基准坐标系，并选取其中任一基准平面为草图平面。

草图工作平面可以在三维空间中的任何一个平面内建立。为确保草图正确的空间方位与特征间的相关性，从零开始建模，第一张草图的工作平面选择工作坐标平面，然后利用此草图建模；其后草图的平面可选择已建立的实体表面或基准平面。

创建好草图工作平面后，还应对草图的放置方位进行准确的设置。

利用图 5-8 中的"草图方向"设定草图平面的参考方向，"参考"中的"水平"参考方向对应 X 方向，"竖直"参考方向对应 Y 方向。利用"选择参考"按钮 可以在屏幕上直接指定参考方向。利用"反向"按钮 可以切换方向。

利用"草图原点"设定草图位置，即草图平面的坐标系原点，可以使用点构造器，也可以用光标在屏幕上直接指定。

如果在坐标平面上设置草图平面，参考方向会自动选择，也可以单击坐标轴指定草图的参考方向，双击坐标轴来反向草图轴线的方向。完成设定后，单击"确定"按钮，系统会自动调整方位，将草图平面显示为 XC-YC 平面并用蓝色的方框表示，同时建立两个彩色的基准轴分别代表 XC 轴和 YC 轴，用箭头表示方向，如图 5-10 所示。

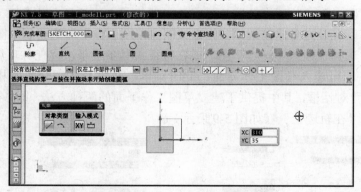

图 5-10　草图工作界面

如果在基准平面、实体表面或片体表面设置草图工作平面，必须指定一个水平的或竖直的参考方向，所建立的草图平面与所选平面相关联，工作坐标系会移到所选平面上。

（2）在轨迹上

"在轨迹上"可以根据指定的轨迹（已存在的线段、圆弧、实体边等曲线）以及轨迹的法线或矢量方向创建草图工作平面。在图 5-9 所示的对话框中，要求选择的轨迹必须是光滑连续的有效曲线，单击 按钮，可以在图形窗口选择曲线作为轨迹；"平面位置"用于确定所创建的草图平面在所选曲线上的位置；"平面方位"用于确定草图平面的方向；

"草图方向"用于确定草图平面的水平参考方向。

利用以上两种方法建立草图工作平面后，系统会产生一个没有草图对象的草图，并自动生成一个草图特征。由于草图是一种特殊的特征建模方式，因此，可以通过菜单栏中的"信息"→"特征"命令或部件导航器了解该草图特征的信息；可用特征操作方法对草图进行删除、抑制和修改草图位置等操作。

3．草图菜单

完成草图工作平面的创建后，一般情况下，系统将自动转正到草图的平面，如图 5-10 所示为草图的工作界面。

在草图界面的菜单栏中第一项为"任务"，其菜单如图 5-11 所示。其中，"新建草图"用于新建草图，"打开草图"用于打开内部草图，"草图属性"用于指定、复制、编辑、显示和删除活动草图的名称和属性，"草图样式"的作用同图 5-5 所示的"草图样式"选项卡，"完成草图"用于保存修改并退出草图界面，而"退出草图"退出草图界面但不保存修改。

在菜单栏的"插入"菜单中选择"曲线"命令，其子菜单如图 5-12 所示，用于绘制草图；在"插入"菜单中选择"来自曲线集的曲线"命令，其子菜单如图 5-13 所示，用于编辑草图；在"插入"菜单中选择"尺寸"命令，其子菜单如图 5-14 所示，用于对草图尺寸约束。

在菜单栏中选择"工具"→"约束"命令，其子菜单如图 5-15 所示，主要用于对草图几何约束。"工具"菜单下的"定位"用于对草图进行定位。

4．草图生成器

草图生成器即"草图"工具条，是草图界面中最常用的工具条，如图 5-16 所示。

　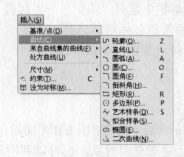　

图 5-11　"任务"菜单　　　图 5-12　"插入"菜单　　　图 5-13　曲线集子菜单

图 5-14　"尺寸"子菜单　　图 5-15　"约束"子菜单　　　图 5-16　"草图"工具条

● ：完成草图，系统将自动退出草图界面，回到建模界面。

- <kbd>SKETCH_000 ▾</kbd>：草图名称下拉列表框，可以更改草图的默认名称，也可以选择要编辑的草图名称。
- ：定向视图到草图，用于将视图转到草图平面的方向。
- ：定向视图到模型，用于将视图转到进入草图界面之前的建模视图方向。
- ：重新附着，用于将当前草图重新附着在新选择的草图平面上。
- ：用于相对已有几何体创建、编辑、删除或重新定义草图的定位尺寸。
- ：评估草图，用于评估草图的约束情况。
- ：延迟评估，将草图约束的评估延迟到选择"评估草图"选项后。
- ：更新模型，相当于刷新功能，如果草图更改，则由该草图生成的模型随着更新。
- ：在对象显示属性中指定的颜色和草图颜色之间切换草图对象的显示。

5．草图名称

在一个部件文件中，每个草图应具有唯一的名称（首字符为字母），草图名应能反映其用途和所在的图层，如草图前缀_层名_草图对象，这样有助于复杂设计的组织。

进入草图工作界面后，如果当前部件中已存在草图，则在图 5-16 所示的草图名称列表框 <kbd>SKETCH_000 ▾</kbd>中选中某草图名，即可激活所选草图来进行相关的草图操作。如果是新建草图，系统在创建草图时会自动赋予一个以数字排列的默认名称，如 SKETCH_000。用户可以在创建草图之前或之后更改草图的名称。命名草图的方法如下：

（1）在草图界面中草图工具条的草图名列表框中选中草图名后输入新名并回车；或在菜单栏中选择"任务"→"草图属性"命令，在弹出的"草图属性"对话框的"常规"选项卡中输入新名并回车。

（2）在建模界面下，从菜单栏中选择"编辑"→"属性"命令，选择一草图，然后在弹出的"草图属性"对话框中输入新名并回车。

（3）使用部件导航器，选择一草图，单击 MB3 改名。

5.2.3　建立草图

草图对象是草图中曲线和点的集合。建立草图工作平面后，可以直接使用图 5-12～图 5-15 中的菜单命令在草图工作平面上建立草图对象，也可以利用具有草图绘制、约束和编辑功能的"草图工具"工具条，如图 5-17 所示。草图曲线原则上不应用来形成（如拉伸、回转等）后来的键槽、退刀槽、倒角和倒圆等特征。建立草图对象的方法主要有 3 种，分别介绍如下。

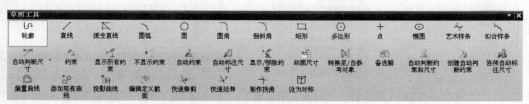

图 5-17　"草图工具"工具条

1. 直接绘制草图曲线

在激活的草图平面上设计轮廓曲线，动态生成带有自动判断约束的曲线、裁剪或延伸曲线、为曲线加圆角以及派生构造线等。

（1）绘制曲线 1

① 轮廓线 ↳

该选项是以线串模式创建一系列连接的直线或圆弧。在图 5-12 所示的菜单中或图 5-17 所示的"草图工具"工具条中选择"↳ 轮廓"，弹出"轮廓"工具条，同时光标附近出现动态输入框，如图 5-10 所示。

- ⟋：直线，当选择"轮廓"时，直接进入创建直线模式，这是默认线型。
- ⌐：圆弧，当从直线开始创建圆时，使用两点圆。在使用轮廓命令创建第一条曲线且曲线为圆弧时，使用三点画圆。要生成一系列成链的圆弧，可双击圆弧按钮⌐。
- XY：坐标模式，通过输入 X、Y 的坐标创建轮廓线，如图 5-10 所示。
- ⊡：参数模式，通过指定参数创建轮廓线。创建直线用长度和角度参数，创建圆弧时使用半径和圆弧角度参数，创建圆使用直径，创建圆角使用半径。

例如，在"轮廓"工具条中单击⟋和⊡按钮，在屏幕上绘制直线段，如图 5-18 所示。在线终点按住并拖动 MB1，可以从生成直线转换为生成与之相切的圆弧，如图 5-19 所示。线段的参数可在随动的动态输入框中输入，也可以拖动光标来确定。

② 直线⟋、圆弧⌒和圆○

这些选项均用于创建单独的线段，如直线、圆弧和圆，具体操作与"轮廓线"相似。

- ⟋：用约束自动判断创建非连续的直线。输入模式有 XY 坐标模式和⊡参数模式。
- ⌒：用于绘制圆弧，方法有两种，即三点画弧⌒及圆心和两端点画弧↰，"圆弧"工具条如图 5-20 所示。
- ○：使用两种方法创建圆，即三点画圆○以及圆心和半径方式画圆⊙。

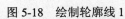

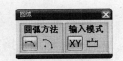

图 5-18　绘制轮廓线 1　　　图 5-19　绘制轮廓线 2　　　图 5-20　"圆弧"工具条

③ 矩形 ▢、多边形⬡和椭圆⊙

这些选项均用于创建多条线段组成的图形。

- ▢：用于创建一矩形，可选择两点方式↳、三点方式↳及从中心开始绘制方式↳。
- ⬡：用于创建一多边形。"多边形"对话框如图 5-21 所示，通过设定中心、边数、边长和方向等参数绘制多边形。
- ⊙：用于创建一椭圆。"椭圆"对话框如图 5-22 所示，通过设定中心、长轴半径、短轴半径以及方向等参数绘制椭圆。

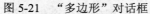

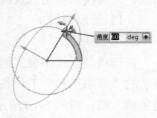

图 5-21　"多边形"对话框　　　　　　　　　　图 5-22　"椭圆"对话框

（2）编辑曲线

① 派生线

该选项是指由选定的一条或多条直线派生出其他直线。利用此选项可以对草图曲线进行偏置操作；可以在两平行线中间生成一条与两线平行的直线；也可以在两不平行直线之间创建角平分线，如图 5-23 所示。

② 圆角

该选项是在两条或 3 条草图线之间生成过渡圆弧，"圆角"工具条如图 5-24 所示。其中，"修剪"按钮可以对创建圆角的曲线进行裁剪或延伸，"取消修剪"按钮表示对象不裁剪也不延伸；用于删除和该圆角相切的第三条曲线，用于创建备选圆角。图 5-25 中从左向右依次为"取消修剪"的圆角和"修剪"的圆角。

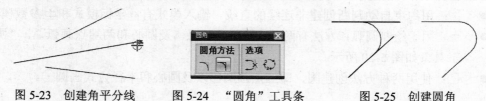

图 5-23　创建角平分线　　　　图 5-24　"圆角"工具条　　　　图 5-25　创建圆角

③ 倒斜角

该选项对两条草图线之间的尖角进行倒斜角，倒角的偏置方式有"对称"和"非对称"。

④ 修剪与延伸

- ：快速修剪，是从任意方向将曲线修剪至最近的交点或选定的边界。可以通过单击 MB1 并进行拖动来修剪多条曲线，也可以通过将光标移到要修剪的曲线上来预览将要修剪的曲线部分。如图 5-26 所示为直线 1 被裁剪。

- ：快速延伸，可以将曲线延伸到与另一条曲线的实际交点或虚拟交点处。要延伸多条曲线，只需将光标拖到目标曲线上。例如，在图 5-26（a）中选择左侧圆弧为边界，再选择预延伸的曲线（选择直线 2 左侧端点），延伸结果如图 5-26（b）所示。

- ：制作拐角，通过延伸和修剪两条曲线来制作拐点。

（3）辅助线

辅助线有点线和虚线两种。点线是对齐到其他对象的辅助线。虚线是自动推断约束的预览线。在创建草图曲线时，辅助线可以帮助用户对齐到其他曲线的控制点，如直线的端点和中点、圆弧的端点、圆和圆弧的圆心等。绘制草图曲线时，随着光标的移动会出现点线和虚线，如图 5-18 所示。

绘制草图曲线时，只需绘出近似的曲线轮廓即可，不必考虑尺寸的准确性和曲线之间的几何关系。草图曲线的准确尺寸、形状和位置，可以通过在后面介绍的草图约束和定位来获得。草绘过程中，系统根据几何对象间的关系，有时会在几何对象上自动添加约束。

2. 添加对象到草图

该选项用于将已有的不属于草图对象的点或曲线，添加到当前的草图平面中。

单击图 5-17 中的 按钮或选择图 5-13 中的“现有曲线”命令，可将图形窗口中已存在的、不属于草图对象的曲线或点添加到当前的草图中。添加对象自动移到草图所在层，成为当前草图对象，颜色将变为青蓝色（草图曲线的默认颜色为青蓝色）。

注意：在建立此草图之前已经被拉伸或旋转的曲线、按输入曲线规律建立的曲线（如样条曲线、螺旋线）不能添加到草图中，而要用抽取曲线的方法投影到草图中。

3. 投影曲线

投影曲线是指将草图外部的对象（基础曲线、所选平面、实体或片体的边、其他草图中的曲线以及点等）沿垂直于草图平面的方向投影到草图平面上。

在菜单栏中选择“插入”→“处方曲线”→“投影曲线”命令或单击图 5-17 中的“投影曲线”按钮 ，选择要投影的对象，可以将选定对象从实体或片体上投影到草图中，成为当前草图对象。可以设定投影对象与原对象关联（即原对象修改，投影对象随着更新），在草图中仍然用淡蓝色显示，但退出草图工作界面后用青蓝色显示；设定不关联，则投影对象与原对象没有关联性，在草图中用青蓝色显示，可以在草图界面中进行编辑。图 5-27 所示为投影三维视图中对象到草图的示例。

注意：关联的投影对象必须早于该草图建立（可用部件导航器调整生成的先后顺序）；草图不能同时包含定位尺寸和投影对象（须先删除定位再投影）。

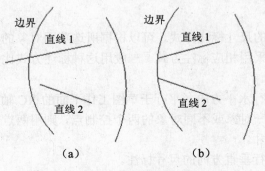

图 5-26　修剪与延伸

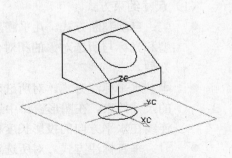

图 5-27　投影对象到草图

5.2.4　草图约束

1. 基本概念

建立草图几何对象后，需要对其进行准确约束和定位。草图约束包括几何约束和尺寸约束两种，前者通过限制草图对象之间的关系来控制草图的形状，后者通过限制草图对象的尺寸来控制草图的大小，一个草图的全约束是两种约束的混合应用。

草图对象由点来控制，这些点称为控制点。当草图对象没有被完全约束时，控制点处将会出现自由度符号（指向水平方向和垂直方向的红色箭头，如图 5-28 所示），表明当前存在哪些自由度没有被限制。随着约束的添加，自由度符号逐步减少，当草图对象全部被约束以后，自由度符号会全部消失。状态行会随时显示约束情况。

草图的约束状态有欠约束、全约束、过约束和冲突约束。其中，欠约束表示草图中的约束数少于其自由度数，草图上还存在自由度箭头，状态行会显示还需要几个约束。全约束表示有足够的约束定位草图中各控制点，草图上已无自由度箭头存在。过约束表示草图中施加了过多的约束。冲突约束表示添加了相互矛盾的约束，在求解过程中无解。状态行会有约束状态提示信息，各种约束状态的草图曲线和草图尺寸会根据图 5-7 所示的"草图首选项"对话框设置的颜色显示。

草图一般不应欠约束（欠约束仅用于打样图、协调图等），也不应出现过约束和约束冲突。参考性的约束仅用于参考尺寸的标注，此时应将该类约束转为参考对象。

创建和编辑草图时，应优先使用几何约束，且保证几何约束的充分和完整，然后再应用尺寸约束。可以将需要频繁修改的尺寸作为约束的关键，也可以用主约束控制次约束，通过修改主约束的参数值，实现整个模型的相关驱动。

与草图约束相关的选项有生成尺寸约束和几何约束、控制约束符号的可见性、选择约束管理等。可以定制草图工具条来显示所有约束选项。

2. 草图尺寸约束

尺寸约束用于控制一个草图对象的尺寸或两个对象间的关系。相当于对草图对象的尺寸标注，但与尺寸标注的不同之处在于尺寸约束可以驱动草图对象的尺寸，即根据给定尺寸驱动、限制和约束草图对象的形状和大小。

（1）尺寸约束方式

- 　：自动判断方式。几乎涵盖所有的尺寸标注方式，可以根据所选草图对象的类型和光标与所选对象的相对位置，采用相应标注方式。一般用这种标注方式比较方便。

- 　：水平标注方式。对所选对象进行水平方向（平行于草图工作平面的 XC 轴）的尺寸约束。在图形窗口中选取同一对象或不同对象的两个控制点，则用两点的连线在水平方向的投影长度标注尺寸。

- 　：垂直标注方式。对所选对象进行垂直方向的尺寸标注。

- 　：平行标注方式。对所选对象进行平行于对象的尺寸约束。选取同一对象或不同对象的两个控制点，则用两点连线的长度标注尺寸，尺寸线将平行于两点连线。

- ：正交标注方式。对所选的点到直线的距离进行尺寸约束。选取一直线和一点，则用点到直线的垂直距离标注尺寸。
- ：直径标注方式。对所选的圆弧对象进行直径约束。
- ：半径标注方式。对所选的圆弧对象进行半径约束。
- ：角度标注方式。对所选的两条不平行的直线进行角度约束。
- ：周长标注方式。对所选对象进行周长的尺寸约束，只能约束直线和圆弧的周长。这种尺寸不在图形窗口中显示，只出现在尺寸表达式列表框中。

如图 5-28 所示为水平尺寸约束和垂直尺寸约束的效果。

（2）尺寸约束的建立方法

在图 5-14 中选择"自动判断"命令或单击图 5-17 中的　按钮，弹出"尺寸"工具条，如图 5-29 所示，单击　按钮，弹出"尺寸"对话框，如图 5-30 所示，其中包含了尺寸标注方式、尺寸表达式列表框、引出线和尺寸标注位置等选项。用户选择草图几何对象后，系统将根据所选对象的类型和光标与位置进行推理，采用相应的标注方法。也可以单击"尺寸"对话框中的尺寸约束方式按钮，然后用 MB1 键选取相应的约束对象，则会随着光标的移动出现尺寸标注，移动到合适的位置单击 MB1 放下尺寸标注。

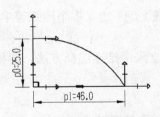

图 5-28　草图自由度符号　　　图 5-29　"尺寸"工具条　　　图 5-30　"尺寸"对话框

对于已标注的尺寸，利用"尺寸"对话框可以修改尺寸的名称、数值或位置，并且同时更新其他相关尺寸。

尺寸约束也可以由系统在创建草图曲线后自动建立。方法为：选择"草图首选项"对话框中（或"任务"菜单下）的"草图样式"，在图 5-5 所示的对话框中选中"连续自动标注尺寸"复选框；也可以单击图 5-17 中的　按钮开启系统自动标注尺寸功能。双击自动标注的尺寸，可以利用"尺寸"对话框对其进行编辑。

（3）"尺寸"对话框选项

图 5-30 所示对话框的上部为尺寸约束方式图标，其余选项介绍如下。

- 尺寸表达式列表框：列出尺寸约束的名称和值（p10=77）。可以在这里查看所有的尺寸，并且还能修改其中的尺寸。
- ：删除当前选中的尺寸约束。
- 当前表达式：用于编辑所选尺寸约束的名称和值。尺寸约束名称（p0、p1…）由系统自动设置。从表达式列表框或图形窗口中选择尺寸约束，当前表达式文本框和数值滑尺都被激活，用户可以编辑尺寸名称及其数值，也可以拖动滑尺更改尺寸值。

- ⊢×⊗⊣▾：尺寸标注位置的设置。
- ⌐×.×× ▾：尺寸标注引出线方式的设置。

3. 草图几何约束

几何约束用于建立草图对象的几何特性或确定草图对象之间的相互几何关系。

（1）几何约束的主要类型

- ⅂、ⵋ：用于固定几何对象，⅂施加部分约束，ⵋ施加完全约束。不同几何对象固定方法不同，点一般固定其所在位置，线一般固定其角度或端点，圆和椭圆一般固定其圆心，圆弧一般固定其圆心或端点。
- ⌐、◎、ⵜ：用于设定几何对象重合。⌐定义多个点重合，◎定义多个圆弧或椭圆弧的圆心重合，ⵜ定义多条直线共线。
- ↑、⅃、⊦：用于设定点在线上。↑定义所选取的点在某曲线上，⅃定义所选取的点在抽取的串上，⊦定义点在直线的中点或圆弧的中点上。
- ⊟、⬆：⊟定义直线为水平（平行于 XC 轴），⬆定义直线为垂直（平行 YC 轴）。
- ⫽、⊥、⌀：用于设定几何对象间的关系。⫽定义曲线相互平行，⊥定义曲线彼此垂直，⌀定义选取的对象相切。
- ⊨、⌢：⊨定义选取的多条曲线等长（仅适用派生线），⌢定义多个圆弧等半径。

（2）几何约束的建立方法

几何约束分为约束和自动约束两种方式。几何约束的建立采用推理选择方法，根据不同的草图对象，添加不同的几何约束类型。

① 手工添加几何约束

手工添加约束是由用户对所选的草图对象指定某种几何约束的方法。

在图 5-12 中选择"约束"或单击图 5-17 中的"约束"按钮⊿，激活约束创建过程。这时，在图形窗口中选择一个或多个草图对象，所选对象呈高亮度显示。系统根据所选对象类型及其几何关系，将可用的几何约束类型显示在约束工具条中，如果已经对所选对象施加了某种约束，则该约束按钮显示为不可用。图 5-31 所示为所选对象为两条直线时可能的约束类型。用户选择约束类型，将添加指定的几何约束到所选草图对象上，并且草图对象的某

图 5-31 "约束"工具条

些自由度符号会因此消失。在不引起过约束的情况下可以对所选对象施加多个约束。在没有定位草图的情况下，可以对草图对象与外部对象之间施加约束，如基准面或实体边。

② 自动建立几何约束

自动判断约束设置几何约束、尺寸约束以及由捕捉识别的约束。

首先，选择"草图首选项"对话框中（或"任务"菜单下）的"草图样式"，在图 5-5

所示的对话框中选中"创建自动判断约束"复选框，也可以单击图 5-17 中的 按钮启用系统自动创建几何约束功能。默认为启用状态，在创建约束时将自动判断约束中设置的约束类型。

　　然后，在图 5-15 中选择"自动判断约束和尺寸"命令或单击图 5-17 中的 按钮，出现"自动判断约束和尺寸"对话框，如图 5-32 所示，可以通过选择一个或多个选项来控制创建曲线时自动判断哪些约束类型。

　　创建草图时，系统分析当前草图中的几何对象及其相互间的关系，自动添加不同的几何约束类型。如图 5-28 所示为系统自动添加水平和垂直约束的示例。

　　③ 显示/移除约束

　　显示/移除约束命令通常用作检查草图对象上相关的所有约束，并通过移除当前已加的几何约束来解决过约束和冲突约束问题。单击图 5-17 中的 按钮，打开"显示/移除约束"对话框，如图 5-33 所示。

　　图 5-32　"自动判断约束和尺寸"对话框　　　图 5-33　"显示/移除约束"对话框

- 约束列表：用于设置查看范围，选择一个对象、选择多个对象或显示在活动的草图中显示所有的约束。
- 约束类型：过滤在列表框中显示的约束类型。选择此下拉列表框，会列出可选的约束类型，可从中选择要显示的约束类型名称。
- 包含/排除：用于设置约束列表方式，确定在约束列表框中是显示指定类型的约束（包含，默认的），还是显示指定类型以外的所有其他约束（排除）。
- 显示约束：控制在约束列表窗中出现的约束的显示。
- 约束列表框：列出选中的草图几何对象的指定类型的几何约束。当在该列表框中选择某约束时，该约束对应的草图对象会高亮显示，并在该对象旁显示草图对象的名称（如 line2）。也可用列表框右边的上下箭头按顺序选择约束，在选中的约束上双击可以将该约束从草图中移去。
- 删除约束：移去在约束列表框中所选择的几何约束。系统提供了两种移去约束的方式："移除高亮显示的"（删除当前高亮显示的几何约束）和"移除所列的"（删除在约束列表框中的所有约束）。

● 信息：在"信息"窗口中显示有关激活的草图的所有几何约束信息。

在进行显示或移除约束操作时，列表框中的约束类型将会按照选取的草图对象不同而有所改变，当光标位置移动到某草图对象上时，该对象及与其关联的其他对象均会高亮显示，并用约束标记显示这些对象之间的几何约束关系。

要在图形窗口移除几何约束，单击"显示所有约束"按钮，选择要删除的约束，单击 MB3，选择"删除"命令或用键盘上的删除键删除。

4. 转换对象

"转换至/自参考对象"用于将草图曲线或草图尺寸由激活转换为参考或由参考转换为激活。在为草图对象添加约束的过程中，可能会引起冲突，这时可以删除多余约束或使用转换对象的操作来解决。

图 5-34　　"转换至/自参考对象"对话框

在图 5-17 所示的工具条中单击按钮，弹出如图 5-34 所示的"转换至/自参考对象"对话框。选中"参考曲线或尺寸"单选按钮，则将所选的草图曲线或尺寸转换为参考对象；选中"活动曲线或驱动尺寸"单选按钮，则将所选取的参考对象激活，转换为草图对象或尺寸。在创建尺寸约束的过程中也可以在"尺寸"工具条中单击按钮直接创建参考尺寸。

在图形窗口中选择要转换的草图对象，再在该对话框中选择转换方式，然后单击"确定"按钮，就能够将草图曲线（但不是点）或尺寸在参考和非参考间转换。参考尺寸仍然在草图中显示（变为灰色），其值可以被更新，但其尺寸表达式在表达式列表框中消失，不再对原来的几何对象产生约束；而参考曲线显示为灰色双点划线，在拉伸和旋转操作中将不起作用。

5. 动画尺寸

草图动画尺寸命令可以动态显示选定的尺寸约束在指定的范围中发生变化的效果，受所选尺寸约束的几何对象也将随着变动。动画模拟完成之后，草图会恢复到原先的状态。

在图 5-17 所示的工具条中单击按钮，将弹出"动画草图"对话框。先选择一约束尺寸，然后在该对话框中设置该尺寸变化范围和每一个循环显示的步长。完成设置并单击"确定"按钮后，则动态显示与此尺寸约束相关的几何对象随尺寸改变的情况，但不会改变尺寸的值。

6. 备选解

备选解方案可以显示施加尺寸和几何约束后草图可能出现的多种轮廓形式。当对一个草图对象进行约束时，同一约束条件可能存在多种解决方法，备选解的数目根据草图中约束的类型确定。在图 5-17 中单击按钮，将弹出"备选解"对话框。在图形窗口选择草图对象后，所选对象直接转换为同一约束的另一解法。

图 5-35 显示当将两个圆定义约束为相切时，两圆的相切方式可以为外切，也可以为内切，两个解都是合理的。图 5-36 所示为尺寸约束的备选解示例，若在左图选择 p4，则替换为右图形式；若在右图选择 p4，则又回到左图形式。

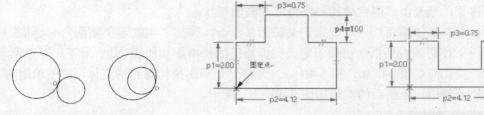

图 5-35　草图对象的备选解　　　　　　　图 5-36　草图尺寸的备选解

7. 其他草图约束设置选项

- 　：自动标注尺寸。设置在草图对象上自动创建尺寸的规则和类型。
- 　：自动约束设置。设置自动应用到草图对象的几何约束类型。
- 　：显示所有约束。使用约束符号显示激活草图的所有约束。
- 　：不显示约束。删除激活草图上显示的约束符号。

5.2.5　草图操作

（1）设为对称

该选项是将草图几何对象以一条直线为对称中心线，复制成新的草图对象。对称的对象与原对象形成一个整体，并且保持相关性。

在图 5-17 中单击 按钮，弹出如图 5-37 所示的"设为对称"对话框。选择要对称的几何对象和对称中心线。对称操作后，对称中心线会变成参考线，如果要将其转化为正常的草图对象，可用转换参考对象的方法进行转换。

（2）偏置曲线

偏置曲线是指对草图平面内的曲线或曲线链进行偏置，偏置生成的曲线与原曲线具有关联性，即对原曲线进行的编辑修改，所偏置的曲线也会自动更新。

在图 5-17 中单击 按钮，弹出"偏置曲线"对话框，如图 5-38 所示。利用该对话框，用户可以在"距离"文本框中设置偏置的距离。然后单击需偏置的曲线，系统会自动预览偏置结果，如有必要，单击"反向"按钮 ，可以使偏置方向反向。

图 5-37　"设为对称"对话框　　　　　　图 5-38　"偏置曲线"对话框

（3）编辑定义截面

草图可以作为扫描特征的截面曲线，编辑定义截面用于添加对象或将其从已被定义特征的截面中移除，修改由草图生成的扫描特征的截面形状。

在菜单栏中选择"编辑"→"编辑定义截面"命令，弹出"编辑定义截面"对话框，如图 5-39 所示。使用该对话框向已用于定义扫描特征的线串添加曲线、边、面等几何对象，或从中移去一些几何对象。例如，图 5-40（a）为将一个草图拉伸得到的实体，按图示用两条边替换另外一条边，更新后的实体如图 5-40（b）所示。

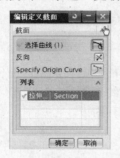

图 5-39　"编辑定义截面"对话框　　　　　　　图 5-40　编辑定义截面示例

（4）草图拖拽

拖拽草图是在图形窗口中拖动所选择的草图对象（草图中的曲线或控制点），来动态改变草图的方位和形状。当草图没有被定位时，使用拖动来修改草图对象，首先选定要改变的草图对象，在完成选取后，按住 MB1 移动光标到合适位置，然后松开 MB1，则所选的草图对象会被拖拽到新的位置。期间，草图中的几何对象会随光标的移动而动态变化。在约束草图曲线之前，可以先把它拖动到合适的位置，然后再进行精确定位。

5.2.6　草图编辑

编辑草图必须先打开草图（或称激活草图）。当一个部件文件中有多个草图时，用户可以选择指定的草图进行编辑，每次只能编辑一个草图。

（1）打开草图

① 从建模界面开始编辑草图时，打开草图的方法介绍如下：

● 在菜单栏中选择"编辑"→"草图"命令，将显示"打开草图"对话框，可从列表框中选择一个草图。

● 选择一个草图，然后在工具栏中单击"草图"按钮　或单击 MB3 选择"编辑"命令。

● 在图形窗口中双击一个草图。

● 在部件导航器中，双击一个草图特征或单击草图并单击 MB3 选择"编辑"命令。

② 在草图工作界面中打开草图，可使用下列方法之一：

● 在"草图"工具条的草图名称列表框中选择一个草图名称，单击 MB1。

● 在菜单栏中选择"任务"→"打开"命令，在"打开草图"对话框中选择一草图并单击"确定"按钮。

● 在部件导航器中，双击一个草图或单击草图并单击 MB3 选择"打开"命令。

采用以上方法之一后，将进入草图工作界面，并打开选定的草图。当打开另一个草图时，当前工作草图自动退出工作状态。草图应放置在规定的层上，激活一个草图时，该层就自动转为工作层。

当要编辑的草图被打开以后，可在草图中添加或删除草图对象、约束和查看有关的草图信息等。完成草图编辑，可以更新与当前草图相关联的模型，单击 █ 按钮则对草图对象的修改会反映到由此草图生成的实体模型上。

单击 █ 按钮或在菜单栏中选择"任务"→"完成草图"命令，则退出草图界面。如果退出草图前未更新模型，则退出草图界面后，系统将自动更新用草图建立的模型。

（2）删除与抑制草图

对草图的删除与抑制操作是在建模界面中实现的。

删除草图的方法有：在菜单栏中选择"编辑"→"删除"命令，选择欲删除的草图，并单击"确定"按钮；或者在部件导航器中单击草图并单击 MB3 选择"删除"命令。删除草图的同时也将删除与草图相关联的特征。

抑制草图可采用：在菜单栏中选择"编辑"→"特征"→"抑制"命令或在部件导航器中单击草图并单击 MB3 选择"抑制"命令。抑制草图的同时也抑制与草图相关联的特征。

（3）草图的定位

草图定位是确定草图与其他对象的相对位置，即确定草图相对于已有几何体（实体边界、基准平面和基准轴等对象）之间的位置关系。但在包含任何外部对象或抽取对象的尺寸或几何约束的草图中，不能生成定位尺寸。

在图 5-16 所示的"草图"工具条中单击 █ 按钮，选择"创建定位尺寸"，弹出与定位特征相同的定位对话框，使用该对话框可以生成草图定位尺寸，具体定位方法详见 5.6 节。草图定位完成后，可以对定位尺寸进行编辑、删除或重新定义。

在菜单栏中使用"工具"→"定位尺寸"的子菜单，同样可以创建、编辑、删除并重新定义草图定位尺寸。草图定位以后，也可以用修改特征位置的方法进行修改。

在建立草图时，如果用特征的边和面作为草图参考方向，那么当包含此边和面的特征被删除时，草图的水平或垂直定位约束也会随之被删除，这时就需重新修改草图的定位特征。

（4）重新附着

草图重新附着可以改变草图的工作平面，以将草图移动到另一个平面、基准面或轨迹上，也可以更改草图的参考方位。

在图 5-16 所示的工具条中单击"草图重新附着"按钮 █，弹出"重新附着草图"对话框，指定新的草图平面，所选的新草图平面会以高亮度显示，并显示系统默认的参考方向，可以设定一个水平或垂直参考以及原点。如图 5-41 所示为将草图附着平面由长方体侧面改变为上表面后的情况。

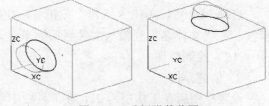

图 5-41　重新附着草图

在操作过程中，可以使用 █ 按钮将视图转到当前的建模视图（进入草图界面之前显示的视图），也可以使用 █ 按钮转到草图视图，以便直接查看草图的附着平面。

（5）内部草图

使用"任务环境中的草图" 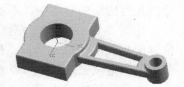 单独创建的草图称为外部草图。这种草图在图形窗口中是可见的，并可以被多次应用，可以直接打开编辑。此外还有一种草图称为内部草图。

内部草图是在建模界面下由拉伸、旋转或扫掠等命令创建的草图。内部草图不能在草图界面中直接访问，也不能在部件导航器中显示，只能在编辑其关联特征时才能显示。

内部草图和外部草图可以相互变换。在部件导航器中，选择内部草图的关联特征，单击 MB3 并选择"使草图变成外部的"命令。相反，可以选择外部草图的实体特征，单击 MB3 并选择"使草图变为内部的"命令。

内部草图只能在建模界面下才能打开。打开内部草图的关联特征，然后在图形窗口或者在部件导航器中，右键单击草图关联特征并选择"编辑草图"命令，可以打开内部草图，也可以在部件导航器中双击特征或右键单击并选择"编辑参数"命令，在弹出的"特征"对话框中单击"绘制截面"按钮 。内部草图的编辑操作与外部草图的基本相同。

当希望草图仅与一个特征相关联时，可使用内部草图。

5.2.7　草图应用实例

下面以连杆为例，介绍应用草图建模的具体过程和方法。

1. 零件分析

在建模之前，应先对零件进行认真的结构分析。分析零件主要有哪些特征以及特征之间的相互关系，以便确定建模方法和顺序。对图 5-42 所示的连杆进行分析可知，连杆为对称件（上下、左右均对称），其横向截面轮廓基本相同，但截面形状不是简单的基本图形，需要建立相应的轮廓图形。为了便于操作和修改，截面轮廓在草图中完成。然后利用拉伸和布尔运算完成基本模型，最后建立孔和倒圆特征。整个建模过程遵循先外后内、先整体后局部的原则。

图 5-42　连杆

2. 建模操作步骤

（1）建模准备

启动 NX 后，单击"新建"按钮 ，在打开的新部件文件对话框中，设定单位为"毫米"，在"文件名"处输入文件名后回车进入建模界面，并进行建模。

（2）绘制草图

① 创建草图

设置草图所在工作层为 21，在工具栏中单击 按钮，进入草图工作界面。在弹出的"创建草图"对话框中选择 XC-YC 平面为草图平面，并接受默认草图名称 SKETCH_000 后回车。

② 创建草图对象

在图 5-5 所示的对话框中取消选中"连续自动标注尺寸"复选框，单击 、 和 按钮，在草图平面上绘制出大致轮廓的草图对象，如图 5-43 所示。此时只有系统为长方形的

4 条边自动添加的几何约束（垂直和水平），草图中存在许多自由度箭头。

③ 约束草图

在图 5-17 所示的工具条中单击 按钮，进行几何约束。

首先固定大圆圆心。将选择球移至大圆圆心处，当出现圆心标记时单击 MB1 拾取圆心，再单击 按钮，即可将圆心固定（固定在 YC 轴上，最好与原点重合）。

然后将小圆圆心约束在 YC 轴上。先选择 YC 轴，再选择小圆圆心，单击"点在曲线上"按钮 即可。

最后约束斜线与小圆相切。在小圆和斜线的交点附近依次选择小圆和斜线，再单击 按钮，设定斜线与小圆相切。

在图 5-17 中单击 按钮，选择 YC 轴为对称中心线，选择斜线为要对称的几何对象，单击"确定"按钮，即生成一条与 YC 轴对称的斜线。

单击 按钮，添加尺寸约束，如图 5-44 所示。系统将自动更新草图的形状和尺寸。

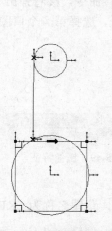

图 5-43　绘制草图曲线

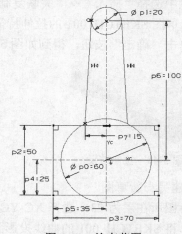

图 5-44　约束草图

④ 修剪草图曲线

单击"快速裁剪"按钮 ，对曲线进行修剪。之后单击 按钮退出草图界面，再单击工具栏中的 按钮，改变视图方向，结果如图 5-45 所示。

（3）拉伸草图曲线

设置 3 层为工作层。在菜单栏中选择"插入"→"设计特征"→"拉伸"命令，或在工具栏中单击 按钮，弹出"拉伸"对话框。移动光标选择草图曲线，选择拉伸方向为 ZC 正向，设置拉伸参数的开始距离为-10、结束距离为 10，其余参数为默认，单击"确定"按钮。再单击工具栏中的 按钮，设置生成的实体为着色显示，如图 5-46 所示。

（4）绘制新草图

设置新草图所在工作层为 22，单击 按钮进入草图工作界面。单击 按钮将实体设为线框显示方式，选择实体上平面为草图平面并设定坐标方向，草图名称为 SKETCH_001。

单击 按钮，用圆心和两端点画弧 方式绘出连杆中部大、小两端圆弧。绘图时，注意圆弧圆心分别选取 SKETCH_000 中的大、小圆的圆心，两端点分别选择大、小圆与两斜线的交点。单击 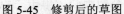 按钮，绘制两条直线分别与 SKETCH_000 中两斜线重合。完成后退出草图界面，单击 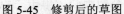 按钮将实体着色，结果如图 5-47 所示。

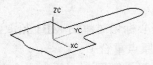

图 5-45　修剪后的草图　　　　图 5-46　拉伸结果　　　　图 5-47　新建草图

（5）拉伸草图曲线

单击 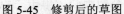 按钮，移动光标任选一新建草图曲线，拉伸方向选择 ZC 轴负向，设置拉伸参数的终止距离为 5，其余参数为 0，在布尔运算框中，选择"求差"操作，单击"确定"按钮，得到如图 5-48 所示的实体。

（6）镜像特征

在菜单栏中选择"插入"→"关联复制"→"镜像特征"命令，接着弹出"镜像特征"对话框，选择草图 SKETCH_001 的拉伸特征为要镜像的特征，选择第一个草图基准平面为镜像平面，单击"确定"按钮，得到如图 5-49 所示的实体。

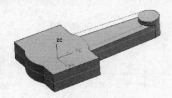
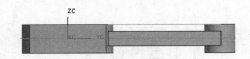

图 5-48　拉伸结果　　　　　　　　　　　图 5-49　镜像特征

（7）创建另一新草图

设置此草图所在层为 23，选择 XC-YC 平面为草图平面，草图名称为 SKETCH_002。单击 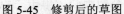 按钮，将 SKETCH_001 的曲线投影到本草图中。

单击 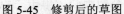 按钮，弹出"偏置曲线"对话框。分别选择两斜线，向内偏置 5；分别选择两圆弧，向内偏置 10，结果如图 5-50 所示（已将草图基准平面隐藏）。

然后单击"快速修剪"按钮 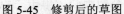，对投影曲线进行修剪，如图 5-51 所示。之后单击 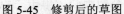 按钮，退出草图界面。

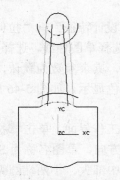
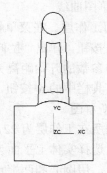

图 5-50　偏置投影曲线　　　　　　　　　图 5-51　修剪草图曲线

（8）拉伸草图曲线

单击 按钮，移动光标选择 SKETCH_002 的曲线，拉伸方向选择 ZC 正向。设置拉伸参数的开始距离为-5、结束距离为 5，其余参数为 0，在布尔运算框中选择" 求差"操作，单击"确定"按钮，得到如图 5-52 所示的实体（已将 3 个草图所在层设为不可见）。

（9）创建孔特征

在连杆大、小头各生成一通孔。

在菜单栏中选择"插入"→"设计特征"→"孔"命令，或单击 按钮，弹出"孔"对话框。孔的类型选择"常规孔"，形状为"简单"。移动光标选择连杆大头上表面为放置面，孔的位置"指定点"为上表面圆弧圆心，尺寸为直径 30、贯通体，单击"确定"按钮。

同样，可以在连杆小头生成一直径为 12 的通孔。操作结果如图 5-53 所示。

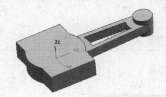

图 5-52　拉伸操作结果

图 5-53　创建通孔

（10）创建边圆角特征

在菜单栏中选择"插入"→"细节特征"→"边倒圆"命令，或单击 按钮，弹出"边倒圆"对话框，输入圆角半径为 2，然后按图 5-54 所示依次选择连杆大头各边，单击"确定"按钮。

再按此操作，将连杆中部上下表面的各边倒圆角（半径为 2）。

到此就完成了连杆的实体建模，如图 5-55 所示。

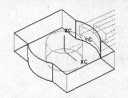

图 5-54　选择倒圆角边

图 5-55　连杆实体模型

5.3　基本体素特征

基本体素特征是三维建模的基础，包括长方体 、圆柱体 、圆锥体 和球体 4 种简单的实体特征。由于形状简单，设计时只要给出基本体素特征的相关参数和在屏幕上的位置，即可生成三维实体。

基本体素特征是相对于模型空间建立的，体素特征间不相关。从建模合理性和参数化要求出发，在一个部件中，体素特征一般作为第一个特征出现，应避免使用两个以上体素特征，如果第一个实体特征是由建立在固定基准面的草图生成的，则不应再使用体素特征。

5.3.1　长方体

在如图 5-56 所示的"特征"工具条中单击 ![]按钮，或者在菜单栏中选择"插入"→"设计特征"→"长方体"命令（如图 5-57 所示），弹出如图 5-58 所示的"长方体"对话框。在该对话框中选择一种长方体生成方法，然后输入相应的参数，接着指定长方体的位置，如果图形窗口中存在其他实体，还应选择创建长方体与已存在实体的布尔运算类型，即可创建所需要的长方体。NX 中提供了 3 种创建长方体的方法，具体说明如下。

图 5-56　"特征"工具条

图 5-57　"设计特征"子菜单

图 5-58　"长方体"对话框

（1）原点和边长

该方法通过指定参考点和 3 边长度来创建长方体，参考点为长方体的原点，3 条边分别与 3 个坐标轴平行。操作步骤为：首先选择一点，可在屏幕上拾取或利用点构造器 ![] 确定；然后在各文本框中分别输入长方体的长、宽、高数值；指定所需的布尔运算类型（求和、求交、求差），如果创建的新特征体与实体不接触，则选用"无"。最后单击"确定"或者"应用"按钮，即可得到所需的长方体。

（2）两点和高度

该方法是通过指定高度和底面两个对角点的方式创建长方体。在定义长方体底面两个角点时，两点的连线不能与坐标轴平行。

（3）两个对角点

该方式是通过定义长方体的两个空间对角线端点创建长方体。

5.3.2　圆柱

选择菜单栏中的"插入"→"设计特征"→"圆柱体"
命令，或者单击按钮，弹出如图 5-59 所示的"圆柱"对话
框。随所选圆柱生成方式的不同，对话框略有不同，在其中
输入圆柱参数，并指定圆柱位置以及所需的布尔操作类型，
即可创建圆柱体。圆柱生成方式介绍如下：

（1）轴、直径和高度

该方式是通过定义圆柱体轴向矢量、直径和高度创建圆
柱体。选择该选项，指定矢量或用矢量构造器构造矢量作为
圆柱的轴线方向，选定点或用点构造器创建点作为圆柱的底
面圆心位置，在"直径"和"高度"文本框中输入相应的参
数，单击"确定"按钮即可得到所需要的圆柱体。

图 5-59　"圆柱"对话框

（2）圆弧和高度

该方式是通过选择的圆弧和指定高度创建圆柱体。选择该选项，再选择已经存在图形
中的一条圆弧，则该圆弧半径即为创建圆柱的底面圆半径。接着选择圆柱体的方向（圆弧所
在面的法向或者其反向），在"高度"文本框中输入圆柱的高度后，单击"确定"按钮即可。

5.3.3　圆锥

圆锥用于构造圆锥体和圆台体。单击工具栏中的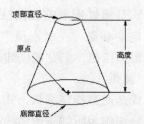按钮或者选择菜单栏中的"插入"
→"设计特征"→"圆锥"命令，弹出如图 5-60 所示的"圆锥"对话框。在该对话框中选
择一种圆锥生成方式，在相应参数文本框中输入圆锥参数，并指定布尔运算类型。圆锥生
成方式介绍如下：

（1）直径和高度

该方式是通过底部直径、顶部直径、高度及生成方向来创建圆锥，如图 5-61 所示。选
择此选项，先指定矢量作为圆锥轴向，再指定点为圆锥底圆的中心位置，在对应文本框中
分别输入底部直径、顶部直径和高度的值，并单击"确定"按钮，则完成圆锥的创建。

图 5-60　"圆锥"对话框

图 5-61　直径和高度方式创建圆锥

（2）直径和半角

该方式是通过底部直径、顶部直径、半角及生成方向创建圆锥体。半角是圆锥轴线与母线的夹角，如图 5-62 所示，半角的数值必须介于 1～89° 之间，可正可负，取决于底部直径和顶部直径的大小。若底径大于顶径，则半角为正值；若底径小于顶径，则半角为负值。

（3）底部直径，高度和半角

该方式是通过指定底部直径、高度、半角及生成方向创建圆锥。

（4）顶部直径，高度和半角

该方式是通过指定顶部直径、高度、半角及生成方向创建圆锥。

（5）两共轴的圆弧

该方式是通过两同轴圆弧的方式创建锥体。选择该选项，先选择一已存在的圆弧，则该圆弧的直径和中心点作为圆锥体的底部直径和中心，圆锥的轴线与该圆弧所在的面垂直。然后再选择另一圆弧，该圆弧的直径作为圆锥体的顶部直径，圆锥体的高度为两圆弧中心点间的距离，如图 5-63 所示。

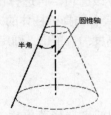
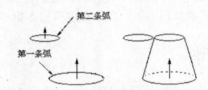

图 5-62　直径和半角方式创建圆锥　　　　图 5-63　两共轴圆弧方式创建圆锥

5.3.4　球体

单击工具栏中的 ⊙ 按钮，或者选择菜单栏中的"插入"→"设计特征"→"球"命令，弹出"球"对话框，如图 5-64 所示。在该对话框中选择一种球体生成方式，在参数文本框中输入参数，并指定布尔操作类型，单击"确定"按钮，便可创建所需的球体。球生成方式如下：

（1）中心点和直径

该方式是通过指定中心点位置和直径方式创建球。选择该选项，指定中心点，在"直径"文本框中设定球的直径，然后单击"确定"按钮，则完成创建球的操作。

图 5-64　"球"对话框

（2）圆弧

该方式是通过指定圆弧方式创建球体。选择该选项，再选择一条圆弧，则该圆弧直径和中心点分别作为所创建球体的球直径和球心。

5.4 基 准 特 征

基准特征是实体建模的辅助工具，起参考作用，故又称参考特征。基准特征主要包括基准轴、基准面以及基准坐标系。在实体建模过程中，利用基准特征，可以在指定的方向和位置上创建草图或者实体。例如，在零件设计中经常遇到在平面上打斜孔或在圆柱面、圆锥面上生成键槽的情况，此时需要指定平面作为孔、键槽的放置表面，可以借助于基准面。在建立特征的辅助轴线或参考方向时需要应用基准轴。基准特征的位置可以固定，也可以随其关联对象的变化而改变，使实体建模更灵活方便。

5.4.1 基准轴

基准轴在创建如基准平面、旋转特征和拉伸体等其他对象时用作参考特征，可作为创建实体特征的辅助线，或用来确定特征的方位。基准轴表现为一带箭头的线。

基准轴分为固定的和关联的两种类型。关联基准轴与创建对象具有关联性，受其关联对象约束，是相对的，又称相对基准轴。如果把关联轴变成非关联的，基准轴就变成固定基准轴。固定基准轴是绝对的，不受其他任何几何对象约束，是非关联的。固定基准轴会固定在被创建时的位置。可以用相对坐标系的 XC、YC 和 ZC 轴来创建固定基准轴，或者在创建任意类型的关联基准轴时，通过取消选中"基准轴"对话框中的"关联"复选框来创建固定基准轴。

选择菜单栏中的"插入"→"基准/点"→"基准轴"命令，或单击 按钮，弹出如图 5-65 所示的"基准轴"对话框。该对话框与矢量构造器很相似，下面进行简要说明。

图 5-65 "基准轴"对话框

- ：自动判断，根据选择的对象自动判断创建基准轴的类型。
- ：交点，通过所选两个平面的交线创建基准轴。
- ：曲线/面轴，通过选择曲线和曲面上的轴创建基准轴。选择该选项，再选择圆柱面，创建过圆柱轴线的基准轴，利用"反向"按钮可改变基准轴方向，如图 5-66（a）所示。
- ：曲线上矢量，通过选择曲线及线上的点创建基准轴。选择该选项，再选择圆柱边界，弧长文本框被激活，给出基准轴要通过曲线点的具体位置，同时利用"曲线上的方位"确定基准轴的方向（相切、法向、副法向）后，单击"确定"按钮，即创建基准轴，如图 5-66（b）～图 5-66（d）所示分别为圆柱边线的切向、法向、副法向的基准轴。
- ：点和方向，通过选择一个点和方向矢量创建基准轴。

- ⬈：两点，通过选择两个点来创建基准轴。如图 5-66（e）所示为过长方体一表面的两个对角点创建的基准轴。
- ˣᶜ、ʸᶜ、ᶻᶜ：利用 3 个坐标轴创建基准轴。

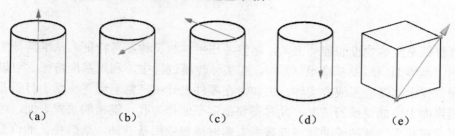

（a）　　　　　（b）　　　　　（c）　　　　　（d）　　　　　（e）

图 5-66　创建基准轴

5.4.2　基准平面

基准面是一个平面参考特征，用于辅助在空间任意方位创建特征，如在目标实体表面创建成一定角度的扫掠体和扫掠特征时。基准面可以作为设计特征或草图的放置表面，可用于定位设计特征或草图，亦可作为装配的配对表面。基准面表现为一矩形框平面。

与基准轴类似，基准面分为固定基准面和关联基准面两种类型。关联基准平面是以其他模型中的其他对象为参考创建的，与创建对象关联，并受其约束，又称相对基准面。固定基准平面没有关联对象，不受其他对象约束。任何创建关联基准平面的方法都可以用来创建固定基准平面，取消选中"基准平面"对话框中的"关联"复选框即可。

选择菜单栏中的"插入"→"基准/点"→"基准平面"命令或者单击□按钮，弹出与图 4-41 平面构造器类似的"基准平面"对话框，如图 5-67 所示，该对话框用于创建固定基准平面与相对基准面，使用方法与平面构造器的操作相似。下面以圆柱面为例说明相对基准面的创建。

（1）选择圆柱上表面边界一点，在图 5-67 中，利用"平面方位"的"备选解"图标⬡在相切、法向、副法向 3 个方案之间循环选择需要的解，结果如图 5-68 所示，利用"反向"按钮⬡可以改变基准面方向。创建的基准平面法向方向有切向及其反向、法向及其反向、副法向及其反向等 6 种。

（2）选择圆柱圆周表面，可以创建与其相切的相对基准面，如图 5-69（a）所示。

（3）选择圆柱的轴线，则创建一个过轴线的相对基准面，如图 5-69（b）所示。

图 5-67　"基准平面"对话框

（4）选择图 5-69（b）所示的基准面，再选择圆柱的圆周表面，可创建与圆柱表面相切、与此基准面成指定角度的相对基准面，如图 5-69（c）所示。

（5）若选择图 5-69（b）所示的基准面，再选择圆柱轴线，则可创建过轴线与此基准面成一定角度的相对基准面，如图 5-69（d）所示。

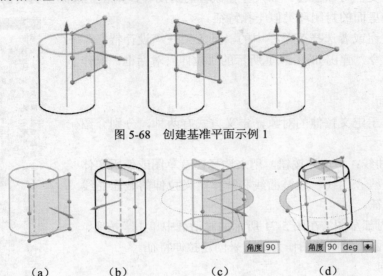

图 5-68　创建基准平面示例 1

（a）　　　　（b）　　　　（c）　　　　（d）

图 5-69　创建基准平面示例 2

5.4.3　基准 CSYS

基准 CSYS 用于辅助确定建模的参考位置，如特征的定位以及点的构造等。选择菜单栏中的"插入"→"基准/点"→"基准 CSYS"命令或单击 按钮，弹出与图 4-40 相似的"基准 CSYS"对话框，基准 CSYS 创建方法与创建工作坐标系的方法类似，与创建坐标系不同的是：基准 CSYS 一次建立 3 个基准面 XY、YZ 和 ZX 面及 3 个基准轴 X、Y 和 Z 轴，如图 5-70 所示。建议用户在每次建模前应建好基准 CSYS，这将为后续工作如创建草图、模型装配等提供方便。

图 5-70　基准 CSYS

5.5　扫　描　特　征

扫描特征是沿指定方向扫描曲线、边、表面和草图的轮廓生成实体或片体特征的一种方法。扫描特征包括拉伸体 、回转体 、沿引导线扫掠 和管道 。

5.5.1　拉伸

拉伸特征是将截面轮廓（草图或实体或者片体的面、边）沿线性方向进行拉伸生成实体或片体。截面轮廓可以是封闭的也可以是开口的，可由一个或者多个封闭环组成，封闭环之间不能自交但可以嵌套。如果存在嵌套的封闭环，则在生成添加材料的拉伸特征时，系统自动认定里面的封闭环类似于孔特征。

单击 ▣ 按钮或者选择菜单栏中的"插入"→"设计特征"→"拉伸"命令，弹出如图 5-71 所示的"拉伸"对话框。操作步骤如下：

（1）截面

截面是用于定义拉伸的对象，定义方式有两种，分别介绍如下。

① 选择曲线：单击 🔂 按钮，用来选择已有草图或使用实体表面、实体边缘、曲线、成链曲线和片体定义拉伸的截面曲线来创建拉伸特征。

② 绘制内部草图：在图 5-71 所示的对话框中单击 🔠 按钮，可以在工作平面上绘制草图作为截面来创建拉伸特征。

（2）方向

① 指定矢量：用于设置所选对象的拉伸方向。选择所需的拉伸方向或者单击对话框中的 ⊥ 按钮，利用弹出的矢量对话框选择所需拉伸方向。

图 5-71　"拉伸"对话框

② 反向：单击 ⤬ 按钮，使拉伸方向反向。

（3）限制

① 开始：用于限制拉伸的起始位置。

② 结束：用于限制拉伸的终止位置。

值的大小相对于拉伸对象所在平面而言，正负是相对拉伸方向而言，如图 5-72 所示。拉伸长度为开始距离与结束距离之差的绝对值。

（4）布尔运算

如果屏幕上存在其他实体，应在"布尔"下拉列表中选择拉伸体与已存在实体的布尔运算类型。

（5）拔模方式

用于设置沿拉伸方向的拉伸角度，其绝对值必须小于 90°。拔模可起始于截面线所在平面，如图 5-72（a）所示，也可从起始距离开始，如图 5-72（b）所示。

（6）偏置

① 单侧：指在截面曲线一侧生成拉伸特征，以结束值和起始值之差为实体的厚度。

② 两侧：指在截面曲线两侧生成拉伸特征，以结束值和起始值之差为实体的厚度。

③ 对称：指在截面曲线的两侧生成拉伸特征，其中每一侧的拉伸长度为总长度的一半。

（7）启用预览

选中"启用预览"复选框后，用户可预览图形显示区的临时实体的生成状态，以便及时修改和调整。

图 5-73 为利用图 5-71 所示的拉伸参数将长方形拉伸成实体的示例。

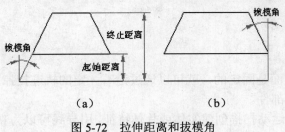

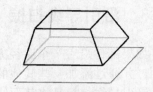

图 5-72　拉伸距离和拔模角　　　　　图 5-73　拉伸示例

5.5.2　回转

回转是将截面线绕一直线轴旋转成一定的角度扫描生成实体或片体特征。创建步骤与特征的拉伸相类似。单击 按钮或者选择菜单栏中的"插入"→"设计特征"→"回转"命令，弹出如图 5-74 所示的"回转"对话框。回转操作步骤如下：

（1）截面

选择用于定义回转的截面曲线，选项与拉伸特征相类似。

（2）轴

① 指定矢量：用于设置所选对象的回转方向。利用下拉列表中选择的回转方向或者单击 按钮指定回转方向。

② 指定点：利用"指定点"下拉列表选择要进行旋转操作的基准点，或单击 按钮利用点构造器通过设置参数在视图中指定点。

（3）限制

① 开始：用于限制回转的起始角度。

② 结束：用于限制回转的终止角度。

图 5-74　"回转"对话框

可以设置以"值"或"直至选定对象"方式进行回转操作。角度值的大小是相对于截面曲线所在平面而言，其方向与回转轴成右手定则为正。

（4）偏置

① 无：直接以截面曲线生成回转体。

② 两侧：指以在截面曲线两侧偏置的形式生成回转体，以结束值和开始值之差作为实体的厚度。

以图 5-75 所示的草图曲线为回转对象，以草图中竖线为回转轴，其余参数如图 5-74 所示，生成的回转体如图 5-76 所示。

图 5-75　草图曲线

图 5-76　生成的回转体

5.5.3 沿引导线扫掠

如果部件沿着一个路径方向上的截面是固定的，就可以通过沿着一定的轨迹扫掠草图得到，并通过添加一些其他的特征完成部件。

沿引导线扫掠是将截面线沿引导线运动扫描创建实体或片体特征，引导线可以为直线、圆弧、样条曲线等。

在菜单栏中选择"插入"→"扫掠"→"沿引导线扫掠"命令，或者单击 按钮，弹出如图 5-77 所示的"沿引导线扫掠"对话框。如图 5-78 所示为沿引导线扫掠示例，操作步骤如下：

（1）截面：选择用于扫掠的截面线。

（2）引导线：选择用于扫掠的轨迹线。

（3）偏置：设定第一偏置和第二偏置。

（4）布尔：确定布尔操作类型，即可完成操作。

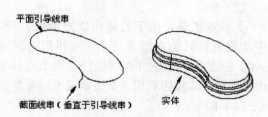

图 5-77　"沿引导线扫掠"对话框　　　　　图 5-78　沿引导线扫掠示例

注意： 截面线所在的平面应与引导线所在的平面垂直，截面线的一个端点最好位于引导线上，或者截面线接近所选的闭合引导线终点或在所选的不闭合引导线附近。引导线可以带有尖角（此时截面线的定义位置应远离尖角处），但不能有锐角。

5.5.4 管道

管道是沿引导线扫掠的特例，但截面轮廓只能是圆。管道的生成原理为截面圆（内圆和外圆）沿引导线运动扫描出管道实体。引导线可由多段组成，但必须是连续的。

选择菜单栏中的"插入"→"扫掠"→"管道"命令，或者单击 按钮，弹出如图 5-79 所示的"管道"对话框。具体操作步骤如下：

（1）路径：选择用于扫掠的引导线。

（2）横截面：设置管道的外径和内径的值，外径值必须大于 0，内径值必须大于等于 0，且必须小于外径。

（3）设置：设置管道面的输出类型，其中"多段"设置管道为由多段表面组成的复合面，"单段"设置管道表面为一段（内径为零时）或两段表面且均为简单的 B-曲面。

图 5-80 为应用图 5-79 中参数创建的管道示例。

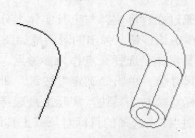

图 5-79　"管道"对话框　　　　　图 5-80　创建管道示例

5.6　设　计　特　征

创建实体模型后，通过设计特征操作，在实体上创建辅助特征，包括孔、凸台、腔体、垫块、键槽、三角形加强筋等。设计特征是依赖实体而存在的，用来细化用户创建的实体，其特点是在实体上去除材料或增加材料。

5.6.1　概述

（1）特征的放置平面

大部分设计特征需要一个平面来确定特征在实体上放置的位置，如果需要在实体的非平面建立设计特征，可以使用基准平面作为特征的放置平面。

（2）水平参考

有些设计特征（如腔体、垫块、键槽等）需要使用水平参考来确定特征坐标 X 轴方向，水平参考定义了特征的长度方向，"水平参考"对话框如图 5-81 所示。可以选择实体边缘、面、基准轴或基准平面，也可定义竖直参考方向。

（3）定位特征

特征的定位是确定设计特征相对实体或基准面的位置，使用定位尺寸控制特征的位置。定位可以在创建特征时建立，也可以在特征创建后使用编辑方法定位。当设计特征的形状参数确定后，系统将弹出如图 5-82 所示的"定位"对话框。该对话框中每一个图标表示一种定位方法，应根据设计特征依附的实体及其设计特征的形状，选择适当的定位方法。

图 5-81　"水平参考"对话框　　　　　图 5-82　"定位"对话框

① 水平定位 ⬚

该方式通过在目标实体与工具实体上分别指定一点，以这两点沿水平参考方向的距离进行定位，单击该按钮，弹出的对话框如图 5-83 所示。先在目标实体上选择一点作为基准点，再在工具实体上选择一点作为参考点。之后，表达式文本框被激活并显示默认尺寸，可输入水平尺寸值，单击"确定"按钮，即可完成水平定位操作。

选择目标对象与工具边，实际上是选择其上一点，即存在的点、实体边缘上的点，圆弧的圆点或切点。当选择的目标对象或工具边为圆弧时，将会弹出如图 5-84 所示的对话框，则可以直接选择圆弧的端点、中心点或切点。

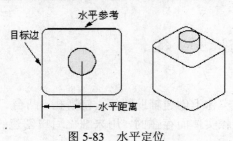

图 5-83　水平定位　　　　　　　　　　图 5-84　"设置圆弧的位置"对话框

② 竖直定位 ⬚

该方式通过在目标实体与工具实体上分别指定一点，以这两点沿垂直于水平参考方向的距离进行定位。

③ 平行定位 ⬚

该方式是通过在与工作平面平行的平面中测量目标实体上基准点与工具实体上参考点的距离进行定位，如图 5-85 所示。

④ 垂直定位 ⬚

该方式通过在工具实体上指定一点，以该点至目标实体上指定边缘的垂直距离进行定位，如图 5-85 所示。

⑤ 平行距离定位 ⬚

该方式通过在目标实体与工具实体上分别指定一条直边（两者必须平行），然后输入距离进行定位。

⑥ 角度定位 ⬚

该方式通过在目标实体与工具实体上分别指定一条直边，以指定的角度进行定位，如图 5-86 所示。

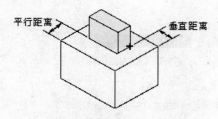

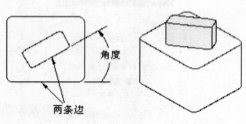

图 5-85　平行定位与垂直定位　　　　　　　图 5-86　角度定位

⑦ 点到点定位 ✎

该方式通过在工具实体与目标实体上分别指定一点，使两点重合进行定位。例如孔或圆凸台与圆柱共圆心，如图 5-87 所示。点到点定位是平行定位的特例。

⑧ 点到线上定位 ⊥

该方式通过在工具实体上指定一点，使该点位于目标实体的一指定边缘上进行定位。点到线上定位是垂直定位的特例。

⑨ 线到线上定位 ⊥

该方式通过在工具实体与目标实体上分别指定一条直边，使两边重合进行定位，如图 5-88 所示。线到线上定位是平行距离定位的特例。

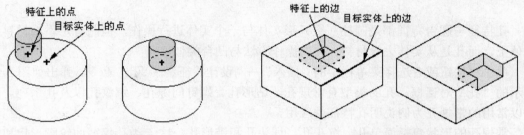

图 5-87　点到点定位　　　　　　　　图 5-88　线到线定位

（4）一般步骤

将设计特征添加到部件的基本步骤如下：

① 选择平的放置面。

② 需要的话，选择水平参考。

③ 需要的话，选择一个或多个通过面。

④ 输入特征参数的值。

⑤ 定位特征。

5.6.2　凸台

选择菜单栏中的"插入"→"设计特征"→"凸台"命令，或单击 按钮，弹出如图 5-89 所示的"凸台"对话框。利用该对话框可以在已存在的实体表面上创建圆柱形或圆锥形凸台。

（1）选择步骤：是指从实体上选择放置创建凸台的平的表面或者基准平面。

（2）过滤器：限制放置面的类型，选项为任意、面和基准平面。

（3）凸台的形状参数。直径是指凸台在放置面上的直径，高度是指凸台沿轴线的高度，锥角是指锥度角。若指定锥角为非 0 值，则为锥形凸台。正的角度值为向上收缩（即在放置面上的直径最大），负的角度值为向上扩大。

（4）反侧：若选择的放置面为基准平面，则可单击此按钮改变凸台的凸起方向。

（5）定位：单击"确定"按钮后，利用弹出的"定位"对话框进行定位。

图 5-90 所示为在实体上创建凸台的示例。

图 5-89　"凸台"对话框　　　　　　　图 5-90　创建凸台示例

5.6.3　孔

孔特征与圆台特征都是圆柱（锥）形实体与一个实体进行操作，但凸台是添加材料到实体上，而孔是从实体去除材料。孔的操作方法与凸台类似。

单击 按钮或者选择菜单栏中的"插入"→"设计特征"→"孔"命令，弹出如图 5-91 所示的"孔"对话框。孔的类型有常规孔、钻形孔、螺钉间隙孔、螺纹孔以及孔系列。下面以常用的常规孔为例说明孔特征的应用。

常规孔的形状包括简单孔、沉头孔、埋头孔和锥形孔。这 4 类孔仅截面轮廓形状和对应的参数不同，操作方法相同。首先指定孔的类型，然后选择孔的放置点或利用草图指定孔的放置位置，再设置孔的方向及形状和参数，即可创建所需要的孔。

（1）简单孔

简单孔即直孔，需要设置的参数如图 5-92 所示。孔的底部可以为平底，也可为锥体，由顶锥角控制。

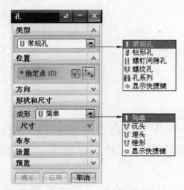

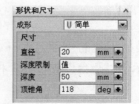

图 5-91　"孔"对话框　　　　　　　图 5-92　简单孔参数

（2）沉头孔

沉头孔的形状及所需设置的尺寸参数如图 5-93 所示。其中沉头直径必须大于孔直径，沉头深度必须小于孔深度，顶锥角必须大于等于 0°小于 180°。孔的底部可以为平底，也可为锥体，由顶锥角控制。

（3）埋头孔

埋头孔的形状及需要设置的孔的尺寸参数如图 5-94 所示。其中埋头直径必须大于孔直径，埋头角度和顶锥角必须大于 0°小于 180°。孔的底部可以为平底，也可为锥体，由顶锥角控制。

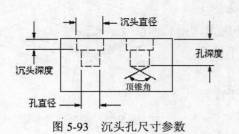

图 5-93　沉头孔尺寸参数

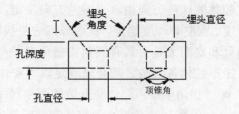

图 5-94　埋头孔尺寸参数

（4）锥形孔

锥形孔需要设置的孔的参数有直径、锥角和深度，其中锥角必须在-90～+90°之间。

5.6.4　腔体

腔体创建于实体或者片体上，用于从实体移除材料或用沿矢量对截面进行投影生成的面来修改片体，包括圆柱形、矩形和常规 3 类特征。其中前两种腔体必须放置在平面上，其轮廓形状比较规则。常规腔体可以放置在曲面上，且腔体的轮廓形状可以为任意曲线。

单击 按钮或者选择菜单栏中的"插入"→"设计特征"→"腔体"命令，弹出如图 5-95 所示的"腔体"对话框，选择腔体的类型后，弹出如图 5-96 所示的"圆柱形腔体"对话框，指定放置面后，弹出如图 5-97 所示的腔体参数对话框，输入相关腔体参数，再利用"定位"对话框进行定位，即可在实体上指定位置按输入参数创建需要的腔体特征。

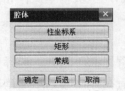

图 5-95　"腔体"对话框

图 5-96　"圆柱形腔体"对话框 1

图 5-97　"圆柱形腔体"对话框 2

（1）圆柱腔体

圆柱形腔体与孔有些类似，均为从实体上去除一个圆柱，不同的是圆柱形腔体可以控制底面半径。圆柱形腔体可以定义一个圆柱的腔体，指定其深度以及有无底面圆角、侧面是直的还是锥形。在图 5-95 所示的对话框中选择"柱坐标系"类型，并指定腔体的放置平面后，弹出如图 5-96 所示的参数对话框。各参数说明如下。

● 　腔体直径：用于设置圆柱形腔体的直径。
● 　深度：用于设置腔体的深度，从放置平面沿腔体生成方向进行测量。
● 　底面半径：用于设置腔体底面的圆弧半径，必须大于等于 0，且必须小于深度。
● 　锥角：用于设置腔体的倾斜角度，锥角必须大于等于 0°。

接着弹出定位方式对话框，按如前所述的定位方式确定腔体的位置后，则可在实体上指定位置按输入参数创建圆柱形腔体。

（2）矩形腔体

该方式可以定义一个矩形的腔体，如图 5-98 所示，腔体的长度方向由水平参考方向决定，腔体尺寸由长度、宽度和深度确定，直边或锥边由拔模角确定，拐角处和底面上是否具有圆角由拐角半径和底半径确定，矩形腔体各参数之间必须满足以下条件。

图 5-98　矩形型腔参数

- 拐角半径：腔体竖直边的圆半径（大于或等于零），必须小于腔体宽度或长度的一半。
- 底半径：腔体底面周边的圆弧半径（大于或等于零），必须小于拐角半径，且必须小于腔体深度。
- 拔模角：用于设置矩形腔的倾斜角度，该值不能为负。

（3）常规腔体

常规腔体与圆柱形腔体和矩形腔体相比更具有通用性，在形状和控制方面非常灵活。常规腔体的放置面可以选择曲面，可以自己定义底面，也可选择曲面作底面，顶面与底面的形状可由指定的链接曲线来定义，还可以指定放置面或底面与其侧面的圆角半径。

5.6.5　垫块

垫块创建于实体或者片体上，用于从实体添加材料或用沿矢量对截面进行投影生成的面来修改片体，包括矩形和常规等两类特征。单击 按钮或者选择菜单栏中的"插入"→"设计特征"→"垫块"命令，弹出"垫块"对话框，如图 5-99 所示，垫块基本操作和参数意义与腔体类似。

（1）矩形垫块

矩形垫块如图 5-100 所示。选择矩形垫块类型，将弹出选择放置平面对话框。选择垫块的放置面后，弹出定义水平参考方向对话框，指定水平方向，接着在弹出输入矩形垫块参数对话框中输入相应参数。系统弹出定位方式对话框，确定矩形垫块的位置，则可按指定参数创建矩形垫块。

图 5-99　"垫块"对话框

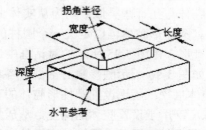

图 5-100　矩形垫块参数

（2）常规垫块

常规垫块与矩形垫块相比，在形状和控制方面更加灵活。基本操作与常规腔体类似。

5.6.6　键槽

键槽是从实体上去除直槽形材料而形成的，从其截面分类，键槽包括矩形槽、球形端槽、U 形槽、T 型键槽和燕尾槽等。选择菜单栏中的"插入"→"设计特征"→"键槽"命令，或者单击  按钮，弹出如图 5-101 所示的"键槽"对话框。在实体上创建键槽时，首先指定键槽类型，选择键槽放置平面，并指定水平参考方向（键槽轴线方向），然后在对话框中输入键槽参数，再选择定位方式，确定键槽在实体上的位置，即可创

图 5-101　"键槽"对话框

建所需的键槽。同时各类键槽都可以设置为通槽，如果在"键槽"对话框中选中"通槽"复选框，则需选择通槽的起始平面和终止平面。

（1）矩形槽

矩形槽的横截面为矩形，其参数为长度、宽度和深度，长度方向由水平参考方向决定。所有槽类型的深度值按垂直于平面放置面的方向测量。

（2）球形端槽

球形端槽是指槽的底部为球形，其截面形状和尺寸参数如图 5-102（a）所示。

（3）U 形槽

U 形槽是指槽的底部为平面，该平面与槽的侧面有倒圆。U 形槽的截面形状和尺寸参数如图 5-102（b）所示。

（4）T 型键槽

T 型键槽的截面为 T 形，其截面形状和尺寸参数如图 5-102（c）所示。从设计的角度，T型键槽可以为非通槽，但从加工的角度，至少槽的一端应当为通槽，否则专用刀具无法下刀。

（5）燕尾槽

燕尾槽的截面形状和尺寸参数如图 5-102（d）所示。从加工的角度，至少槽的一端应当为通槽，否则专用刀具无法下刀。从设计的角度，燕尾槽可以为非通槽。

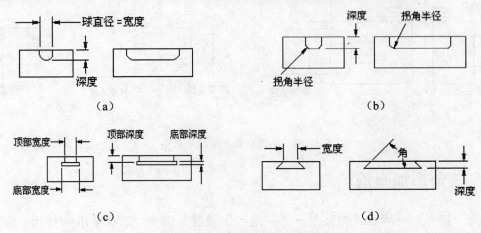

图 5-102　键槽参数示意图

5.6.7　槽

在切削加工螺纹时，常有退刀槽，槽特征就是专门用于在圆柱体或圆锥体上建立类似沟槽的。从截面形状上区分，槽的类型有矩形槽、球形端槽和 U 形槽。对圆柱体来说，又可分为内部槽与外部槽，内部槽从圆柱体内向外开槽，外部槽从圆柱体表面向内开槽。槽的轮廓是关于中心面对称，沟槽的定位尺寸是以圆柱端面为基准的，如图 5-103 所示，中心面可用于定位。

选择菜单栏中的"插入"→"设计特征"→"槽"命令，或者单击▦按钮，将弹出如图 5-104 所示的"槽"对话框。在实体上创建沟槽，需先选择槽类型，然后指定槽放置面，设置槽参数，最后用定位方式中的平行定位方式，再确定槽在实体上的位置，即可创建所需要的沟槽。

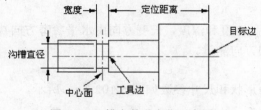

图 5-103　槽参数及定位示意图　　　　　　　图 5-104　"槽"对话框

（1）矩形槽

矩形槽的截面形状为矩形，沟槽参数为沟槽直径和宽度，如图 5-103 所示。

（2）球形端槽

球形端槽的形状及参数如图 5-105（a）所示。

（3）U 形槽

U 形槽的形状及参数如图 5-105（b）所示。

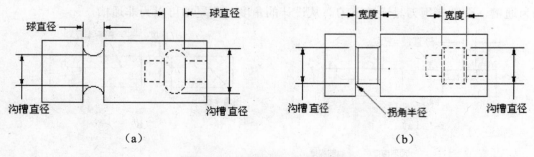

　　　　　（a）　　　　　　　　　　　　　　　　　（b）

图 5-105　沟槽参数及形状示意图

5.6.8　三角形加强筋

选择"插入"→"设计特征"→"三角形加强筋"命令，或者单击⬙按钮，弹出如图 5-106 所示的"三角形加强筋"对话框。该对话框用于在两组相交面之间创建三角形加强筋特征。该对话框中各功能介绍如下。

- 🔧：第一组，选择欲创建的三角形加强筋的第一组放置面。
- 🔧：第二组，选择欲创建的三角形加强筋的第二组放置面。
- 🔧：位置曲线，在第二组放置面的选择超过两个曲面时，该按钮被激活，用于选择两组面多条交线中的一条交线作为三角形加强筋的位置曲线。
- 🔲：位置平面，指定与坐标系相关的平行平面或在视图区指定一个已存在的平面位置来定位三角形加强筋。
- 🔧：方向平面，指定三角形加强筋的倾斜方向的平面，方向平面可以是已存在平面或基准平面，默认的方向平面是已选两组平面的法向平面。
- 方法：设置三角形加强筋的定位面，包括"沿曲线"和"位置"两种方式。
  - ➤ 沿曲线：采用交互式的方法在两面相交的曲线上选择一点。可通过指定"圆弧长"或"%圆弧长"值来定位。
  - ➤ 位置：利用坐标系来定义三角形加强筋中心线位置。

在如图 5-107 所示的实体上创建三角形加强筋，两组放置面分别选择实体的上表面和侧面，其余参数设置如图 5-106 所示，结果如图 5-107 所示。

图 5-106　"三角形加强筋"对话框

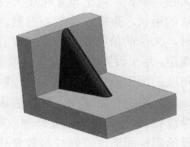

图 5-107　三角形加强筋实例

5.6.9　螺纹

螺纹特征用于在圆柱体、孔和凸台或扫描体表面上创建螺纹。创建螺纹的操作主要包括选择螺纹类型及设置螺纹参数。

（1）螺纹类型

- 符号螺纹：是用虚线圆表示的象征性的螺纹，而不显示螺纹实体，如图 5-108（a）所示。这种螺纹建模速度快，计算量小同时节省内存，可用于工程图各种标准的螺纹的简易画法标注。推荐用户采用符号螺纹的方法。
- 详细螺纹：建立真实形状的螺纹，如图 5-108（b）所示。但由于螺纹几何形状及显示的复杂性，计算量大，创建和更新的速度较慢，一般情况下不建立详细螺纹。

（2）螺纹参数

单击▣按钮或者选择菜单栏中的"插入"→"设计特征"→"螺纹"命令，弹出如图 5-109 所示的"螺纹"对话框。

图 5-109　"螺纹"对话框

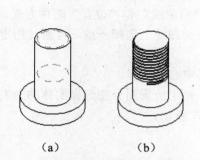

（a）　　　　（b）

图 5-108　符号螺纹和详细螺纹

- 大径、小径：用于设置螺纹大径、小径，默认值根据所选择圆柱面直径和内外螺纹的形状，查螺纹参数表得到。对于符号螺纹，当取消选中"手工输入"复选框时，大径的值不能修改。对于详细螺纹，外螺纹大径的值不能修改。
- 螺距：用于设置螺距，默认值根据所选择圆柱面直径和螺纹形状查螺纹参数表得到。
- 角度：用于设置螺纹牙型角，默认值为 60°。
- 标注：用于标记螺纹，默认值根据选择的圆柱面查螺纹参数表得到。
- 螺纹钻尺寸：用于设置外螺纹轴的尺寸或内螺纹的钻孔尺寸，其默认值根据选择的圆柱面通过查螺纹参数表获得。
- Method：用于指定螺纹的加工方法，如车螺纹、滚螺纹、磨螺纹和轧制螺纹。
- 螺纹头数：用于设置螺纹的头数，即创建单头螺纹还是多头螺纹。
- 长度：用于设置螺纹的长度，其默认值根据选择的圆柱面通过查螺纹参数表获得。螺纹长度是沿平行轴线方向，从起始面进行测量的。
- 选择起始：用于指定螺纹的起始位置，可以选择平面或者基准面。

5.7　细节特征操作

细节特征是指对已经存在的实体或特征进行各种细节操作，如倒圆角、倒斜角、拔模等。特征操作是对已经存在的实体或特征进行修改，如抽壳、镜像等。通过特征操作，用简单实体建立复杂的实体，从而满足设计要求。

5.7.1　拔模

在模具设计中，经常需要参照拔模的方向对相关的面进行处理，使面倾斜一定的角度。拔模特征就是为满足这类要求而设计的，其功能是对实体相对指定的方向进行拔模。拔模原理为给定一个拔模方向，输入沿此方向的拔模角，则要拔模的面按照这个角度向内（拔模角为正）或向外（拔模角为负）产生一定的斜度。

选择菜单栏中的"插入"→"细节特征"→"拔模"命令，或者单击图 5-56 中的 按钮，弹出如图 5-110 所示的"拔模"对话框。在拔模操作时，先选择拔模类型，再按步骤选择拔模对象，并设置拔模参数，即可对实体进行拔模。各种拔模类型说明如下。

（1）从平面

选择"从平面"类型，用于对指定的实体表面，从参考点所在平面开始，与拔模方向成拔模角度进行拔模。参考点所在面在拔模过程中保持不变，如图 5-111 所示。操作过程如下：

① 脱模方向：用于指定实体拔模的方向。可以用矢量构造器定义拔模方向。

② 固定面：用于指定拔模的参考位置。可以指定拔模的参考平面或用点构造器定义拔模参考点。

③ 要拔模的面：用于确定要拔模的表面。可以选择实体中的一个或多个表面作为要拔模的表面，并设定拔模角度。

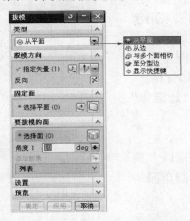

图 5-110　"拔模"对话框

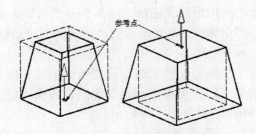

图 5-111　从平面拔模示意图

（2）从边

选择"从边"类型，用于从一系列实体边缘开始，与拔模方向成拔模角度，对指定的实体进行拔模，适用于所选实体边缘不共面的情况。操作过程包括选择实体边缘作为参考边缘、设置拔模方向与角度控制点。可以为各控制点处设置相应的角度，从而实现沿参考边缘对实体进行变角度的拔模。

（3）与多个面相切

选择"与多个面相切"类型，用于与拔模方向成拔模角度，对实体进行拔模，使拔模面相切于指定的实体表面。该类型适用于对相切表面拔模后要求仍然保持相切的情况。

（4）至分型边

选择"至分型边"类型，可以在分型边缘不发生改变的情况下拔模，并且分型边缘不在固定平面上。用于从参考点所在平面开始，与拔模方向成拔模角度，沿指定的分型边对实体进行拔模。在拔模前，要用分型边将实体表面分割为两部分（选择"插入"→"修剪"→"分割面"命令，选择要分割的面，再选择分型边，单击"确定"按钮即可分割表面）。操作过程包括3个步骤，即选择分型边、指定拔模方向（如图5-112（a）所示）和指定参考点，参考点位置不同拔模结果也不同，如图5-112（b）和图5-112（c）所示。

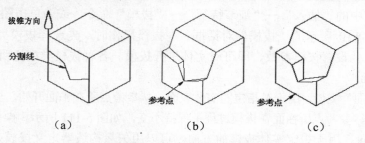

图 5-112　至分型边拔锥示意图

5.7.2　边倒圆

边倒圆是对所选实体或者片体的边缘按指定半径倒圆，沿边缘的长度方向可以建立定半径或变半径圆角。边倒圆采用滚动球方式进行倒圆，即倒圆时采用一圆球沿着所选边缘滚动，且与边缘的两个侧面相切，使尖锐边缘变成圆滑表面（圆角面）。边倒圆的结果是对于凸边缘去除材料，对凹边缘则添加材料。

单击 按钮或者选择"插入"→"细节特征"→"边圆角"命令，弹出如图5-113所示的"边倒圆"对话框。

（1）选择边

用于选择要倒圆的边。设置恒定半径的倒角，既可以多条边一起倒圆，也可以手动拖动倒圆，改变半径大小。圆角面与邻接面相切，如图5-114所示。

（2）可变半径点

用于在一条边上定义不同的点，然后在各点的位置设置不同的倒角半径，在进行这项操作时，首先选择边缘作为恒定半径倒圆，再在倒圆的边上添加可变半径点，应至少选取两个可变半径点，如图5-115所示。

图 5-113　"边倒圆"对话框

（3）溢出解

若倒圆面与某一面的交线到指定的倒圆边缘的距离小于倒圆半径，该相交线就称为陡峭边缘，此时产生的倒圆面可能会溢出，与陡峭边所在面相交，只与一个相邻面相切，如图5-116（a）所示。溢出选项有3种处理方法，即"在光顺边上滚动"、"在边上滚动"

（光顺或尖锐）和"保持圆角并移动锐边"。"在光顺边上滚动"是指倒圆面与相邻面光滑连接；"在边上滚动"是指倒圆面通过指定的陡峭边缘与相邻面相交，如图 5-116（b）所示；"保持圆角并移动锐边"是指倒圆面被相邻面修剪，如图 5-116（c）所示。

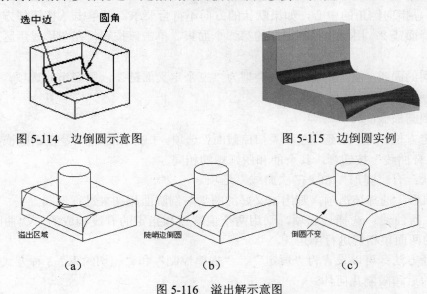

図 5-114　边倒圆示意图　　　　　　　　　図 5-115　边倒圆实例

图 5-116　溢出解示意图

5.7.3　面倒圆

面倒圆可以在选定的两组面之间创建复杂圆角，并可对选定面进行修剪。面倒圆采用一圆球在两组面上沿着相交线滚动，得到与两组面相切的倒圆面，如图 5-117 所示。面倒圆可以处理比边倒圆更复杂的情况。

选择"插入"→"细节特征"→"面倒圆"命令，或者单击⬚按钮，弹出如图 5-118 所示的"面倒圆"对话框。

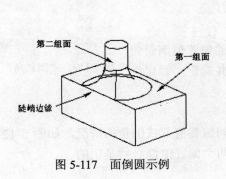

图 5-117　面倒圆示例

图 5-118　"面倒圆"对话框

（1）面链

面倒圆类型有"两个定义面链"和"三个定义面链"。

① 选择面链 1：用于选择面倒圆的第一个面集。选择第一个面集后，图形区会显示一个矢量箭头，指向倒角的中心，如果默认的方向不符合要求，可单击⊠按钮使方向反向。

② 选择面链 2：用于选择面倒圆的第二个面集。单击该按钮，在图形显示区选择第二个面集。

③ 中间的面或平面：如果面倒圆类型为"三个定义面链"，则多出此选项，为中间面链选择面或平面。

（2）倒圆横截面

① 指定方位：有"压延球"和"扫掠截面"选项。扫掠截面选项是在倒圆横截面中多了个"选取脊曲线"按钮🗾，其余的和压延球的相同。

② 形状：有"圆形"和"二次曲线"选项。

● 圆形：选择该选项，则用定义好的圆盘与倒圆面相切来进行倒圆。

● 二次曲线：选择该选项，则用两个偏移值和指定的脊线构成的二次曲面与选择的两面集相切进行倒角。

③ 半径方法：可以设置为"恒定"、"规律控制"和"相切约束"3 种方式。

（3）约束和限制几何体

① 选择重合曲线：可以在第一个面集和第二个面集上指定一条或多条边，使倒圆面在两组面上相切到指定边。

② 选择相切曲线：可选择在两组面上的曲线或边缘作为相切控制曲线。系统会沿着指定的相切控制曲线，保持倒角表面和选择面集的相切，从而控制倒圆角的半径。

5.7.4　倒斜角

倒斜角是工程中经常出现的倒角方式，是通过定义所需的倒角尺寸在实体边缘形成斜角。倒角功能的操作与圆角功能非常相似。单击🗾按钮或者选择菜单栏中的"插入"→"细节特征"→"倒斜角"命令，弹出如图 5-119 所示的"倒斜角"对话框。先选择欲倒斜角的实体边缘，然后设置偏置方式和倒斜角参数，即可创建倒斜角特征。下面介绍偏置方式。

图 5-119　"倒斜角"对话框

（1）对称

用于与倒角边缘邻接的两个面均采用相同的偏置值倒斜角的情况。选择该选项，在文本框中输入偏置值并确定，即可生成一个简单的倒角，如图 5-120 所示。

（2）非对称

用于与倒角边缘邻接的两个面分别采用不同偏置值方式倒角的情况，如图 5-121（a）所示。偏置是从选择的倒角边沿着面测量的，两个偏置值都必须是正的。

（3）偏置和角度

用一个偏置距离和一个角度来定义倒角，如图 5-121（b）所示。

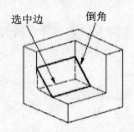

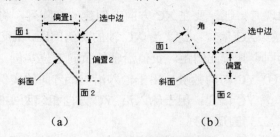

（a）　　　　　　　　　　（b）

图 5-120　简单倒角示例　　　　　　　图 5-121　倒斜角偏置示意图

5.7.5　实例特征

实例特征是以已有特征为依据，采用指针方式复制或者镜像特征，实例特征与原来的特征相关联。这种方法对于具有规律分布的特征可以大大提高设计效率。

选择菜单栏中的"插入"→"关联复制"→"实例特征"命令，或者单击 按钮，弹出如图 5-122 所示的"实例"对话框。在该对话框中选择一种阵列方式，再选择需要阵列的特征。然后在输入阵列参数对话框中输入阵列参数，确定即可完成实例特征的创建。

（1）矩形阵列

单击该按钮，弹出如图 5-123 所示的"实例"对话框。在其中选择特征名，单击"确定"按钮，接着弹出如图 5-124 所示的"输入参数"对话框，设置矩形阵列的方式后，输入对应的阵列参数，单击"确定"按钮，即可对所选特征产生矩形阵列，如图 5-125 所示。各参数的含义说明如下。

图 5-122　"实例"对话框 1　　　图 5-123　"实例"对话框 2　　　图 5-124　"输入参数"对话框

① 方法：用于指定进行矩形阵列的 3 种建立方法。

● 常规：默认选项。建立矩形阵列时对其所有的几何特性以及可行性进行分析和验证。

● 简单：与"常规"方法类似，但不进行分析和验证，可加速阵列的建立过程。建立的成员必须与原特征在同一表面上。

● 相同：是建立阵列特征最快的方法，用于在尽可能少的分析和验证下进行阵列，是原有特征的精确复制。当复制数量大且又确信每个成员特征完全一样时，可使用此方法。

② XC 向的数量：定义所产生的平行于 XC 轴的实例的总数量。此数量包括正在实例化的现有特征。要在 XC 方向上创建一维阵列，将此值设置为 1。

③ XC 偏置：定义沿 XC 轴的实例间距。沿 XC 轴从一个实例上的点到下一个实例上的相同点测量此间距。负值沿轴的负向定位实例。

④ YC 向的数量：用于输入沿 YC 方向的实例的总数量。

⑤ YC 偏置：用于输入沿 YC 方向相邻两实例特征之间的间隔距离。

（2）圆形阵列

按圆周方向阵列所选择的特征。单击该按钮后，系统将弹出选择阵列特征对话框，与矩形阵列类似，选择特征，单击"确定"按钮，出现"实例"对话框，如图 5-126 所示，设定阵列方式、数量和角度。然后选择"点和方向"或"基准轴"方式建立旋转轴。最后单击"确定"按钮，则产生圆周阵列特征，如图 5-127 所示。

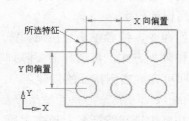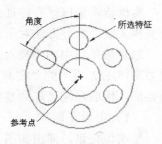

图 5-125　矩形阵列参数　　　图 5-126　"实例"对话框 3　　　图 5-127　圆形阵列参数

5.7.6　镜像特征

如果需要对零件进行部分对称设计，可以使用镜像特征。选择菜单栏中的"插入"→"关联复制"→"镜像特征"命令，或者单击"特征"工具条中的 按钮，弹出"镜像特征"对话框，如图 5-128 所示，可以通过一基准面或平面镜像选择的特征来建立对称的模型。镜像特征与原特征和镜像平面相关。

（1）选择特征

用于在部件中选择要镜像的特征。

（2）相关特征

① 添加相关特征：选中该复选框，则与选定要镜像特征相关的特征也被镜像。

② 添加体中的全部特征：选中该复选框，则选定要镜像的特征所在实体中的所有特征均被镜像。

（3）镜像平面

用于选择镜像平面，可在"平面"下拉列表中选择镜像平面，也可以利用平面构造器设定镜像平面。

例如，先创建图 5-129（a）所示的模型，然后单击 按钮，弹出"镜像特征"对话框，用鼠标选择欲镜像特征（矩形垫块）和镜像平面（基准面），则所选特征相对于指定的基准平面产生一个镜像特征，镜像结果如图5-129（b）所示。

图 5-128　"镜像特征"对话框

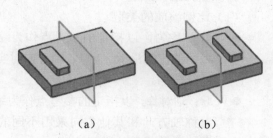

（a）　　　　　　　（b）

图 5-129　镜像特征实例

5.7.7　抽壳

抽壳用于按指定厚度挖空实体或创建薄壁体。单击 按钮或者选择"插入"→"偏置/缩放"→"抽壳"命令，弹出如图 5-130 所示的"壳"对话框。

抽壳有两种类型，即"移除面，然后抽壳"和"抽壳所有面"。

（1）移除面，然后抽壳：用于选择要抽壳的实体表面，所选的表面在抽壳后被移除，形成一个缺口，其余表面可通过"备选厚度"指定不同的壁厚。选择该选项，抽壳包括两个步骤，即选择穿透表面和指定不同的壁厚。在大多数情况下用此类型，主要用于创建薄壁零件或箱体。如图 5-131（a）所示为将长方体抽壳并移除上表面。

（2）抽壳所有面：在"壳"对话框的"类型"下拉列表框中选择此类型，在图形显示区选择要抽壳的实体。则对所选实体所有面进行抽空，形成一个空腔类型，如图 5-131（b）所示为将长方体"抽壳所有面"。抽壳时可通过"备选厚度"为各表面指定不同的壁厚。

图 5-130　"壳"对话框

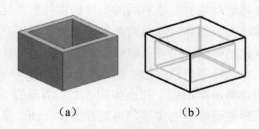

（a）　　　　　　　（b）

图 5-131　抽壳示例

5.7.8　缩放体

缩放体是按一定比例对实体进行放大或者缩小。单击 按钮或者选择菜单栏中的"插

入"→"偏置/缩放"→"缩放体"命令，弹出如图 5-132
所示的"缩放体"对话框。缩放体的操作步骤为首先在对话框
中选择比例缩放的类型，然后按指定的步骤进行即可对实
体或片体进行比例缩放。

图 5-132　　"缩放体"对话框

　　（1）比例缩放的类型

● 　：均匀，以指定的参考点作为缩放中心，用
相同的比例沿 X、Y、Z 轴方向对实体或者片体
进行放缩。

● 　：轴对称，以指定的参考点作为缩放中心，在
对称轴方向和其他方向采用不同的放缩因子对
所选实体或片体进行放缩。

● 　：常规，对实体或片体沿指定参考坐标系的 X、Y、Z 轴方向，以不同的比例
因子进行放缩。

　　（2）选择步骤

比例缩放的类型不同，其操作过程也不一样，基本操作过程为：先选择一个或多个缩
放对象，指定一参考点作为比例缩放的中心（默认参考点为坐标系的原点），指定轴对称
缩放类型的参考轴（默认参考轴为 Z 轴），再设置比例因子，即可实现缩放操作。如果尺
寸的变化比较小，很难观察到实体的变化。在部件导航器中，可以选中或取消选中缩放特
征前面的复选框以校验其发生的变化。

5.7.9　修剪体与拆分体

1. 修剪体

如果模型表面不是平面、圆柱面、球面或圆锥面等基本形状的面，可以用修剪体来获
得，然后通过添加一些其他的特征来完成模型的建立。

修剪体是用实体表面、基准平面或片体对一个或多个目标
实体进行修剪，修剪后的实体仍保持参数化。这里被修剪的实
体称为目标体，修剪的面为刀具体（或工具体），刀具体可以
事先已存在，也可以临时定义。

图 5-133　　"修剪体"对话框

选择菜单栏中的"插入"→"修剪"→"修剪体"命令，
或者单击 按钮，弹出如图 5-133 所示的"修剪体"对话框。
选择需要修剪的实体，再选择实体表面、基准面或片体作为修
剪面，也可以在修剪面对话框中选择一种定义修剪面的方法再
定义修剪面。修剪面确定后，将在修剪面上显示法向方向的箭
头，如果选择接受默认方向，则切去箭头所指的实体；如果选择默认方向的反向，则切去
相反部分的实体。

2．拆分体

拆分体是将目标实体通过实体表面、基准平面、片体或者定义的平面进行分割，与修剪体的操作相似，区别在于实体分割后，得到的拆分实体是非参数化的，实体原有的参数均被删除，同时工程图中剖视图中的信息也会丢失，因此应谨慎使用。

单击█按钮，或选择"插入"→"修剪"→"拆分体"命令，弹出与图 5-133 相似的对话框，选择拆分实体，然后选择拆分平面，确定后便完成拆分实体的操作。

5.7.10　布尔运算

布尔运算可以对模型中多个实体或片体实现求和、求差、求交等功能。参加布尔运算的实体分别称为目标体和刀具体（或称工具体）。目标体是首先选择的要与其他实体进行布尔运算的一个实体或片体；刀具体是修改目标体的一个或多个实体或片体。灵活运用布尔运算功能，可以将复杂形体分解为若干基本形体，分别建模后再进行布尔运算，合并为实体模型。

布尔运算的应用可以通过选择菜单栏中的"插入"→"组合"命令，或者单击工具栏中的相应按钮，或者选择相关操作的对话框选项来实现。

（1）求和

求和布尔运算即求实体间的合集，用于将两个或多个实体合并成一个实体。需要注意的是，所选的刀具体必须与目标体相接触，否则，在求和运算时会产生出错信息。

图 5-134　"求和"对话框

选择"插入"→"组合"→"求和"命令或单击工具栏中的█按钮，系统将弹出"求和"对话框，如图 5-134 所示，在图形显示区中选择了目标体后，选择图标将自动转换到选择刀具体上，完成刀具体选择后，单击"确定"按钮，系统将所选择的刀具体与目标体组合为一个整体。

（2）求差

求差布尔运算即从目标体中减去一个或多个与之相交的刀具体，也就是求目标体与刀具体间的差集。应用时选择"插入"→"组合"→"求差"命令或单击工具栏中的█按钮，操作与求和相似。

需要注意的是，如果选择的刀具体将目标体分割成两部分，则产生的实体是非参数化实体。刀具体与目标体之间没有交集时，系统弹出提示框，提示"工具体完全在目标体外"，不能求差。另外，片体与片体不能求差。

（3）求交

求交布尔运算即求实体间的交集，用两个实体或片体的公共部分产生一个新实体。应用时选择"插入"→"组合"→"求交"命令或单击工具栏中的█按钮，操作与求和相似。

需要注意的是，所选的刀具体必须与目标体相交，否则，在合并时会产生出错信息。另外，实体不能与片体求交。

5.8　特　征　编　辑

参数化特征的最大优点是所建立的模型具有可修改性。特征的编辑是对实体模型进行各种修改操作，包括编辑特征参数、编辑定位尺寸、移动特征、特征重新排序、删除特征、抑制特征、移去特征参数等。特征编辑命令是智能化的，系统会根据所选择的特征出现不同的"编辑参数"对话框，因此特征编辑操作具有一定的灵活性。

特征编辑操作可以使用如图 5-135 所示的"编辑特征"工具条，也可以选择菜单栏中的"编辑"→"特征"命令，在对应的下拉子菜单中选用相关操作，如图 5-136 所示，还可以使用部件导航器的快捷菜单。

图 5-135　　"编辑特征"工具条

5.8.1　部件导航器

部件导航器（Model Navigator Tool，MNT）又称模型导航工具，提供一个可视化显示建模过程的特征树，如图 5-137 所示，可以从中清晰地了解建模的顺序和特征之间的相互关系，可以在特征树上直接进行多种快速的编辑操作，如抑制特征或取消抑制、修改特征参数和特征定位尺寸等。而且在用 MNT 编辑特征后，可立即更新模型，而不受延时更新的限制。部件导航器不仅可应用于建模中，也可使用在 NX 的其他应用中。

单击资源栏上的 [图] 按钮，可打开部件导航器，图 5-137 中左上角的图标有 [图] 和 [图] 两种状态，[图] 可将导航器驻留在屏幕上，[图] 表示光标操作已离开导航器，导航器就将自动收起。部件导航器包括主面板、依附性面板、细节面板等部分。

图 5-136　　"编辑特征"子菜单

主面板按创建顺序列出所有特征，模型中的每个特征在特征树上显示为一个节点，节点之前有压缩/展开盒，"＋"表示压缩，不显示子节点；"－"表示展开，显示子节点。若节点之前复选框有"√"，表示特征未被抑制，若复选框无"√"，则特征被抑制。各特征名称后的圆括号内为体现创建顺序的时间戳记。用 MB1 选择一特征，则图形窗口将高亮度显示此特征，同样，用 MB1 在图形窗口选中一特征时，部件导航器将高亮度显示此特征。选中某特征时，其父特征红色显示，其子特征蓝色显示。可以双击特征来进行编辑，或光标指向特征后单击 MB3，会弹出该特征特定的快捷菜单，如图 5-137（a）

所示，并可以通过快捷菜单编辑其中任一特征，从而对模型进行修改。

使用依附性面板可以查看主面板中所选特征几何体的父子关系，使用细节面板可以查看主面板中所选特征的参数，还可以修改当前所选特征的特征参数和定位参数，如图 5-137（b）所示。单击名称可以打开和关闭这两个面板。

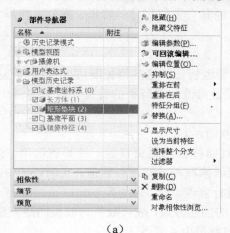

（a）　　　　　　　　　　　　　　　　　（b）

图 5-137　部件导航器

5.8.2　编辑参数和特征尺寸

1. 编辑参数

编辑参数用于修改特征的定义参数，在创建特征时输入的参数都可以使用编辑特征参数进行修改。编辑参数包含编辑一般实体特征参数、编辑扫描特征参数、编辑阵列特征参数、编辑倒斜角特征参数和编辑其他参数等。

单击图 5-135 中的 🖼 按钮，或者在图 5-136 中选择"编辑参数"命令，弹出如图 5-138 所示的"编辑参数"对话框。可以在对话框的特征列表框中选择要编辑参数的特征名称，也可以直接在图形窗口中选择要编辑参数的特征。然后单击"确定"按钮，弹出"编辑参数"对话框，随选择特征的不同，弹出的"编辑参数"对话框形式也不一样。图 5-139 所示为垫块特征的"编辑参数"对话框，图 5-140 所示为细节特征的"编辑参数"对话框。

图 5-138　"编辑参数"对话框 1　　图 5-139　"编辑参数"对话框 2　　图 5-140　"编辑参数"对话框 3

（1）编辑一般实体特征参数

一般实体特征是指基本特征、设计特征与用户自定义特征等，"编辑参数"对话框如图 5-139 所示，对话框的形式与所选特征有关，可能有一个、两个选项或者多个选项。

这里只对有代表性的功能加以说明。

- 特征对话框：用于编辑特征的定义参数。选择该选项，将弹出所选特征创建时的参数对话框，修改需要改变的参数值即可。
- 重新附着：用于重新指定所选特征的附着平面。通过重新定义特征的参考特征，可以更改所选特征的位置或方向。已经具有定位尺寸的特征，需要重新指定新平面上的参考方向和参考边。

（2）编辑扫掠特征参数

扫掠特征包括拉伸、回转、沿导线扫掠和管道特征。这些特征既可通过修改与扫掠特征关联的曲线、草图、面和边来编辑，也可以通过修改这些特征的特征参数来编辑。

（3）编辑实例特征参数

实例特征的"编辑参数"对话框如图 5-140 所示。

- 特征对话框：用于编辑实例特征中目标特征的相关参数。选择该选项，弹出创建目标特征时的参数对话框，用户可以修改相关特征参数值，实例特征中的目标特征和所有成员均会按指定的参数进行修改。
- 实例阵列对话框：用于编辑实例特征的创建方式、成员数目与成员间距。图 5-141 为编辑实例特征参数实例，将沿 X 向数量由 4 修改为 5。
- 旋转实例：用于编辑实例特征在实体上的布局。

（4）编辑其他特征参数

其他特征如拔模、倒斜角、边倒圆、面倒圆、抽壳、螺纹等，不同特征对应不同的参数对话框，其"编辑参数"对话框就是创建对应特征时的对话框，只是有些选项和按钮是灰显的，其编辑方法与创建时的方法相同。编辑布尔特征时，允许选择新目标体和新工具体。

2. 特征尺寸

特征尺寸用于编辑基本体素特征参数、扫描特征参数以及草图特征的尺寸参数。

单击图 5-135 中的 按钮，或者在图 5-136 中选择"特征尺寸"命令，弹出如图 5-142 所示的"特征尺寸"对话框。可以在该对话框的相关特征列表框中选择要编辑参数的特征名称，也可以直接在图形窗口中选择要编辑参数的特征。然后尺寸列表框显示所选特征的相关尺寸，从中选择要编辑的尺寸修改参数值，所选特征也随着改变。

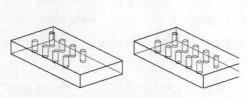

图 5-141   编辑特征参数示例

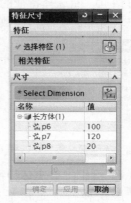

图 5-142   "特征尺寸"对话框

5.8.3　编辑位置和移动

1. 编辑位置

编辑位置用于编辑设计特征或扫描特征在实体上的位置，通过编辑特征的定位尺寸，可移动特征位置。

单击图 5-135 中的 按钮，或者在图 5-136 中选择"编辑位置"命令，弹出类似图 5-138 所示的"编辑参数"对话框。可以直接选择特征或者在特征列表框中选择需要编辑位置的特征。选择完毕确定后，弹出"编辑位置"对话框，如图 5-143 所示。

（1）添加尺寸

用于为所选特征增加定位尺寸。选择该选项，弹出图 5-82 所示的"定位"对话框，选择合适的定位方式后，输入参数，则可增加所需的定位尺寸。

（2）编辑尺寸值

用于编辑所选特征的定位尺寸数值。选择该选项，选取要修改的定位尺寸后，弹出"定位尺寸"对话框。输入所需的值，单击"确定"按钮，即可修改所选的定位尺寸数值。

（3）删除尺寸

用于删除所选特征的指定定位尺寸。选择该选项，弹出"移除定位尺寸"对话框。选取要删除的定位尺寸，确定后即可将所选定位尺寸删除。

2. 移动

移动特征是将无关联特征移动到特定的位置，但不能移动用定位尺寸约束的特征。

单击 按钮，或者在图 5-136 中选择"移动"命令，弹出"选择移动特征"对话框。选择特征后，单击"确定"按钮，弹出如图 5-144 所示的"移动特征"对话框。移动特征有如下方式。

- DXC、DYC 与 DZC：用于设置所选特征相对当前位置沿 X、Y、Z 方向移动的距离。
- 至一点：指定参考点和目标点的位置，两点间距离即为所选特征移动的距离。
- 在两轴间旋转：用于将所选特征绕指定点从参考轴旋转到目标轴。
- CSYS 到 CSYS：将所选特征从参考坐标系中的位置转到目标坐标系中相同位置。

图 5-143　"编辑位置"对话框

图 5-144　"移动特征"对话框

5.8.4　特征重排序

特征重排序是调整特征生成的先后顺序，即将某个特征放在一个参考特征的前面或后面，参考特征是要改变顺序的特征的参照特征。特征重排序的方法主要有两种，分别介绍如下。

（1）利用编辑菜单

单击 按钮或者在图 5-136 中选择"重排序"命令，弹出如图 5-145 所示的"特征重排序"对话框。特征重排序时，首先在"参考特征"列表框中选择排序的参考特征，指定特征排序的方法，即指定要重排序的特征相对于参考特征"在前面"或者"在后面"。同时在"重定位特征"列表框中，列出可调整顺序的特征。从中选择一个要重新排序的特征，单击"确定"按钮，则将所选特征重新排到参考特征之前或之后。

图 5-145　"特征重排序"对话框

（2）利用部件导航器

在部件导航器中选择需要重新排序的特征，单击 MB3，从弹出的快捷菜单中选择"重排在前"或"重排在后"命令，再选择该特征的参考特征即可，如图 5-137（a）所示。

5.8.5　抑制特征和取消抑制特征

1．抑制特征

抑制特征是将选择的特征暂时隐去不显示出来，在复杂建模中起着十分重要的作用。抑制特征可以减小模型的大小，使之更容易操作，尤其当模型相当大时，抑制特征便缩短了生成、选择、编辑和显示对象的时间。为进行分析，可从模型中抑制如小孔和圆角之类的非关键特征。抑制特征允许在有矛盾几何体的位置生成特征。例如，如果需要用已经圆角的边来放置特征，则不需删除圆角，可抑制圆角，生成并放置新特征，然后取消抑制圆角。

单击 按钮或在图 5-136 中选择"抑制"命令，弹出类似图 5-145 的"抑制特征"对话框。从对话框或图形窗口选择准备抑制的特征，单击"确定"按钮即可。如果从对话框中选择了特征名，则也将其高亮显示于图形窗口中。如果在图形窗口中选择了特征，则也将其名称高亮显示于对话框中。如果选择被抑制的目标体，则所有与目标相关联的特征也被抑制。已抑制的特征，不在实体中显示，也不在工程图中显示，但其数据仍然存在，可通过取消抑制恢复。

2．取消抑制特征

取消抑制特征是与抑制特征相反的操作。单击 按钮或者在图 5-136 中选择"取消抑制"命令，弹出"取消抑制特征"对话框。在特征列表框中列出所有已抑制的特征。选择需要解除抑制的特征名称，则所选特征显示在已选特征列表框中，确定后则所选特征重新显示。取消抑制特征以后，其依附特征也会同时被释放抑制。

5.8.6　替换特征

替换特征即用一个特征替换另一个特征，操作对象可以是实体或基准。单击 按钮或在图 5-136 中选择"替换"命令，弹出类似图 5-146 的"替换特征"对话框。该对话框用于更改实体与基准的特征。

- 要替换的特征：用于选择要替换的原始特征，原始特征可以是同一实体上的一组特征、基准轴或基准平面。
- 替换特征：用于选择要替换原始特征的特征，替代特征可以是同一模型中不同实体上的一组特征，但替代特征的类型必须与替换的原始特征的类型相同。
- 映射：选择替换后新的父子关系。

图 5-146　"替换特征"对话框

替换特征主要用于对来自其他系统及旧版本的模型进行更新，而不必重新建模，可用于将一个自由曲面用以不同方法建模的另一个自由曲面替换，也可用不同方法对体中的一组特征重新建模。替换特征是一种通过修改其父几何体来修改一个实体的方法，而且同样保持特征和实体之间的关联性。

5.8.7　特征回放

特征回放是用于回放实体的创建过程，可以通过对特征进行查看来了解模型是如何生成的，同时还可以对实体特征的参数进行修改，向前或向后移动任何特征并编辑，或者随时启动模型的更新，从当前特征开始，一直持续到模型完成或特征更新失败。

单击 按钮或者在图 5-136 中选择"回放"命令，弹出如图 5-147 所示的"更新时编辑"对话框。该对话框中各项的含义如下。

- 显示失败的区域：用于显示更新失败的特征。
- 显示当前模型：用于更新显示当前模型。

图 5-147　"更新时编辑"对话框

- ↶：用于取消特征回放操作并退出对话框。
- ◀◀：单步后退，用于返回到前面某一个实体特征位置进行回放。可从列表框中选择一个特征，单击"确定"按钮返回到指定特征位置，重新进行特征回放。
- ◀|：用于返回到前一个实体特征位置进行特征回放。
- |▶：用于回放下一个实体特征。
- ▶▶：单步向前，用于转跳到当前特征后的某特征位置进行特征回放。
- ▶：启动更新进程，一直继续到模型完全重新建立或特征失败为止。出现失败时，如果单击 按钮，就跳过该特征。
- ✓：用于在更新特征失败时接受现有状态忽略存在的问题，继续进行更新处理。
- ✓：用于在更新特征失败时全部接受现有状态忽略所有存在的问题，继续进行更新处理。

- ● ⬛：用于删除当前特征。其操作与前面所述的删除特征相同。
- ● ⬛：用于抑制当前特征。
- ● ⬛：用于抑制当前特征及其所有的后续特征。
- ● ⬛：用于观察某一个实体模型的创建。选择该图标，可查询有关对象的信息。但不能编辑实体特征。确定返回到"更新时编辑"对话框。
- ● ⬛：用于修改当前特征的参数。其操作方法与编辑特征参数相同。

5.8.8　其他特征编辑

1. 可回滚编辑

可回滚编辑可以回溯到所选特征建立之前的模型状态，以编辑此特征。单击 ⬛ 按钮或者在图 5-136 中选择"可回滚编辑"命令，弹出"可回滚编辑"对话框，从中选择一特征，在随后弹出的"特征编辑"对话框中可以对此特征进行编辑。

2. 移除参数

移除参数用于移去特征的一个或者所有参数，可以减小文件的大小，提高模型的更新效率，用于参数不再变化或提交最后的模型文件时使用。单击 ⬛ 按钮或者在图 5-136 中选择"移除参数"命令，弹出"选择特征"对话框，选择要移去的参数特征，确定后弹出警告信息框，提示该操作将移去所选实体的所有特征参数。若单击"确定"按钮，则移去全部特征参数。

3. 删除特征

删除特征是将所选择的特征从模型中删除，模型恢复为该特征生成前的情况。单击 ⬛ 按钮或者在菜单栏中选择"编辑"→"删除"命令，选择需要删除的特征，确定后则所选特征从模型中删除。如果错删了特征，可以使用撤销功能（可单击 ⬛ 按钮）恢复。

5.9　建模实例——活塞

1. 实例分析

对图 5-148 所示的活塞进行分析可知，活塞为回转体零件，但是该回转体的截面形状是不规则曲线。因此可以利用草图绘制回转体的基本截面形状，然后进行旋转操作，生成活塞回转体的基体。再对基体进行抽壳和拔模，生成活塞基本形体。在此回转体上建立垫块、孔等设计特征时，需要先建立基准平面。活塞裙部的创建需要建立草图，再拉伸与回转体进行布尔操作。最后建立倒圆角特征。建模过程遵循先粗后细、先大后小的原则。

图 5-148　活塞零件

2. 建模中注意事项

（1）在建模过程中，要善于抓住主要特征，忽略其中不重要的附加特征，以便迅速找到合适的建模方法。这一点在复杂零件的建模中非常重要。

（2）在使用各种操作命令的过程中，除了可使用菜单中的命令外，还可以直接单击NX 提供的工具栏图标或用快捷键进行操作。

（3）在建模过程中，应随时留意提示行和状态行中的信息，根据提示行的提示信息可准确地进行各种操作。

3. 建模步骤

（1）新建一个名为 plunger.prt 的部件文件

选择"文件"→"新建"命令，弹出"新建文件"对话框，设置绘图单位为毫米，文件类型为*.prt，输入文件名 plunger，单击"确定"按钮。

（2）进入建模应用程序

选择"应用"→"建模"命令，进入建模界面。

（3）在草图中绘制活塞截面轮廓

设置草图的工作层为 21，草图名为 sketch_000，放置面为 XC-YC 平面。按如图 5-149所示的形状及约束建立草图，其中圆弧 d 的位置约束为圆点在直线 a 上。单击 按钮退出草图。

（4）创建主体—回转特征

设第一层作为工作层，用于放置实体特征。单击 按钮，弹出如图 5-74 所示的"回转"对话框，移动光标选取草图中的直线 b、直线 c 以及曲线 d，作为回转体的截面曲线，选择直线 a 作为旋转轴矢量方向，设置旋转参数如图 5-74 所示，单击"确定"按钮，得到活塞基体。

（5）活塞抽壳

单击 按钮，弹出如图 5-130 所示的"壳"对话框。移动光标选取活塞基体的底平面作为开口面，在默认厚度中给定活塞壳体的壁厚为 5，单击"确定"按钮，结果如图 5-150所示。

（6）活塞拔模

单击 按钮，弹出如图 5-110 所示的"拔模"对话框。移动光标选取活塞壳体的内表面作为拔模面，设定拔模角度为 5，拔模方向选择 ，在捕捉点工具条上选择圆心点 ，选择活塞的底圆作为参考点，最后单击"确定"按钮，结果如图 5-151 所示。

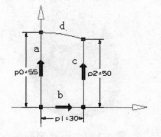

图 5-149　活塞草图尺寸

图 5-150　抽壳结果

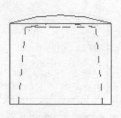

图 5-151　拔模结果

（7）创建基准平面

设 61 层为工作图层，用于放置基准面。下面建立两个基准面。

① 单击□按钮，弹出如图 5-67 所示的"基准平面"对话框，在"类型"下拉列表框中选择 YC-ZC 平面，单击"应用"按钮，则得到基准面 a。

② 在"基准平面"对话框的"类型"下拉列表框中单击×按钮，然后选择基准面 a，输入偏置值为 13，方向为沿 X 轴正向。单击"确定"按钮，得到基准面 b，如图 5-152 所示。

（8）创建拉伸截面线

① 创建侧凸台截面线。设置草图所在工作层为 22，草图名为 sketch_001，草图的放置面为基准面 b。草图的形状和约束如图 5-153 所示，单击 ⬚ 按钮退出草图。

② 创建活塞裙边截面线。设置草图所在工作层为 23，草图名为 sketch_002，草图的放置面为基准面 b。草图如图 5-154 所示，单击 ⬚ 按钮退出草图。

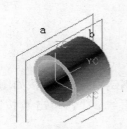
图 5-152　基准面 a 和 b

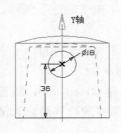
图 5-153　侧凸台截面线

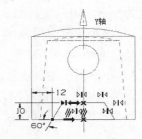
图 5-154　活塞裙边截面线

（9）创建拉伸特征

① 拉伸活塞侧凸台。单击▦按钮，弹出如图 5-71 所示的"拉伸"对话框，"截面"选取草图 sketch_001，"方向"选择 XC，在"限制"的"开始"框中选择"贯通"方式，并选择活塞的外表面，"布尔"运算框中选择"求和"，其余参数设定为 0，单击"确定"按钮，结果如图 5-155 所示。

② 拉伸活塞裙边。单击▦按钮，"截面"选取草图 sketch_002，"方向"选择 XC，在"限制"的"开始"框中选择"贯通"方式，并选择活塞的外表面，在"布尔"运算框中选择"求差"操作，其余参数设定为 0，单击"确定"按钮，结果如图 5-156 所示。

（10）创建孔特征

单击▨按钮，弹出如图 5-91 所示的"孔"对话框。孔的类型选择"常规孔"，形状为"简单"。移动光标选择基准面 b 为放置面，孔的位置"指定点"为草图 sketch_001 的圆心，尺寸为直径 10、贯通体，单击"确定"按钮，结果如图 5-157 所示。

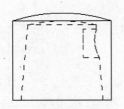
图 5-155　活塞侧凸台

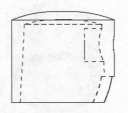
图 5-156　活塞裙边

图 5-157　活塞侧孔

（11）创建镜像特征

单击 按钮，弹出如图 5-128 所示的"镜像特征"对话框，选取上两步创建的拉伸特征和孔特征为镜像对象，选择基准面 a 作为镜像平面，单击"确定"按钮，得到如图 5-158 所示的结果。

（12）边倒圆

① 单击 按钮，在弹出的如图 5-113 所示的"边倒圆"对话框的默认半径文本框中输入 2.5，然后选择活塞两个侧凸台与内表面的交线，如图 5-159 所示，单击"应用"按钮，操作结果如图 5-160 所示。

② 在"边倒圆"对话框的默认半径文本框中输入 5，然后选择活塞裙部需要倒圆角的 4 条边，如图 5-160 所示，单击"确定"按钮，即可得到如图 5-148 所示的活塞模型。

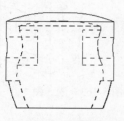　　

图 5-158　镜像特征　　　　　图 5-159　边倒圆　　　　　图 5-160　边倒圆

思 考 题

1．NX 的特征分为哪几类？简述实体建模的一般过程。

2．简述草图的设计过程。

3．按照图 5-161 所示的约束关系创建草图曲线，并拉伸成高度为 20、拔模角度为 5° 的连杆实体。

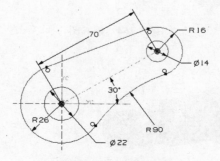

图 5-161　题 3 图

4．创建如图 5-162 所示的模座实体模型（提示：创建草图曲线时可应用镜像、投影）。

5．试分析图 5-163 所示零件，选择适当的方法创建实体模型。

6．如图 5-164 所示，创建连接头实体模型（提示：可使用基准特征和实例特征）。

7．创建图 5-165 所示的轴类零件实体模型（尺寸自定，但应满足机械加工工艺要求）。

8．图 5-166 所示为一标准六角螺母，其建模方法有几种？试分析各种方法的特点，并选择一种方法完成六角螺母的创建（尺寸按国标自选）。

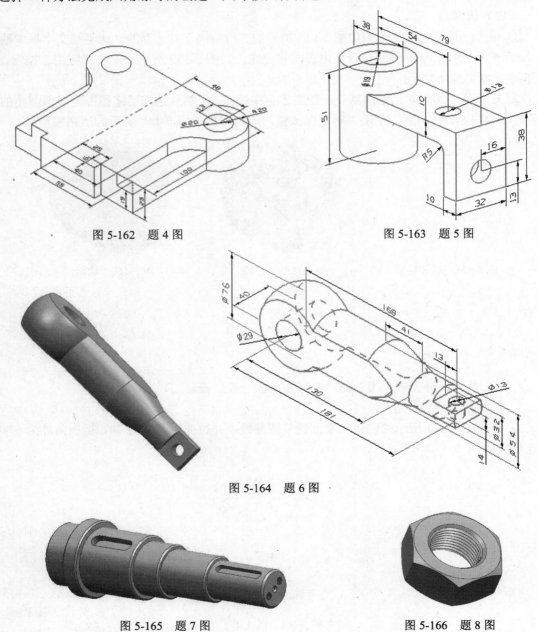

图 5-162　题 4 图

图 5-163　题 5 图

图 5-164　题 6 图

图 5-165　题 7 图

图 5-166　题 8 图

第 6 章　NX 曲面建模

随着自由曲线曲面在现代汽车工业和航空航天工业中的大量应用，自由曲线曲面理论不断成熟，CAD/CAM 系统中的自由曲线曲面模块功能不断增强。目前，先进的 CAD/CAM 系统已经能够精确描述并且灵活操作自由曲线曲面。曲线曲面建模经历了样条函数、参数化样条方法、Coons 曲面、Bezier 曲线曲面和 B 样条等方法，已经取得辉煌的成果。目前应用最广的是 NURBS（非均匀有理 B 样条）曲线曲面，包括 NX 软件在内的许多 CAD/CAM 系统都是采用这种技术。与此同时，新的建模方法仍在探索中，相继出现了自由形变型建模、偏微分方程建模和能量法建模等新技术。

6.1　曲面建模概述

在现代产品设计中，仅用特征建模方法就能够完成的产品设计是有限的，曲面设计在现代产品设计中处于非常重要的地位，如汽车、飞机轮廓的流线型和艺术产品的曲线条等，这些产品的开发设计都离不开曲面设计。NX 软件具有强大的曲面设计功能，提供了二十多种创建曲面的方法，用于构造用标准建模方法无法创建的复杂形状，这些创建曲面的方法中多数都具有参数化设计的特点，便于及时根据设计要求修改曲面。

同实体模型一样，曲面也是模型主体的重要组成部分，但与实体特征有所不同，主要区别在于曲面特征有大小但无质量。

曲面建模主要应用于以下 4 个方面：构造用特征建模无法创建的形状和特征（若所得为片体，可通过片体加厚等形成实体）；作为几何修剪体修剪一个实体而获得一个特殊的特征形状；将封闭曲面缝合成一个实体；构造曲面模型。

6.1.1　常用概念

NX 曲面建模，一般来讲，要通过构点成线、连线成面或直接用曲线构造方法生成主要或大面积曲面，然后进行曲面的过渡、连接、光顺等编辑方法完成整体建模。在使用过程中经常会遇到以下一些概念。

- 阶次：是一个数学概念，用来定义曲线、曲面的多项式方程的最高次数。尽可能采用三次曲线、曲面，阶次过高会导致执行效率低，在数据交换时易丢失数据。
- 连续性：包括位置连续性（G0）、相切连续性（G1）和曲率连续性（G2）。从数学角度看，就是描述曲面的函数连续、一阶导数连续和二阶导数连续。曲线还包括流连续性，是指在曲率连续的基础上，曲率变化率连续。

- 公差：由于一些曲线、曲面建立时采用近似方法，需要使用距离公差和角度公差。曲面建模时其分别反映近似曲面和理论曲面所允许距离误差和面法向角度允许误差。
- 截面线：是指控制曲面 U（行）方向的方位和尺寸变化的曲线组。其不必光顺，且每条截面线内的曲线数量可以不同，最多不超过 150 条。
- 引导线：用于控制曲线的 V（列）方向的方位和尺寸。可以是样条曲线、实体边缘和面的边缘，可以是单条曲线或多条曲线。最多可选择 3 条，且需要 G1 连续。
- 脊线：在多个曲面建模命令中需要选择脊线选项，如直纹面、扫掠和截面等。所选脊线要大致垂直于曲面的 U 方向，所生成的体的范围一般取决于脊线的长度。
- 成为实体的条件：在选择"首选项"→"建模"命令后弹出的对话框中，设置"体类型"为"实体"，且满足下列条件之一：U、V 两个方向封闭；一个方向封闭，另一方向为平的端面。

6.1.2　曲面建模的基本原则

与实体建模不同，曲面建模建立的不是完全参数化的特征，需要根据不同部件的形状特点，合理使用各种曲面特征的创建方法。在曲面建模时，需要注意以下几个基本原则：

（1）创建曲面的边界曲线尽可能简单。当需要曲率连续时，可以考虑使用五次曲线。边界曲线要保持光滑连续，避免产生尖角、交叉和重叠。另外，在创建曲面时，需要对所利用的曲线进行曲率分析，曲率半径尽可能大，否则会使得形状复杂，造成加工困难。

（2）曲面一般要尽量简洁，做成比较大的面，然后对不需要的部分进行裁剪。曲面的数量要尽量少，并避免创建非参数化曲面特征。

（3）尽量采用先实体修剪再采用抽壳方法创建薄壁零件。曲面特征之间的圆角过渡尽可能在实体上进行操作。考虑到加工工艺问题，曲面的曲率半径和内圆角半径不能太小，要略大于标准刀具的半径。

6.1.3　曲面建模的一般过程

一般来说，创建曲面都是从曲线开始的。可以通过点创建曲线进而创建曲面，也可以通过抽取或使用视图区已有的特征边缘线创建曲面。其一般的创建过程如下：

（1）创建曲线。可以使用草图曲线或非草图曲线，可以用测量得到的点云创建曲线，也可以从光栅图像（TIFF）中勾勒出用户所需曲线（此时一般为样条曲线）。

（2）创建曲面。根据创建的曲线，利用曲线组、直纹面、过曲线网格、扫掠等建模命令，创建产品的主要或者大面积的曲面。

（3）编辑曲面。利用桥接面、二次截面、软倒圆、N-边曲面选项，对已创建的曲面进行过渡连接、编辑或者光顺处理。最终得到完整的产品模型。

6.2　曲　　线

曲线可以作为创建实体截面的轮廓线，通过曲线的拉伸、旋转等操作构造实体；也可以用曲线创建曲面进行复杂实体建模。"曲线"工具条和"编辑曲线"工具条如图 6-1 所示。在菜单栏中选择"插入"→"曲线"命令，出现创建曲线的子菜单，如图 6-2 所示。

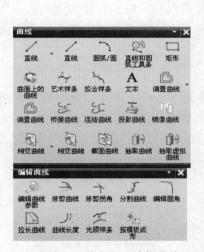

图 6-1　"曲线"工具条和"编辑曲线"工具条　　　　　图 6-2　"曲线"子菜单

6.2.1　生成曲线

1. 直线

该命令可创建关联的或非关联的曲线。建立的直线类型取决于使用的约束类型。通过组合不同类型的约束，可创建多种类型的直线。选择"插入"→"曲线"→"直线"命令，或单击工具条中的 ⊿ 按钮，弹出如图 6-3 所示的"直线"对话框。图 6-4 所示为过两点的直线特征实例。

2. 圆弧/圆

圆弧/圆是指在平面上到定点的距离等于定长的点的集合。使用此选项可迅速创建关联圆和圆弧特征。所获取的圆弧类型取决于约束类型。通过组合不同类型的约束，可以创建多种类型的圆弧。在菜单栏中选择"插入"→"曲线"→"圆弧/圆"命令，或者单击工具条中的 ⌒ 按钮，弹出如图 6-5 所示的"圆弧/圆"对话框。图 6-6 所示为创建过一点与另一圆弧相切的圆弧。

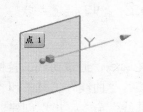

图 6-3　"直线"对话框　　　　图 6-4　直线特征实例　　　　图 6-5　"圆弧/圆"对话框

3. 直线和圆弧

该命令用于使用预定义约束组合方式快速创建关联或非关联的直线和圆弧。在用户已知直线和圆弧的约束关系的条件下，使用该选项比较方便。图 6-2 给出了为创建直线和圆弧的 18 种约束关系。

4. 基本曲线

在菜单栏中选择"插入"→"曲线"→"基本曲线"命令，系统弹出如图 6-7 所示的"基本曲线"对话框。利用此对话框可以建立并编辑基本曲线。基本曲线是建立在工作坐标系 XC-YC 平面上的（用捕捉点的方式也可以在空间上画线），若要在其他平面上画线，则需用工作坐标系旋转功能转换 XC-YC 平面。

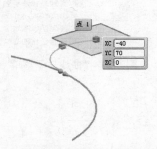

图 6-6　创建过一点与另一圆弧相切的圆弧　　　　图 6-7　"基本曲线"对话框

（1）创建直线

在"基本曲线"对话框中单击 ✎ 按钮，对话框中显示创建直线的功能界面，并在图形窗口下方弹出如图 6-8 所示的对话条。

图 6-8　建立直线时的对话条

① "基本曲线"对话框

下面对对话框中的选项进行简要说明。

● 无界：选中该复选框时，则创建一条受视图边界限制的直线。
● 增量：选中该复选框时，则以增量的方式创建直线。

- 点方法：利用其下拉列表框，选择不同的选点方式。
- 线串模式：选中该复选框时，以连续的方式画直线、圆弧，即将当前线的终点作为下一条线的起点连续画线，直到单击"打断线串"按钮为止。
- 锁定/解开模式：单击"锁定模式"按钮（切换到"解开模式"），可以锁定某种创建直线的方式（如与选定线平行、垂直、成一定角度）；再次单击该按钮，解除对创建直线方式的锁定。
- 平行于 XC、YC、ZC 轴：设定直线的起点后，单击该选项组中的相应图标，则创建的直线将平行于选定的坐标轴。
- （按给定距离平行）原始的/新的：用于确定画多条平行线时的距离基准。选中"原始的"单选按钮，则平行距离为新创建的平行线与原曲线的距离。选中"新的"单选按钮，则平行距离从新选定的曲线算起。
- 角度增量：如果设置了角度增量（如 30°），则鼠标在屏幕上移动按照角度增量定位（0°、30°、60°…）。角度以 XC 轴正向为参考方向，逆时针为正。

② 建立直线时的对话条

如果需要精确画线，可以通过对话条输入直线的精确数据，对话条位于屏幕底部，由文本域组成，如图 6-8 所示。文本域包含定位域和参数域，分别介绍如下。

- 定位域：由 XC、YC、ZC 3 个方向坐标数据组成。这个字段会自动跟踪鼠标位置，或者用来输入坐标值。
- 参数域：控制直线的参数，包括直线的长度、与 XC 轴的夹角以及偏置距离值。

向对话条输入数据时，选择某个域并单击 MB1，输入完数据后，可用 Tab 键切换到下一个数据域。所需数据全部输入完毕后再回车，则参数赋予正在建立的直线。

由于对话条反映当前鼠标位置，鼠标的移动会影响数据的输入；建议在用户界面首选项对话框中关闭对话条的跟踪选项，鼠标位置的变化就不会影响文本域中的数值。

③ 建立直线的方法

NX 提供了多种智能化的建立直线的方法，系统能够根据用户的操作和光标的位置，自动推断用户的设计意图。下面介绍几种常用的创建方法。

- 过两点的直线

通过这两点建立直线，直线的起点和终点可以用鼠标在屏幕上选取，也可以在对话条或点构造器中输入坐标值来设定。

- 过一点的水平线或垂直线

要建立水平线或垂直线，输入两点的连线若在水平线或垂直线的捕捉角度范围内（如 ±8°），则将创建一条以第一点为起点的水平或垂直线，否则建立的是斜线，如图 6-9 所示。

- 过一点与一直线平行、垂直或成角度的直线

设定直线的起点，再选择一条已存在的直线作为参考直线（注意不要选择控制点，否则将连接到控制点上）。移动鼠标，系统会交替显示参考直线的平行线、垂直线或与之成一定角度的方向线，如图 6-10 所示（同时注意状态栏中的提示：平行、垂直或角度），从中选择一个方向。

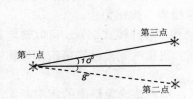

图 6-9　过一点建立直线

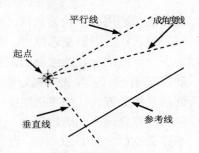

图 6-10　过一点与一直线成一定角度

● 一直线的偏置线

关闭图 6-7 中的线串模式，然后选择要偏置的直线，在图 6-8 所示的对话条偏置域中输入偏置值，单击"应用"按钮即可。偏移的方向与光标中心的位置有关。

● 过一个点与曲线相切或垂直的直线

设定直线的起点，再选择一条已存在的曲线，然后移动光标，光标的位置决定生成的是切线还是垂直线，满意时按 MB1，如图 6-11 所示。

● 与一曲线相切，与另一曲线相切或垂直的直线

选择欲与之相切的第一条曲线，然后再选择第二条曲线，光标在第二条曲线的位置决定生成切线还是垂直线，如图 6-12 所示。

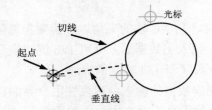

图 6-11　通过一点建立曲线的切线或法线

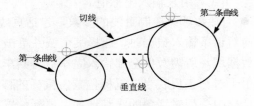

图 6-12　切线和法线

● 与一曲线相切，与一直线平行、垂直或成一定角度的直线

选择欲与之相切的曲线，再选择一条已存在的直线，移动鼠标，同时注意状态栏中的提示：平行、垂直或成角度，如图 6-13 所示。

● 两线夹角的角平分线

先后选择两条不平行的直线，这时出现以两线的交点为顶点的角平分线（有 4 个方向），光标的位置决定角平分线的方向，如图 6-14 所示。

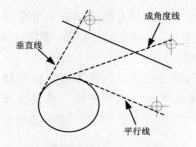

图 6-13　与曲线相切且与直线成角度

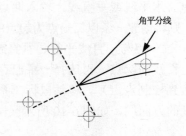

图 6-14　两线夹角的角平分线

● 两平行直线的中线

选择两条平行直线，新建直线位于两者中间且与之平行，起点自动选择第一条直线离光标最近的端点。

● 过一点与一平面垂直的直线

设定直线的起点，然后在图 6-7 所示的"点方法"下拉列表中选择"选择面"方式（即单击⬡按钮），选择一平面，则建立一条与此面垂直的新直线。

（2）创建圆弧和圆

① 创建圆弧

在图 6-7 所示的对话框中单击⤴按钮，对话框则变成如图 6-15 所示的"创建圆弧"对话框。同时图 6-8 所示的对话条变为如图 6-16 所示。

图 6-15　"创建圆弧"对话框　　　　　　图 6-16　建立圆弧或圆时的对话条

"创建圆弧"对话框的部分选项说明如下。

● 整圆：选中时，创建的是一个整圆，线串模式不可用。
● 备选解：创建当前所预览的圆弧的补弧，且只能在预览圆弧时使用。
● 创建方法：按"起点，终点，圆弧上的点"方式或按"中心点，起点，终点"方式绘制圆弧。

建立圆弧时，可以在对话框中选择生成方式后用鼠标选点，或者在对话条中输入相应数值。例如通过起点、终点和相切对象建立圆弧，先在图 6-15 所示的对话框中选择圆弧的创建方法为"起点，终点，圆弧上的点"，然后分别定义两个点作为圆弧的起点和终点，接着选择欲相切的圆弧或直线，则生成的圆弧与原曲线相切，如图 6-17 所示。

② 创建圆

在图 6-7 中单击◉按钮，出现创建圆的对话框。圆的生成方法较简单，由圆心和直径或半径确定一个圆。例如选择一点，再选择一曲线，则建立以点为圆心与曲线相切的圆。

5. 规律曲线

规律曲线是指 X、Y、Z 坐标值分别按设定的规则变化的曲线。其主要通过改变参数来控制曲线的变换规律。如控制螺旋样条的半径，控制曲线的形状，控制"面倒圆"的横截面，对扫掠自由曲面特征定义"角度规律"或"面积规律"的控制等。在菜单栏中选择"插入"→"曲线"→"规律曲线"命令，弹出如图 6-18 所示的"规律函数"对话框，提供了 7 种规律函数，分别是恒定、线性、三次、沿着脊线的值-线性、沿着脊线的值-三次、根据方程和根据规律曲线。图 6-19 所示的变半径螺旋线就使用了规律曲线功能。

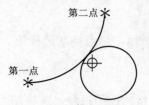

图 6-17   与曲线相切的圆弧   图 6-18   "规律函数" 对话框

6. 螺旋线

螺旋线是指一个固定点向外旋绕而生成的曲线。具有指定圈数、螺距、旋转方向和方位的曲线。常常使用在螺杆、弹簧等特征建模中。在菜单栏中选择"插入"→"曲线"→"螺旋线"命令，弹出如图 6-20 所示的"螺旋线"对话框。图 6-19 所示为变半径的螺旋线，圈数等参数如图 6-20 所示，半径方法为使用规律曲线中的"线性"，最小值为 5mm，最大值为 10mm。

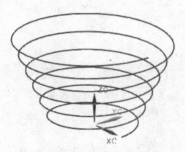

图 6-19   变半径螺旋线   图 6-20   "螺旋线" 对话框

6.2.2   样条曲线

在曲面创建过程中，样条曲线应用广泛，尤其是逆向工程中的曲面重构。NX 中建立的样条曲线是 NURBS 曲线，每一条样条曲线都使用阶次和段数来定义。单段样条的阶次比定义样条时用到的点的数量少 1，多段样条的段数=点的数量-阶次。因此，不能建立点数少于阶次的样条。因为三次样条更容易弯曲变形，在后续操作（加工、显示等）中执行效率更高，建议使用三次样条曲线。高阶样条比较"僵硬"，并且不容易转换到其他 CAD 系统。NX 中创建样条曲线有 3 种方法，分别为样条、艺术样条和拟合样条。

1. 样条

样条命令使用各种方法来创建样条曲线，包括根据极点、通过点、拟合和垂直于平面。在菜单栏中选择"插入"→"曲线"→"样条"命令，弹出如图 6-21 所示的"样条"对话框。艺术样条与一般样条相比，有更多交互式的创建界面，因此，在通过点或极点创建样条时，艺术样条是首选。同样，也推荐使用拟合样条命令，而不是样条命令中的拟合选项。单击"样条"对话框中的"垂直于平面"按钮，弹出如图 6-22 所示的"样条"对话框，选择样条曲线垂直的各个平面及这些平面上的点，可以创建垂直于多个平面的样条曲线。

图 6-21　"样条"对话框 1

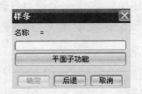

图 6-22　"样条"对话框 2

2. 艺术样条

艺术样条通过拖放定义点或极点并在定义点指派斜率或曲率约束，动态创建和编辑样条。在菜单栏中选择"插入"→"曲线"→"艺术样条"命令，或者单击工具条中的 按钮，弹出如图 6-23 所示的"艺术样条"对话框。

（1）方法。

● 通过点：样条曲线通过每一个定义点，如图 6-24 所示。

● 根据极点：输入点（极点）用于定义框架，该框架称为控制多边形，样条曲线在这个控制多边形内产生，如图 6-24 所示。

（2）单段样条曲线：使用根据极点时有效，最少指定两个点，随着指定点数的增加，阶次增加。

（3）匹配的结点位置：只在通过点方式下有效，将样条的节点限制在指定的定义点上。如激活该选项，闭合被限制。

（4）封闭的：样条的终点和起点是同一点，它们的斜率和曲率是相匹配的。

（5）关联：激活此选项时，创建的样条将会成为一特征，名为"样条"。

（6）约束。

● 自动判断约束：如果所建样条与其他曲线或曲面有关联，则产生自动判断的约束。

● 指定约束：可以明确指定一种约束，用鼠标右键单击定义点，在弹出的快捷菜单中选择"指定约束"命令，出现图 6-24 所示的操作手柄，该手柄有 3 种操作类型：位置 1 的圆点可以改变斜率，位置 2 的箭头可以改变曲率，位置 3 的箭头可以改变相切模量。

图 6-23　"艺术样条"对话框

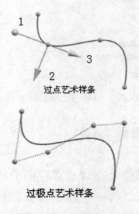

图 6-24　艺术样条

（7）动态定位：选择一个没有任何约束类型的点时，会出现坐标拖拽和旋转操作手柄。

（8）限制平面：限制定义点所在的平面，XC-YC 平面、YC-ZC 平面或 XC-ZC 平面。

3. 拟合样条

拟合样条通过与指定的点拟合来创建样条。在菜单栏中选择"插入"→"曲线"→"拟合样条"命令，或者单击工具条中的 按钮，弹出如图 6-25 所示的"拟合样条"对话框。拟合样条的类型有 3 种，分别是阶次和段、阶次和公差、模板曲线。随着类型的改变，选择步骤和拟合参数选项发生相应的变化。图 6-26 所示为用套索工具选择屏幕上的点生成拟合样条。

图 6-25　"拟合样条"对话框　　　　　　　　图 6-26　拟合样条

4. 样条曲线分析

可以分析样条曲线的曲率、检测它的拐点（曲率反向）和峰值点的位置，还可以用图表来输出。在菜单栏中选择"分析"→"曲线"命令，弹出如图 6-27 所示的分析曲线菜单。其中曲率梳是个可视化的视觉工具，可以用来显示样条曲线每一点曲率的相对大小。选择样条曲线，再选择图 6-27 中的"曲率梳"命令，则显示该样条曲线每一点的曲率的相对大小，如图 6-28 所示。可以一边动态显示曲率梳，一边编辑样条曲线。

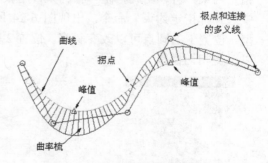

图 6-27　分析曲线菜单　　　　　　　　图 6-28　曲线分析

6.2.3　曲线操作

曲线操作是指对已存在的曲线进行几何运算处理，如曲线偏置、桥接、投影、合并等。在曲线生成过程中，由于多数曲线属于非参数性曲线类型，一般在空间中具有很大的随意性和不确定性。通常创建完曲线后，并不能满足用户要求，往往需要借助各种曲线的操作手段来不断调整对曲线做进一步的处理，从而满足用户要求。

1．偏置曲线

偏置曲线通过垂直于选定曲线计算的点来构造，新曲线的对象类型与输入曲线相同，但二次曲线、"3D 轴"类型、使用"大致偏置"选项生成的偏置曲线是样条曲线。在菜单栏中选择"插入"→"来自曲线集的曲线"→"偏置"命令，或单击工具条中的按钮，弹出如图 6-29 所示的"偏置曲线"对话框。

（1）类型

① 距离：在输入曲线平面上的恒定距离处创建偏置曲线。

② 拔模：在与输入曲线平面平行的平面上创建指定角度的偏置曲线。

③ 规律控制：在输入曲线的平面上，在规律类型指定的规律所定义的距离处创建偏置曲线。

④ 3D 轴向：创建共面或非共面 3D 曲线的偏置曲线，必须指定距离和方向，初始默认认为 ZC 轴，生成的偏置曲线为样条。

（2）距离

在箭头矢量指示的方向上，指定与输入曲线之间的偏置距离。距离值为负将在相反方向上创建。

（3）副本数

构造多个偏置曲线集，每个集的偏置距离相等。

（4）大致偏置

当有可能产生自相交、无法正确修剪曲线等问题时，使用该选项。偏置曲线为样条。

图 6-30 所示为偏置曲线实例，类型为距离，其他参数如图 6-29 所示。

2．桥接曲线

桥接曲线命令在现有几何体之间创建连接曲线并对其进行约束。在菜单栏中选择"插入"→"来自曲线集的曲线"→"桥接"命令，或者单击工具条中的按钮，弹出如图 6-31 所示的"桥接曲线"对话框。

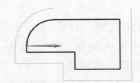

图 6-29 "偏置曲线"对话框   图 6-30 偏置曲线实例   图 6-31 "桥接曲线"对话框

（1）起始对象：选择一个对象以定义曲线的起点。

（2）终止对象：定义曲线的终点，可以选择对象或矢量。

（3）桥接曲线属性：指定要编辑的点，可以为桥接曲线的起点和终点单独设置连续性、位置和方向选项。

（4）约束面：当需要设计一条与面集重合的曲线时，使用该选项来选择桥接曲线的约束面。

（5）半径约束：指定最小或最大半径约束值。

（6）形状控制。

- 相切幅值：通过使用手柄拖动起始对象和终止对象的一个或两个端点，或在文本框中输入值，来调整桥接曲线的相切幅值。

- 深度和歪斜度：深度控制曲线的曲率对曲线的影响大小，其值表示曲率影响的百分比。歪斜度控制最大曲率的位置，其值表示从起点到该点的百分比。

- 二次曲线：基于指定的 Rho 值改变曲线的弯曲程度。

- 参考成型曲线：选择现有样条以控制桥接曲线的大致形状。

图 6-32 所示为桥接曲线实例。

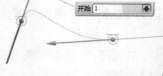

图 6-32 桥接曲线实例

3. 连结曲线

连结曲线将一系列曲线和/或边连接到一起，以创建单个样条，该命令与简化曲线的功能刚好相反。在菜单栏中选择"插入"→"来自曲线集的曲线"→"连结"命令，或单击工具条中的 按钮，弹出如图 6-33 所示的"连结曲线"对话框。

4. 投影曲线

投影曲线命令将曲线、边和点投影到片体、面和基准平面上。在菜单栏中选择"插入"→"来自曲线集的曲线"→"投影"命令，或者单击工具条中的 图标，弹出如图 6-34 所示的"投影曲线"对话框。

- 要投影的曲线或点：选择要投影的曲线、边、点或草图。

- 要投影（到）的对象：选择要投影几何对象到其上的面、平面和基准平面。

- 投影方向：指定投影方向，可以定义为沿面的法向、朝向点、朝向直线、沿矢量、与矢量成角度。

组合投影命令可以组合两个曲线的投影来创建一条新的曲线，一般用于将空间曲线在两个视图上的投影重新组合为空间曲线。

5. 相交曲线

该命令创建两组对象之间的相交曲线。在菜单栏中选择"插入"→"来自体的曲线"→"求交"命令，或者单击工具条中的 按钮，弹出如图 6-35 所示的"相交曲线"对话框。

- 选择面：选择已存在的面或基准平面。

- 保持选定：选择该选项后，将选定的面保持选中状态，在单击"应用"按钮后，可以使用同一组面来创建另一条相交曲线。

图 6-33　"连结曲线"对话框　　　图 6-34　"投影曲线"对话框　　　图 6-35　"相交曲线"对话框

6. 抽取曲线

抽取曲线命令可以从现有的体或面上抽取曲线。在菜单栏中选择"插入"→"来自体的曲线"→"抽取"命令，或者单击工具条中的按钮，弹出如图 6-36 所示的"抽取曲线"对话框，有 6 个选项，每一个选项的操作步骤和参数是不同的。

（1）边曲线：从指定边抽取曲线。

（2）等参数曲线：沿面上的 U/V 参数生成曲线。单击该按钮后，弹出"等参数曲线"对话框，如图 6-37 所示，选择 U 或 V 方向，指定曲线数量和百分比，生成等参数曲线，如图 6-38 所示。

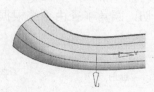

图 6-36　"抽取曲线"对话框　　　图 6-37　"等参数曲线"对话框　　　图 6-38　抽取曲线实例

（3）轮廓线：当前视图方向上看到的体的轮廓曲线。

（4）工作视图中的所有边：创建所有边缘曲线，包括轮廓。

（5）等斜度曲线：根据指定的参考矢量，由面集上的拔模角为恒定的一系列点组成。

（6）阴影轮廓：生成所选体的可见的外部轮廓曲线。

6.2.4　曲线编辑

曲线编辑包括倒圆角、倒斜角、编辑曲线参数、修剪曲线、分割曲线、编辑圆角、拉长曲线、曲线长度等。

1. 倒圆角

在图 6-7 所示的对话框中单击按钮，弹出如图 6-39 所示的"倒圆角"对话框，其中提供了 3 种倒圆角方式，下面作简要说明。

（1）简易倒圆角

仅用于两共面不平行直线间倒圆角。单击□按钮后，首先应输入圆角半径，或通过继承选项继承所选圆角的半径值，然后将选择球移至欲倒圆角的两条直线交点处，单击 MB1 即可，如图 6-40 所示。注意，选择球的球心位置确定了圆角的圆心。

图 6-39　"倒圆角"对话框

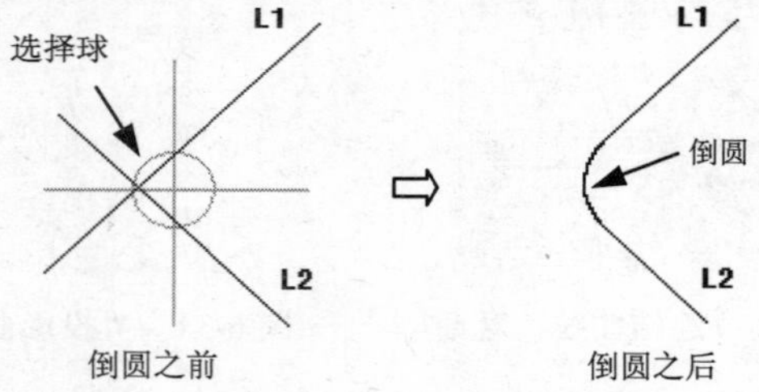

图 6-40　简易倒圆角

（2）两曲线倒圆角

生成一个沿逆时针方向从第一条曲线到第二条曲线的相切的圆弧。单击图 6-39 所示对话框中的□按钮，选定修剪选项。然后依次选择两条曲线，再用鼠标设定圆心的大致位置。注意，选择曲线的顺序不同，圆心位置不同，倒圆角的方式也不同，如图 6-41 所示。图中虚线表示曲线修剪后将被删除。

（3）三曲线倒圆角

单击图 6-39 中的□按钮，设定修剪选项，然后依次选择 3 条曲线，再确定一个倒角圆心的大概位置，所生成的圆角沿逆时针方向从第一条曲线到第三条曲线，且与这 3 条曲线相切，圆角半径由系统根据 3 条曲线间的关系确定，如图 6-42 所示。

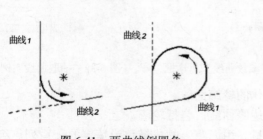

图 6-41　两曲线倒圆角

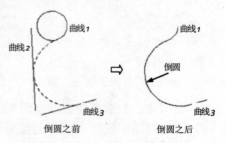

图 6-42　三曲线倒圆角

2．倒斜角

一般用于两共面的曲线间倒斜角。选择图 6-2 中的"倒斜角"命令或者单击工具条中的□按钮，系统弹出如图 6-43 所示的"倒斜角"对话框，其中有两种方式，分别介绍如下。

（1）简单倒斜角

此选项产生的两边偏置量相同（角度值为 45°）。单击该按钮后，弹出"倒角偏置量"对话框，在"偏置"文本框中输入倒角尺寸后，再用选择球选择两直线的交点处（注意选择球一定要同时选中两条直线），便会在两直线间产生等倒角尺寸的斜角。

（2）用户定义倒斜角

此选项可定义不同的偏移值和角度值。单击该按钮后，弹出如图 6-44 所示的"倒斜角"对话框。修剪的意义是曲线在倒角线之外的部分被裁剪掉，如果两曲线未交于倒角边则延长至倒角边。对话框中提供了 3 种修剪方式，分别介绍如下。

● 自动修剪：系统根据倒角自动对两条曲线进行修剪。

● 手工修剪：用户决定修剪哪条曲线。倒角后，系统会依次提示是否修剪倒角的两条连接曲线，若修剪，则选定曲线的修剪端。

● 不修剪：曲线被修剪部分由实线变成虚线显示。

选择修剪方式后，单击"确定"按钮，进入新的对话框定义倒角方式。定义倒角的方式有两种，即双偏置、单偏置和角度。偏置是指倒角线的起点与两曲线交点的距离，如图 6-45 和图 6-46（a）所示；如果是曲线倒角，则偏置距离是指沿曲线的长度，如图 6-46（b）所示。

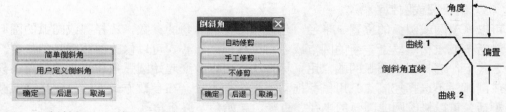

图 6-43　"倒斜角"对话框 1　　　图 6-44　"倒斜角"对话框 2　　　图 6-45　单偏置和角度倒角

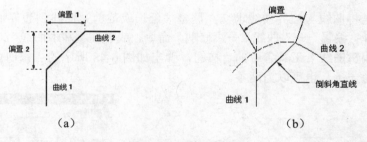

（a）　　　　　　　　　　　　（b）

图 6-46　双偏置倒角

3．编辑曲线参数

编辑曲线参数允许用户修改曲线的定义数据，对于关联曲线，由于其定义数据来自其他几何，不能直接修改曲线，必须编辑与之相关的原几何。编辑曲线参数有 3 种方法，在菜单栏中选择"编辑"→"曲线"→"参数"命令，或者单击工具栏中的 ⊞ 按钮，出现"编辑曲线"对话框，选择要编辑的曲线后，根据所选曲线的类型，分别进入创建直线、创建圆弧/圆、创建样条的对话框，在这些对话框中完成对曲线的编辑。在绘图区双击要编辑的曲线，直接进入创建曲线的对话框进行编辑。在"基本曲线"对话框中单击 ⊞ 按钮，出现如图 6-47 所示的"编辑曲线参数"对话框。

（1）对话框中的选项

● 点方法：允许指定相对于现有几何体的点，也可通过指定光标位置或使用点构造器；用于改变直线、圆弧的端点。

- 编辑圆弧/圆方法：用于设置编辑曲线的方式，包含两个单选按钮，即参数方式（利用屏幕底部的对话条输入新的参数）和拖动方式（选择对象后移动光标，按 MB1 键确定）。
- 补弧：用于生成一存在圆弧的补圆弧。
- 显示原先的样条：选中该复选框，编辑样条曲线时，显示原样条曲线以便对比。
- 编辑关联曲线：选中"根据参数"单选按钮，则可在编辑关联曲线时保持其相关性；选中"按原先的"单选按钮，则中断关联曲线与原曲线定义数据之间的相关性。

（2）编辑直线

可以通过改变直线的端点位置和直线参数（长度和角度）来编辑直线。选择要改变的直线端点，利用点构造器或对话条重新定义端点（参数方式），或者用鼠标拖动端点到满意位置（拖动方式）后单击 MB1。选择直线（注意不要选择控制点），利用对话条改变直线的长度和角度。

（3）编辑圆或圆弧

可以修改圆或圆弧的位置、半径、起始和终止圆弧角的参数。选择圆或圆弧的圆心，利用对话条或点构造器指定新的圆点或者用鼠标拖动圆心，可以修改圆或圆弧的位置。在拖动方式下，选择圆或圆弧的端点用鼠标拖动，可以改变起始圆弧角和终止圆弧角；只选择圆或圆弧（不选择控制点）用鼠标拖动即可改变半径。在参数方式下，只选择圆或圆弧利用对话条可以修改圆或圆弧的半径、直径、起始角及终止角。

4. 修剪曲线

修剪曲线是将曲线与边界曲线求交，调整（延长或裁剪）曲线到边界曲线的交点上。在菜单栏中选择"编辑"→"曲线"→"修剪"命令，或者在"基本曲线"对话框中单击 按钮或单击"编辑曲线"工具条中的 按钮，弹出如图 6-48 所示的"修剪曲线"对话框。边界曲线可以为一条，也可以为两条。

图 6-47　"编辑曲线参数"对话框

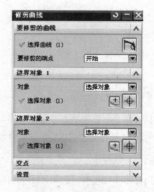

图 6-48　"修剪曲线"对话框

例如，欲修剪图 6-49（a）中直线 1，打开"修剪曲线"对话框后，选择直线 1 为要修剪的曲线，第一边界和第二边界为边界对象，操作结果如图 6-49（b）所示。在裁剪过程中，光标点的位置很重要，它决定了修剪曲线或边界曲线被裁剪掉的部分，如果光标放在直线 1 位于两边界线之外的位置，则直线 1 的中间部分被保留而两端被剪掉。修剪后原曲线保留与否由"设置"栏的"输入曲线"控制，共有 4 种控制方式，即保留、隐藏、删除和替换。

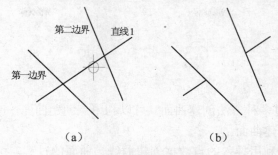

图 6-49　曲线裁剪示意图

5. 拉长曲线

拉长曲线指拉伸或收缩选定的几何对象，也可以移动几何对象。拉长曲线可用于除草图、组、组件、体、面和边以外的所有对象类型。当草图处于活动状态时此选项可用，这样就可以仍然编辑非草图曲线而不必禁用活动的草图。如果选取的是对象的端点，其功能是拉伸或收缩该对象；如果选取的对象是端点以外的位置，其功能是移动该对象。

在菜单栏中选择"编辑"→"曲线"→"拉长"命令，或者单击"编辑曲线"工具条中的 按钮，弹出如图 6-50 所示的"拉长曲线"对话框。可以输入增量或点到点的方式移动或拉长曲线。

6. 曲线长度

曲线长度是指通过指定弧长增量或总弧长方式来延伸或裁剪曲线。在菜单栏中选择"编辑"→"曲线"→"曲线"命令，或者单击"编辑曲线"工具条中的 按钮，弹出如图 6-51 所示的"曲线长度"对话框。选择要编辑的曲线时，图形窗口会显示动态控制手柄和输入框，可以拖动手柄动态调整曲线的长度或者输入准确的数值。

（1）长度：用于将曲线拉伸或修剪至指定的曲线长度，有增量和总长（全部）两种方式。

（2）结束：用于从曲线的起点、终点或同时从两个方向修剪或延伸曲线。

（3）方法。

● 自然：沿着曲线的自然路径修剪或延伸曲线的端点。

● 线性：沿着通向切线方向的线性路径，修剪或延伸曲线的端点。

● 圆形：沿着圆形路径修剪或延伸曲线的端点。

图 6-52 所示为修改曲线长度实例。

图 6-50　"拉长曲线"对话框

图 6-51　"曲线长度"对话框

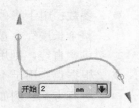

图 6-52　曲线长度实例

6.3　曲　　面

　　在NX中，可以通过多种方法创建曲面。可以利用点创建曲面，也可以利用曲线创建曲面，还可以利用曲面创建曲面。

　　由点创建曲面是指利用导入的点数据创建曲线、曲面的过程。可以通过"通过点"方式来创建曲面，也可以通过"从极点"、"从点云"等方式来完成曲面建模。由以上几种创建曲面的方式创建的曲面与点数据之间不存在关联性，是非参数化的。另外，由于其创建的曲面光顺性比较差，一般在曲面建模中，此类方法很少使用。本节对由曲线和曲面创建曲面的几种方法进行介绍。对于创建的曲面，往往需要通过一些编辑操作才能满足设计要求，曲面编辑操作作为一种高效的曲面修改方式，在整个建模过程中起着非常重要的作用。可以利用编辑功能重新定义曲面特征的参数，也可以通过变形和再生工具对曲面直接进行编辑操作。曲面的创建方法不同，其编辑的方法也不同。

6.3.1　创建直纹面

　　直纹面是指利用两条截面线串生成曲面或实体。截面线串可由单个或多个对象组成，每个对象可以是曲线、实体边界或实体表面等几何体。

　　在菜单栏中选择"插入"→"网格曲面"→"直纹面"命令，或者单击"曲面"工具条中的▨按钮，系统将会打开"直纹"对话框，如图 6-53 所示。

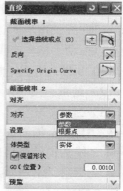

图 6-53　"直纹"对话框

　　1. 选择截面线串

　　"直纹面"仅支持两个截面对象。其所选取的对象可为多重或单一曲线、曲面边界、实体表面。若为多重线段，则系统会根据所选取的起始弧及起始弧的位置定义向量方向，并会按所选取的顺序产生曲面。如果所选取的曲线都为闭合曲线，则会产生实体。

　　2. 指定对齐方式

　　在"对齐"下拉列表框中，系统提供了两种对齐方式。

- 　　参数：用于将截面线串要通过的点以相等的参数间隔隔开。目的是让每个曲线的整个长度完全被等分，此时创建的曲面在等分的间隔点处对齐。若整个截面线上包含直线，则用等弧长的方式间隔点；若包含曲线，则用等角度方式间隔点。
- 　　根据点：用于不同形状的截面线的对齐，特别是当截面线有尖角时，应该采用点对齐方式。例如，当出现三角形截面和长方形截面时，由于边数不同，需采用点对齐方式，否则可能导致后续操作错误。

3．保留形状

强制设定公差值为 0 以保留锐边。仅支持参数和根据点对齐方式。

G0（位置）：指定输入几何体与得到的体之间的最大距离。

图 6-54 所示为通过一个三角形和一个长方形的直纹面。对齐方式为"根据点"，图中圆点为对齐点，箭头表示所选截面线串的方向，两个截面线串的方向必须相同，否则所得结果会发生扭曲。在需要时可通过"反向"按钮 改变所选截面线串的方向。截面线串可以为点，图 6-55 所示为通过一点和一个五角形所生成的五角星。

　　　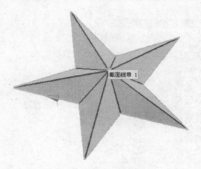

　　　　图 6-54　直纹面示例　　　　　　　　　　图 6-55　五角星

6.3.2　通过曲线组

该方法是指通过一系列截面线串建立曲面或实体。截面线串可以是曲线、实体边界或实体表面等几何体。其生成特征与截面线串相关联，当截面线串编辑修改后，特征会自动更新。

在菜单栏中选择"插入"→"网格曲面"→"通过曲线组"命令，或者单击"曲面"工具条中的 按钮，系统将会打开"通过曲线组"对话框，如图 6-56 所示。

（1）"通过曲线组"方式与"直纹面"方法类似，区别在于"直纹面"只适用于两条截面线串，并且两条截面线串之间总是相连的。而"通过曲线组"最多允许使用 150 条截面线串，若只选择两组曲线，则基本与"直纹面"相同。

（2）按 MB1 选择曲线，按 MB2 确认或在"通过曲线组"对话框中选择"添加新集"选项，在"列表"列表框中就会相应显示所选曲线。在截面列表中可对所列截面重排序或者删除。

（3）连续性：可以对第一个截面和最后一个截面定义位置连续（G0）、相切连续（G1）或曲率连续（G2）。若选中"全部应用"复选框，则第一截面和最后截面使用相同的约束。

（4）指定对齐方式

在"对齐"下拉列表框中，系统提供了 7 种对齐方式。除了 6.3.1 小节介绍的"参数"和"根据点"之外，主要还有以下几种。

- 圆弧长：沿定义曲线以相等的参数间隔隔开。
- 距离：在指定方向上将对齐点沿每条曲线以相等的距离隔开。
- 角度：在指定轴线周围将对齐点沿每条曲线以相等的角度隔开。
- 脊线：将对齐点放置在截面线串与垂直于选定脊线的平面相交处，所生成的体的范围取决于脊线的长度。

● 根据分段：与"参数"对齐方法相似，只是 NX 沿每条曲线段等距离分隔等参数
曲线，而不是按相等的参数间隔来分隔。

图 6-57 所示为通过曲线组（通过 3 个截面）示例。

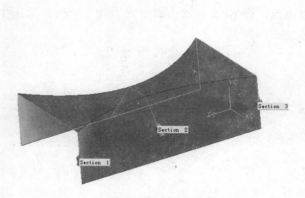

图 6-56　"通过曲线组"对话框　　　　　　　　　图 6-57　通过曲线组示例

6.3.3　通过曲线网格

构面方法的选择要根据具体特征情况而定。最常用的是通过曲线网格，将调整好的曲
线用此命令编织成曲面。由于没有对齐选项，在所生成的曲面上，主曲线中的尖角不会产
生锐边。

在菜单栏中选择"插入"→"网格曲面"→"通过曲线网格"命令，或者单击"曲面"
工具条中的[图]按钮，系统将会打开"通过曲线网格"对话框，如图6-58所示。

（1）主曲线与交叉曲线

主曲线是一组同方向的截面线串，而交叉曲线是另一组大致垂直于主曲线的截面线。
通常把第一组曲线线串称为主曲线，把第二组曲线线串称为交叉曲线。所生成曲面或体与
主曲线和交叉曲线相关联。选择主曲线时，点可以作为第一条截面线和最后一条截面线的
可选对象。

（2）连续性

可以对第一主线串、最后主线串、第一交叉线串和最后交叉线串定义位置连续（G0）、
相切连续（G1）或曲率连续（G2）。通过曲线网格构面的优点是可以保证曲面边界曲率的
连续性，因为通过曲线网格可以控制四周边界曲率（相切），因而构面的质量更高。而通
过曲线组只能保证两边曲率，在构面时误差也大。

（3）着重（输出曲面选项）

主曲线与交叉曲线不相交时，指定生成的体通过主曲线、交叉曲线或者这两个线串的
中间值。

图 6-59 所示为应用"通过曲线网格"命令所作的曲面。4 条主曲线环状封闭，重复选择第一条交叉线作为最后一条（第五条）交叉线，形成封闭实体。注意图中的箭头方向，必须相同，否则实体扭曲。

图 6-58　"通过曲线网格"对话框

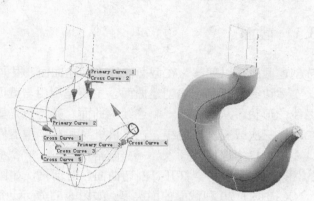

图 6-59　通过曲线网格示例

6.3.4　扫掠

扫掠是使用轮廓曲线沿空间路径扫掠而成，其中扫掠路径称为引导线（最多 3 条），轮廓线称为截面线。引导线和截面线均可以由多段曲线组成，但引导线必须一阶导数连续。该方法是所有曲面建模中最复杂、最强大的方法之一，在工业设计中使用广泛。

在菜单栏中选择"插入"→"扫掠"→"扫掠"命令，或者单击"曲面"工具条中的 ⬦按钮，系统将会打开"扫掠"对话框，如图6-60所示。

（1）用一条引导线进行扫掠

使用一条引导线，可以指定截面沿着引导线扫掠时的方位和/或缩放，如图6-61所示。

图 6-60　"扫掠"对话框

图 6-61　用一条引导线进行扫掠

（2）用两条引导线进行扫掠

两条引导线可指定扫掠体的方位，第二条引导线会始终横向或均匀地对体进行缩放。其中"横向"仅在横向对截面进行缩放，"均匀"在横向和竖直两个方向成比例缩放截面线串。

（3）用3条引导线进行扫掠

使用3条引导线，完全限制扫掠体的方位和比例。

6.3.5　截面

创建截面可以理解为在截面曲线上创建曲面，根据用户指定的一些几何对象（如曲线、边、实体边缘等）和脊线创建曲面。主要是利用与截面曲线相关的条件来控制一组连续截面曲线的形状，从而生成一个连续的曲面。其特点是垂直于脊线的每个横截面内均为精确的二次（三次或五次）曲线。在飞机机身和汽车覆盖件建模中应用广泛。

在菜单栏中选择"插入"→"网格曲面"→"截面"命令，或者单击"曲面"工具条中的 按钮，系统将会打开"剖切曲面"对话框，如图6-62所示。

NX提供了20种截面曲面类型，如图6-63所示。每一种方法都需要定义截面所需的若干个条件，一般来说，一个二次截面线需要提供5个数据，如开始边、起始边斜率控制、Rho、终止边、端点斜率控制等。其中Rho是投射判别式，是控制截面线弯曲程度的一个比例值。Rho的取值范围为0～1，较小的Rho值能获得平展的二次曲线，Rho值越大，截面线弯曲程度越大。

图6-62　"剖切曲面"对话框

图6-63　截面类型

6.3.6　N边曲面

N边曲面用于创建一组由端点相连曲线封闭的曲面，并指定其与外部面的连续性。

在菜单栏中选择"插入"→"网格曲面"→"N边曲面"命令，或者单击"曲面"工具条中的 按钮，系统将会打开"N边曲面"对话框，如图6-64所示。

（1）类型

● 已修剪：创建单个曲面，覆盖选定曲面的开放区域或封闭环内的整个区域。

● 三角形：在选中曲面的封闭环内创建一个由三角形补片构成的曲面。

（2）外部环：用于选择曲线或边的封闭环，作为 N 边曲面的边界。

（3）约束面：用于选择施加斜率和曲率约束的面。

（4）修剪到边界：将新生成的 N 边曲面修剪到曲线或边界。

图 6-65 所示为 N 边曲面实例。原有大曲面局部有扭曲，用"曲面修剪"命令把该部分曲面修剪掉，再用"N 边曲面"命令光滑连续地修补。

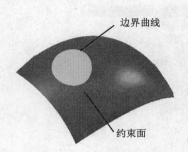

图 6-64　"N 边曲面"对话框　　　　　图 6-65　N 边曲面实例

6.3.7　桥接曲面

桥接曲面用于在两个曲面间建立过渡曲面。过渡曲面与两个曲面之间的连接可以采用相切连续或曲率连续两种方式。桥接曲面简单方便，曲面光滑过渡，边界约束自由，为曲面过渡的常用方式。

在菜单栏中选择"插入"→"细节特征"→"桥接"命令，或者单击"曲面"工具条中的 按钮，系统将会打开"桥接"对话框，如图 6-66 所示。

（1）主面

用于选择两个主面。单击 按钮，指定两个需要连接的表面。在指定表面后，系统将显示表示矢量方向的箭头。指定片体上不同的边缘和拐角，箭头显示会不断更新，此箭头的方向表示创建片体的方向。

（2）侧面

用于指定侧面。单击 按钮，指定一个或两个侧面，作为创建片体时的引导侧面，系统依据引导侧面的限制而生成片体的外形。

（3）侧面线串

● 第一侧面线串：单击 按钮，指定曲线或边缘，作为创建片体时的引导线，以决定连接片体的外形。

● 第二侧面线串：单击 按钮，指定另一条曲线或边缘，与上一个图标配合，作为生成片体的引导线，以决定连接片体的外形。

（4）连续类型

● 相切：选中该单选按钮，沿原来表面的切线方向和另一个表面连接。

● 曲率：选中该单选按钮，沿原来表面圆弧曲率半径与另一个表面连接，同时保证相切特性。

图 6-67 所示为桥接曲面示例，分别选择两个主面和两个侧面，创建中间的桥接曲面，与所选的 4 个曲面相切连续。

图 6-66   "桥接"对话框

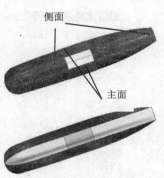

图 6-67   桥接曲面示例

6.3.8   偏置曲面

偏置曲面用于创建原有曲面的偏置平面，即沿指定平面的法向偏置点来生成用户所需的曲面。其主要用于从一个或多个已有的面生成曲面，已有面称之为基面，指定的距离称为偏置距离。

在菜单栏中选择"插入"→"偏置/缩放"→"偏置曲面"命令，或者单击"曲面"工具条中的"偏置曲面"按钮 ，系统将会打开"偏置曲面"对话框，如图 6-68 所示。

偏置曲面的操作比较简单，选取基面后，设置偏置距离，单击"确定"按钮便完成偏置曲面操作。图 6-69 所示为偏置曲面实例，将原有曲面沿法线偏置 70mm，得到一个新曲面。

图 6-68   "偏置曲面"对话框

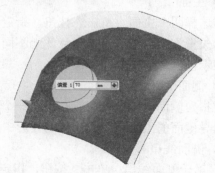

图 6-69   偏置曲面实例

6.3.9　缝合曲面

缝合曲面将两个以上片体连接成一个片体。如果这组片体是封闭的，则创建一个实体，但所选片体之间的缝隙必须小于指定公差。和缝合曲面相反的是"取消缝合"命令。

在菜单栏中选择"插入"→"组合"→"缝合"命令，系统将会打开"缝合"对话框，如图 6-70 所示。图 6-71 所示为把使用"桥接"命令后的 9 个相连小曲面缝合为单个片体。

图 6-70　"缝合"对话框

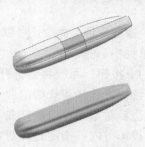

图 6-71　缝合曲面实例

6.3.10　扩大曲面

扩大曲面用于在原始曲面的基础上生成一个扩大或缩小的曲面。

在菜单栏中选择"编辑"→"曲面"→"扩大"命令，或者单击"编辑曲面"工具条中的按钮，系统将会打开"扩大"对话框，如图 6-72 所示。

图 6-72　"扩大"对话框

- 线性：是指曲面上延伸部分是沿直线延伸而成的直纹面。该选项只能扩大曲面，不可以缩小曲面。
- 自然：是指曲面上的延伸部分是按照曲面本身的函数规律延伸。该选项既可以扩大曲面也可以缩小曲面。

- 全部：用于同时改变 U 向和 V 向的最大值和最小值。只要移动其中一个滑块，便可移动其他滑块。
- 选择面：用于进行重新开始或更换编辑面。
- 编辑副本：对编辑后的曲面进行复制，以方便后续操作。

6.3.11　修剪片体

使用"修剪片体"命令，可以同时修剪一个或多个片体，可以修剪曲面边界或者内部。

在菜单栏中选择"插入"→"修剪"→"修剪的片体"命令，或者单击"编辑曲面"工具条中的 ![按钮] 按钮，系统将会打开"修剪的片体"对话框，如图 6-73 所示。

（1）目标：选择要修剪的曲面。

（2）边界对象：可以选择曲线或者曲面作为修剪边界。

（3）投影方向：指定边界对象的投影方向，有 3 种方式。

- 垂直于面：投影方向垂直于被修剪的曲面。
- 垂直于曲线平面：投影方向垂直于所选曲线所在的面，如边界对象为曲面，则该选项不可用。
- 沿矢量：指定一个固定的矢量方向。

（4）选择区域：选择要保留或舍弃的区域。

图 6-74 所示为在手机面板曲面上修剪出按键和屏幕的位置。

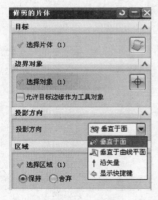

图 6-73　"修剪的片体"对话框　　　　　　图 6-74　修剪曲面实例

6.3.12　片体加厚

在菜单栏中选择"插入"→"偏置/缩放"→"加厚"命令，或者单击"编辑曲面"工具条中的 ![按钮] 按钮，系统将会打开"加厚"对话框，如图 6-75 所示。

（1）面：选择要加厚的曲面，可以选择多个曲面。

（2）厚度：偏置 1 和偏置 2 的差的绝对值为所生成实体的厚度。

（3）反向：偏置方向反向。

"加厚"命令是从曲面创建实体的方法之一，图 6-76 所示为加厚片体实例。

图 6-75　"加厚"对话框

图 6-76　加厚实例

6.4　综　合　实　例

本节通过创建吹风机外壳的综合实例复习曲面建模的若干功能，以加深对 NX 曲面建模的认识。

1．建模思路

吹风机外壳模型如图 6-77 所示，由筒身、把手和出风口组成。

筒身通过回转曲线形成圆锥，再通过软倒圆生成。把手主要通过拉伸草图曲线创建，还需要边倒圆修饰。出风口通过 3 个截面曲线创建通过曲线组特征。3 部分布尔相加后，再通过"抽壳"命令形成壳体模型。建模过程中的尺寸仅为参考，可以改变尺寸甚至形状来创建不同的模型。

2．筒身的创建

（1）新建文件 hair_dryer.prt，设置工作层为 21 层，创建筒身草图，放置平面为 X-Z面，绘制筒身截面如图 6-78 所示。

图 6-77　风筒模型

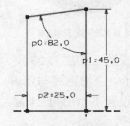

图 6-78　筒身截面

（2）设置工作层为 1 层，在菜单栏中选择"插入"→"设计特征"→"回转"命令，打开"回转"对话框。选择图 6-78 中的曲线为截面曲线，25mm 长直角边（Z 轴）为回转中心，回转角度为 360，生成简身回转体，如图 6-79 所示。

（3）设置工作层为 41 层，在菜单栏中选择"插入"→"曲线"→"基本曲线"命令，打开"基本曲线"对话框，在跟踪条中输入参数，绘制如图 6-80 所示的相切曲线，即在 Z=3mm 和 Z=25mm 两个平面上的两个圆弧。

（4）设置工作层为 1 层，在菜单栏中选择"插入"→"细节特征"→"软倒圆"命令，打开"软倒圆"对话框，如图 6-81 所示。分别选择图 6-81 中的上表面为第一组面，圆锥面为第二组面，注意两组曲面法线方向都要指向圆心，否则单击"法线反向"按钮。相应地选取上表面的圆和圆锥面上的圆作为相切曲线，选择"光顺性"为"曲率连续"，最后选择两个面的交线作为脊线，创建软倒圆特征，如图 6-82 所示。

   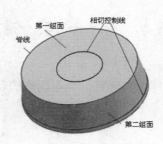   

图 6-79　简身回转体   图 6-80　相切曲线   图 6-81　"软倒圆"对话框

3．把手的创建

（1）设置工作层为 22 层，创建把手草图 1，放置平面为 X-Z 面，绘制把手草图 1 如图 6-83 所示。

   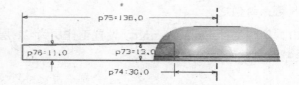

图 6-82　简身实体   图 6-83　把手草图 1

（2）设置工作层为 23 层，创建把手草图 2，放置平面为 X-Y 面，绘制把手草图 2 如图 6-84 所示。左右两端与图 6-83 中把手草图 1 中的曲线左右两端对齐。

（3）设置工作层为 24 层，创建把手草图 3，放置平面为 X-Z 面，绘制把手草图 3 如图 6-85 所示。

（4）设置工作层为 2 层，在菜单栏中选择"插入"→"设计特征"→"拉伸"命令，打开"拉伸"对话框。选择图 6-84 中的把手草图 2 为截面曲线，终止距离为 13，拔模角度为 6，生成拉伸实体，如图 6-86 所示。

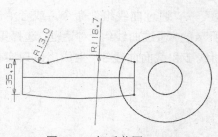

图 6-84　把手草图 2

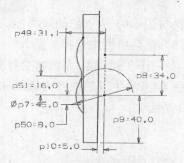

图 6-85　把手草图 3

（5）打开"拉伸"对话框，选择图 6-83 中的把手草图 1 为截面曲线，起始距离为−30，终止距离为 30，布尔操作为"求交"，如图 6-87 所示。

图 6-86　把手实体 1

图 6-87　把手实体 2

（6）打开"拉伸"对话框，选择图 6-85 中的把手草图 3 中的部分曲线为截面曲线，拉伸方向为+Y，起始距离为 0，结束为"直到被延伸"，选择右侧面为延伸结束对象，布尔操作为"求和"，和第（5）步生成的实体求和生成把手实体 3，如图 6-88 所示。

（7）打开"拉伸"对话框，选择图 6-85 中的把手草图 3 中的部分曲线为截面曲线，拉伸方向为−Y，起始距离为 0，结束为"直到被延伸"，选择左侧面为延伸结束对象，布尔操作为"求和"，和第（6）步生成的实体求和生成把手实体 4，如图 6-89 所示。

（8）选择需要倒圆的边，以适当的半径进行边倒圆，如图 6-90 所示。

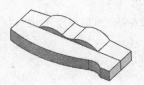

图 6-88　把手实体 3

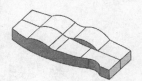

图 6-89　把手实体 4

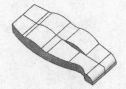

图 6-90　把手实体 5

4．出风口的创建

（1）设置工作层为 25 层，放置平面为 X-Z 面，创建出风口截面草图 1。进入草图界面，绘制出风口截面曲线 1，如图 6-91 所示。

（2）设置工作层为 62 层，以 XZ 基准平面为定义平面的对象，创建两个基准面，距离为 62.5mm，方向为−Y，平面数量为 2，如图 6-92 所示。

（3）设置工作层为 26 层，放置平面为第（2）步所建的参考面，创建出风口截面草图 2，形状与图 6-91 所示的曲线类似。

（4）设置工作层为 27 层，放置平面为第（2）步所建的参考面，创建出风口截面草图

3，形状与图 6-91 所示的曲线类似。

（5）在菜单栏中选择"插入"→"网格曲面"→"通过曲线组"命令，或者单击"曲面"工具条中的▦按钮，系统将会打开如图 6-56 所示的"通过曲线组"对话框。选择第（1）、（3）和（4）步生成的曲线为截面曲线 1、截面曲线 2 和截面曲线 3，生成出风口实体，如图 6-93 所示。

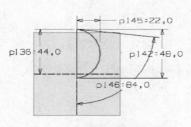
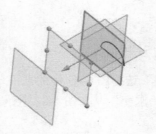
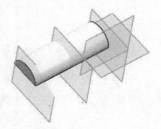

图 6-91　出风口截面曲线　　　　图 6-92　基准平面　　　　图 6-93　出风口实体

5．创建吹风机外壳

（1）关闭除 1 层、2 层和 3 层外的所有层，屏幕上只留下实体。求和成一个实体，对一些边缘作必要的倒圆，生成吹风机外壳的实体模型，如图 6-94 所示。

（2）在菜单栏中选择"插入"→"细节特征"→"抽壳"命令，打开"抽壳"对话框。选择筒身和出风口顶面为要去除的面，设置壁厚为 3mm，创建抽壳特征，如图 6-95 所示。

图 6-94　吹风机模型　　　　　　　图 6-95　吹风机外壳

思　考　题

1．简述曲面建模的一般过程。

2．如何创建自由曲面实体？直接由曲面建模命令生成实体的条件是什么？

3．直纹面、通过曲线组、通过曲线网格、扫掠等曲面建模命令，各自的截面线串和引导线串数量有何不同？

4．根据图 6-96 和图 6-97 所示，创建头盔模型。

5．根据图 6-98 和图 6-99 所示，创建茶壶模型。

6．根据图 6-100 和图 6-101 所示，创建鼠标模型。

图 6-96　头盔模型

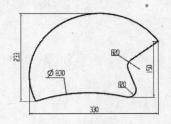

图 6-97　头盔模型尺寸

图 6-98　茶壶模型

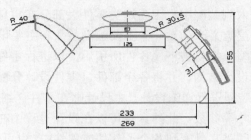

图 6-99　茶壶外形尺寸

图 6-100　鼠标模型

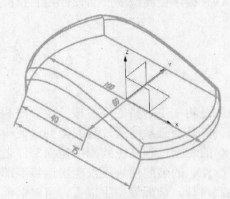

图 6-101　鼠标外形尺寸

第 7 章　NX 装配建模

产品设计过程的首要任务是建立主要的产品装配结构。如果有一些原来的设计可以重用，可以使用结构编辑器将其纳入产品装配树中。其他的一些标准零件，可以在设计阶段后期加入到装配中，因为这类零件大部分在主结构完成后才能定位或确定尺寸。在装配设计的顶层定义产品设计的主要控制参数和主要设计结构描述（草图、曲线、实体模型等）。这些模型数据将被下属零件所引用，以进行零件的详细设计。在设计过程中要及时保存整个产品设计结构，并将各个部件、零件设计分配给不同的设计人员。设计人员对不同的零件、子装配进行详细设计。主设计师在零件详细设计过程中可以随时检查装配干涉、质量、关键尺寸等参数。此外，也可以在设计过程中在装配顶层随时增加一些主体参数，然后由主设计师将其分配到各个子部件或零件中；也可以由设计人员主动引用其上层的设计概念，NX/WAVE 提供更高级的产品设计控制结构。

7.1　装　配　概　述

装配是将加工合格的零件按一定顺序和技术连接在一起，构成组件、部件或产品的工艺过程。产品质量最终通过装配得到保证和检验。

NX 的装配过程是在装配中建立部件之间的链接关系，通过约束来确定部件在产品中的位置。NX 的装配模块不仅能快速将零部件组合成产品，而且在装配中可参照其他部件进行关联设计。装配模型生成后，可对装配模型进行间隙分析、重量管理等操作；可建立爆炸视图，并可将其引入到装配工程图中；同时，在装配工程图中还可自动产生装配明细表，并能对轴测图进行局部剖切。在装配中，部件的几何体是被装配引用，而不是复制到装配中。不管如何编辑部件和在何处编辑部件，整个装配部件保持关联性；如果某部件修改，则引用它的装配部件可以自动更新，反映部件的最新变化。

7.1.1　装配基本概念

（1）组件

组件是指按特定位置和方向使用在装配中的部件。装配中的每个组件仅包含一个指向其几何体的指针。组件可以是单个部件（或零件），也可以是一个子装配。

（2）组件对象

组件对象是一个从装配部件链接到部件主模型的指针，是在一个装配中以某个位置和方向对部件的使用。一个组件对象记录的信息有部件名称、层、颜色、线型、线宽、引用集合配对条件等。

（3）子装配

子装配是具有更高一层装配级别的部件对象。子装配也包含组件对象。子装配是一个相对的概念，任何一个装配部件可在更高级装配中用作子装配。

（4）单个零件

它是在装配外存在的零件几何模型，它可以添加到一个装配中，但不能含有下级组件。

（5）主模型

主模型是 NX 各模块共同引用的部件模型。同一个主模型，可同时被工程图、装配、加工、机构分析和有限元分析等模块引用。当主模型修改时，相关应用自动更新。

（6）装配部件

由零件和子装配构成的部件。它是一个指向各部件及子装配的指针集合，也是一个包含组成件的部件文件。在 NX 中允许向任何一个 Part 文件中添加部件构成装配，因此，任何一个 Part 文件都可以作为装配部件。

（7）多部件装配

这种方法将所有部件数据复制到装配文件，所有装入部件都不链接到原部件，是原部件的一种复制而非引用关系。多部件装配是一种非智能装配，需要更多内存以加载所有装配数据。

（8）虚拟装配

虚拟装配技术是在虚拟设计环境下，完成对产品的总体设计进程控制并进行具体模型定义与分析的过程。装配件中的零件与原零件之间是虚拟引用关系，对原零件的修改会自动反映到装配件中，从而节约了内存，提高了装配速度。

（9）工作部件

工作部件是正在创建或编辑的几何对象的部件。工作部件可以显示部件或者显示装配部件中的任意组件部件。在装配中，工作部件只有一个，是高亮显示的。当前所作的任何编辑修改工作都是针对工作部件的。

（10）显示部件

在当前屏幕图形窗口中显示的部件、组件和装配统称为显示部件。

7.1.2　装配建模方法

一般来说，在 NX 软件中使用的装配建模方法介绍如下：

（1）自顶向下装配

自顶向下装配是在上下文中进行设计，即由装配件的顶级向下产生子装配和组件，在装配层次上建立和编辑组件，由装配件的顶级向下进行设计，即从装配到零件的设计方法。

（2）自底向上装配

自底向上装配是先建立单个零件的几何模型即组件部件，再组装成子装配件，最后生成装配部件，由底向上逐级地进行设计。

（3）混合装配

在实际工作中，根据需要可以混合运用上述两种方法。例如，先在自底向上模式下工作（创建几个模型，装配在一起），随着设计过程的进展，可以转到自顶向下模式，在装配中设计其他部件。根据需要，可以在这两种方法之间任意切换。

7.1.3　装配界面

1. 进入装配模式

激活装配应用模块有以下两种方式：

（1）未进入 NX 环境时，在工具条中单击"新建"按钮，在打开的对话框中填写信息后新建装配。

（2）进入 NX"基本环境"或"建模"模块时，在"应用"工具条中单击"装配"按钮 或在"标准"工具条中选择"开始"→"装配"命令，新建装配。

进入装配模式后，装配菜单会发生变化。从图 7-1 中可以看到，当未选择装配应用模块时，装配菜单中的选项数量少于选择装配应用模块时的装配菜单中的选项数。

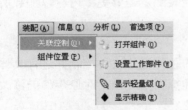
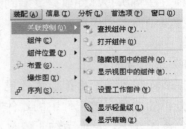

（a）未选择装配应用（建模环境）　　　　　　　　　　　（b）选择装配应用

图 7-1　装配菜单

2. 装配工具条

进入装配模式后，系统会自动弹出如图 7-2 所示的"装配"工具条，用该工具条中的各选项可进行相关装配操作。

图 7-2　"装配"工具条

7.1.4　装配导航器

1. 打开与图标含义

装配导航器是一个窗口，可在层次结构树中显示装配结构、组件属性以及成员组件间的约束。在软件操作主界面的资源栏中单击"装配导航器"按钮，即可打开装配导航器，如图 7-3 所示。装配导航器采用树形方式表达装配结构，每一个组件作为一个节点。树形结构清楚地显示出装配中各个组件的关系，并且提供操作装配中组件的快速选择方法。装配导航器的许多功能也能在装配菜单的下拉菜单中找到。

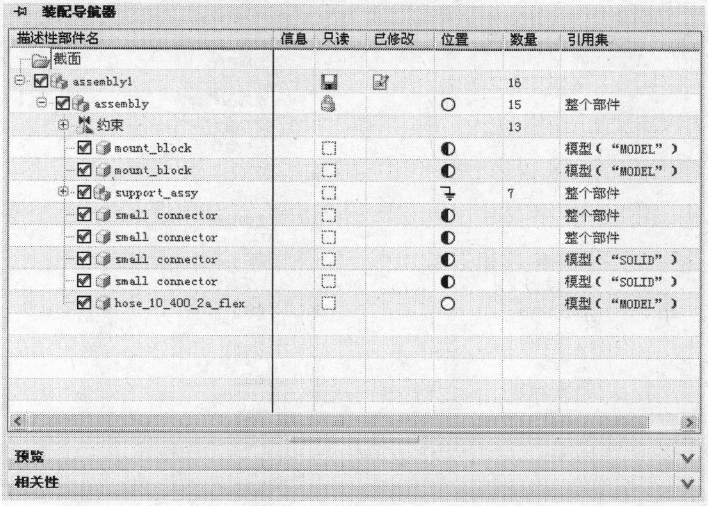

图 7-3　装配导航器

可以使用装配导航器执行以下操作：查看显示部件的装配结构、将命令应用于特定组件、通过将节点拖到不同的父项对结构进行编辑、标识组件、选择组件。预览面板显示所选组件的已保存部件的预览。相关性面板显示所选装配或零件节点的父-子相依性。

在装配导航器中，为了便于识别每个节点，在装配中使用不同的图标进行了区分，同时也代表了装配中的组件的不同状态，各图标显示的含义如表 7-1 所示。

表 7-1　装配导航器使用的图标

图　　标	显示的含义
装配或子装配🝉	图标为黄色时，表示该装配或子装配完全加载；图标为灰色时，图标边缘是实线表示装配或子装配被部分加载，图标边缘是虚线表示装配或子装配没有被加载
组件🔲	图标为黄色时，表示组件完全加载；图标为灰色且图标边缘是实线时，表示该组件被部分加载；图标为灰色且图标边缘是虚线时，表示组件没有被加载
检查框☑	表示部件的工作状态。带有红色对号的图标表示当前组件或装配处于显示状态；带有灰色对号的图标表示组件或装配处于隐藏状态；无对号的图标表示处于关闭状态
展开压缩框⊞	单击⊞表示展开装配或子装配，单击⊟表示压缩装配或子装配
约束🝉	列出了装配结构所使用的约束类型，其中⊗表示过约束，⊗表示约束冲突

2. 弹出菜单

在装配导航器窗口上进行鼠标右键操作会有菜单弹出。一种是在选择的组件、约束或子装配上单击鼠标右键，另一种是在空白区域单击鼠标右键。

在装配导航器中任意一个组件上单击鼠标右键，可以对这个节点进行编辑，弹出的菜单如图 7-4 所示。在单个约束上单击鼠标右键，弹出的菜单如图 7-5 所示。在子装配上单击鼠标右键，弹出的菜单如图 7-6 所示。在装配导航器的空白区域单击鼠标右键，也会弹出一个快捷菜单，如图 7-7 所示。该菜单中的选项与"装配导航器"工具栏中的按钮是一一对应的。

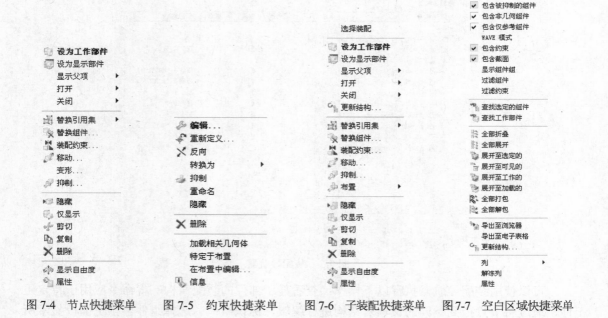

图 7-4 节点快捷菜单   图 7-5 约束快捷菜单   图 7-6 子装配快捷菜单   图 7-7 空白区域快捷菜单

7.2 引 用 集

在装配过程中，由于各组件部件可能包含有草图、基准平面及其他辅助图形数据，如果将装配中各组件部件和子装配的所有数据都显示出来，一方面容易使得图形显示混乱，另一方面由于数据量庞大，需要占用大量内存，不利于装配工作的操作和管理。通过引用集可以改善这种问题，减少装配中加载的信息量，加快装配速度。

7.2.1 引用集概念

引用集是在装配的组件中定义的数据子集。引用集包含下列数据：名称、几何对象、基准、坐标系和组件对象以及属性。

使用引用集可以极大地降低，甚至完全消除装配的图形显示部分，而不用修改实际装配结构或其几何模型。使用引用集来控制每个部件的装载数据量，并在装配环境中显示。通常情况下，应避免在子装配中使用引用集，否则会使可见性控制变得非常困难。一个管理良好的引用集策略可以实现：更快装载，降低内存使用并减少凌乱的图形显示。

一个部件可定义多个引用集，且同一对象可属于多个引用集。使用引用集可以：

（1）排除或过滤在组件部件中不需要显示的对象，使其不出现在装配中。

（2）用部件几何体而非全部实体表示在装配中的一个组件部件。

在一个部件文件中创建的引用集数量是没有限制的。一旦创建后，可以使用装配加载选项将单个引用集调入装配，而不必调入整个部件。默认情况下，每个装配都有访问以下引用集的权限。

- 模型（片体和实体）：只在实体或面几何体存在时可用。
- 整个部件：部件中的所有几何体。
- 空的：不含任何几何体，在部件不需要显示时使用，作为装配中的占位符。
- 轻量化：是一个含有在模型引用集中每个体的小平面表示（一般为"显示轻量级"）。
- 简化的：完整模型的简单表示。

在很多情况下，一些非 NX 提供的引用集会非常有用，例如：

（1）配对引用集

如果要访问装配约束使用的基准，则包含这些基准的引用集或许有用。建立只包含装配约束必需的实体和所需基准的标准引用集，可以称为配对引用集。

（2）制图引用集

某些部件使用了参考几何体，而这些参考几何体需要标注在工程图中，在其他地方却不需要，可以定义这些参考几何体为制图引用集，如管径的中心线。

7.2.2 "引用集"对话框

在菜单栏中选择"格式"→"引用集"命令，系统将打开"引用集"对话框，如图 7-8 所示。

下面对该对话框中的各个选项进行说明。

（1）选择对象 ：用于在引用集中添加对象，仅在添加新的引用集时可用。

（2）引用集名称：从"引用集"列表框中选择用户定义的引用集时显示引用集名称。在创建新引用集时可输入、编辑引用集名称。引用集的命名必须小于或等于 30 个字符，不允许使用空格、逗号等特殊字符，字母不区分大小写。

（3）"添加新的引用集"按钮 ：用于创建新引用集。部件和子装配都可以建立引用集。部件的引用集可在部件中建立，也可在装配中建立。如果要在装配中为某部件建立引用集，应先使其成为工作部件。

图 7-8　"引用集"对话框

（4）"删除"按钮 ：用于删除部件或子装配中已建立的引用集。在"引用集"列表框中选中需删除的引用集，单击该按钮即可将该引用集删去。

（5）"设置为当前引用集"按钮 ：用于将高亮度显示的引用集设置为当前引用集。

（6）"属性"按钮：在"引用集"列表框中选中某一引用集，单击"属性"按钮后，系统将打开"引用集属性"对话框，在该对话框中可对引用集属性进行编辑。

（7）"信息"按钮：用于查看当前零部件中已建引用集的有关信息。在"引用集"列表框中选中某一引用集后该选项被激活，单击"信息"按钮则直接弹出引用集信息窗口，显示有关所选引用集的"信息"窗口。其中包含引用集名称、成员组件的数量和对象类型。

（8）设置：从"引用集"列表框中选择用户定义的引用集时可用。

自动添加组件：设置添加到此部件的新组件是否自动添加到当前引用集。

7.2.3　引用集应用

1．创建引用集

要使用引用集管理装配数据，就必须首先创建引用集。在创建引用集时，要先将组件或子装配设置为工作部件，然后按下列步骤创建引用集。

（1）选择"格式"→"引用集"命令。

（2）在"引用集"对话框中（如图 7-8 所示）单击"添加新的引用集"按钮。

（3）在"设置"组中，如果想要 NX 自动添加新组件到该引用集，选中"自动添加组件"复选框。

（4）在"引用集名称"文本框中，如果不想使用默认名称，可以输入一个新名称。

（5）在图形窗口中，选择（或取消）对象，直到所有想添加到引用集的对象都选定。

（6）完成定义引用集后，单击"关闭"按钮。

2．替换引用集

在创建引用集之前，必须将整个部件调入装配。这使用了大量内存并可能使图形窗口显得凌乱。在操作引用集时，将需要在装配中的引用集和各类部件之间来回切换，这叫做替换引用集。替换引用集的方法介绍如下。

（1）利用装配导航器替换引用集

在装配导航器中某组件节点上单击鼠标右键，从弹出的快捷菜单中选择"替换引用集"命令，级联菜单将显示出该组件的所有引用集。从列表中选择一个要替换的引用集（当前显示的引用集名称是灰色的），就可以改变组件在装配中的显示方式，如图 7-9 所示。

（2）在装配的上下文中替换引用集

如果正在装配上下文中建立引用集，然后要立即使用新的引用集，可以将新引用集设置为当前引用集，如图 7-10 所示。操作方法有两个：

① 在"引用集"对话框中选取需替换的引用集名称，单击"设置为当前引用集"按钮。

② 在"装配"工具条中，同样可以使用"替换引用集"命令或替换引用集下拉列表框。

图 7-9　替换引用集

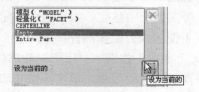

图 7-10　设置为当前引用集

3．编辑引用集

在引用集创建以后，如果包含的对象需要增加或减少，或者对引用集名称进行修改，需要用到编辑引用集功能。基本步骤如下：

（1）在装配导航器中，右键单击拥有引用集的组件或子装配，再选择"设为工作部件"命令。

（2）选择"格式"→"引用集"命令。

（3）在"引用集"对话框的"引用集"列表框中选择要编辑的引用集。

（4）可以针对选定的引用集进行以下编辑：添加或移除对象，重命名引用集，对于用户定义的引用集，调整"自动添加组件"选项。

注意： "空部件"引用集和"整个部件"引用集是不能进行编辑的。

7.3　装配约束

7.3.1　装配约束概念

通过创建由子装配和/或单个零件所组成的组件，可以从装配部件的顶级确定装配结构。装配结构的确定仍然需要组件之间的相互位置关系的建立。

组件的装配关系就是确定组件在装配中的相对位置。组件相对位置的确定是通过定义两个组件之间的相互约束条件实现的，即装配约束的实现。多个配对约束的组合可以称为配对条件。配对约束限制组件在装配中的自由度。如果组件全部自由度被限制称为全约束；如果组件的自由度只有部分被约束称为欠约束（或部分约束）。在装配中可选择是否显示自由度，方便组件定位。在图形窗口中系统会自动显示约束符号，如图 7-11 所示，该符号表示组件在装配中没有被限制的自由度。

移动自由度　　　　转动自由度

图 7-11　约束符号

NX 软件使用无向定位约束，这意味着任何一个组件都可以移动以解算约束。

7.3.2　"装配约束"对话框

在进行新组件的装配过程中会使用到"装配约束"对话框，也可以在"装配"工具条上单击"装配约束"按钮或者在菜单栏中选择"装配"→"组件位置"→"装配约束"

命令，打开"装配约束"对话框，如图 7-12 所示。此对话
框的使用说明简述如下：

（1）在"装配约束"对话框中，将"类型"设置为接
触对齐、中心、角度等方式之一。

（2）检查"设置"项，各子项的含义如下。

① "布置"下拉列表框指定是否要将约束应用到其他
装配布置。"使用组件属性"服从于"组件属性"对话框
参数页上的"布置"设置。"应用到已使用的"是指在当
前已用过的布置中应用该约束。

② "动态定位"指定创建每个约束时是否需要 NX 软
件来控制和移动部件。

图 7-12　"装配约束"对话框

③ "关联"表示在退出该对话框后保持约束。

④ "移动曲线和管线布置对象"表示在做约束时，是否想要走线对象和相联系的非关
联性装配所属曲线（即图 7-12 所示对话框中未选中"关联"复选框时创建的曲线）移动。

（3）"方位"的设置主要有"首选接触"、"接触"、"对齐"和"自动判断中心/
轴" 4 种。

（4）单击⊞图标选择两个对象（如果必要），并选择两个对象做约束。

（5）如果两个方案可选，可以单击"返回上一约束"按钮⊠，在两个方案之间切换。
如果在距离约束中出现多于两个的可选方案，可单击⊞按钮，在多个方案间循环选择需要
的解。

（6）结束添加约束时，单击"确定"或"应用"按钮。

（7）在进行新组件的装配过程中，打开"装配约束"对话框后底部还有"预览窗口"
和"在主窗口预览组件"两个复选框。"预览窗口"是装配时显示新组件的窗口，位于界
面右下角。"在主窗口预览组件"表示可以临时将新组件装配到已有部件中，便于查看装
配效果。

7.3.3　装配约束

装配约束对话框中的"类型"下拉列表中包括了角度、中心、胶合、拟合（适合）、接
触对齐、同心、距离、固定、平行和垂直共 10 种约束类型。下面对这些约束进行简要介绍。

（1）角度约束⊠

该约束类型是在两个对象间定义角度尺寸，用于约束相配组件到正确的方位上。角度
约束可以在两个具有方向矢量的对象间产生，角度是两个方向关联的夹角，逆时针为正。
这种约束允许关联不同类型的对象，例如可以在面和边缘之间指定一个角度约束。

（2）中心约束⊞

该关联类型约束两个对象的中心，使其中心对齐。当选择中心约束时，"要约束的几
何体"栏中的"子类型"有 3 种情况，分别介绍如下。

① 1 对 2：将相配组件中的一个对象定位到基础组件中两个对象的对称中心上。

② 2 对 1：将相配组件中的两个对象定位到基础组件中的一个对象上，并与其对称。

③ 2 对 2：使相配组件中的两个对象与基础组件中的两个对象成对称布置。

（3）胶合约束▥▤

该约束类型表示将两个组件"焊接"在一起，使它们作为一个刚体运动。胶合约束只能应用于组件，或组件和装配级的几何体。不可选择其他对象。

（4）拟合（适合）约束＝

使具有等半径的两个圆柱面合起来。此约束对确定孔中销或螺栓的位置很有用。如果以后半径变为不等，则该约束无效。

（5）接触对齐约束▨▦

该约束类型代替了以前 NX 版本中的贴合约束、对齐约束和相切约束，应用很普遍，如图 7-13 所示。"首选接触"表示当接触与对齐方案都可行时，优先采用接触约束（多数模型中接触约束比对齐约束更普遍）；当接触约束过度约束装配时，将显示对齐约束。此类约束的 4 种约束方式具体含义介绍如下。

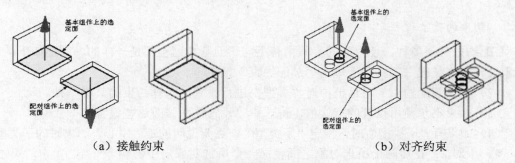

（a）接触约束　　　　　　　　　　（b）对齐约束

图 7-13　接触对齐约束示例

- 接触和首选接触：该约束类型定位两个同类对象相一致。对于平面对象，用这种约束时，它们共面且法线方向相反。对于锥体，系统首先检查其角度是否相等，如果相等，则对齐其轴线。对于曲面，系统先检验两个面的内外直径是否相等，若相等则对齐两个面的轴线和位置。对于圆柱面，要求相配组件直径相等才能对齐轴线。对于边缘、线和圆柱表面，接触约束类似于对齐约束。

- 对齐约束：当对齐平面时，使两个表面共面且法线方向相同。当对齐圆柱、圆锥和圆环面等对称实体时，使其轴线相一致；当对齐边缘和线时，使两者共线。需要注意的是对齐与接触不同，当对齐圆柱、圆锥和圆环面时，不要求相关联对象直径相同。

- 自动判断中心/轴：是指对于选取的两回转体对象，系统自动判断组件的中心/轴而获得中心线或中心轴的接触对齐约束效果。可约束两孔的中心线在同一条线上。

（6）同心约束◎

该约束表示约束两个组件的圆形边或椭圆形边，以使中心重合，并使边的平面共面。

（7）距离约束▥▮▮

该约束类型用于指定两个相关联项之间的最小距离，距离可以是正值也可以是负值，正负号确定相关联项是在目标对象的哪一边。

（8）固定约束⊡

该关联类型将组件固定在它的当前位置，不可移动。在需要隐含的静止对象时，固定约束会很有用。如果没有固定的节点，整个装配可以自由移动。

（9）平行约束⫽

该关联类型约束两组件的装配对象的方向矢量彼此平行。

（10）垂直约束⊥

该类型约束两组件的装配对象的方向矢量彼此垂直。它是角度约束的特殊形式。

组件以约束方式添加到装配以后，组件之间的约束关系和记录会保存在装配导航器中（如图 7-3 所示），将"约束"前面的压缩符号展开即可看到约束记录，还可以在此进行装配约束的显示/隐藏、转换等编辑。

7.3.4 约束的建立与编辑

1．约束的建立过程

装配约束有很多种，使用时的步骤稍有不同，但基本过程都是一样的。简述如下：

（1）在"装配"工具条上单击"装配约束"按钮▣。

（2）在"装配约束"对话框中对"类型"进行设置，选择约束的其中一种。

（3）如果不想使用设置的默认值，可选中"设置"并修改这些设置。

（4）如果有"子类型"时，指定"子类型"。需要说明的是"中心"约束时的子类型。

● 1 对 2：在后两个所选对象之间使第一个所选对象居中。

● 2 对 1：使两个所选对象沿第三个所选对象居中。

● 2 对 2：使两个所选对象在两个其他所选对象之间居中。

（5）单击"选择对象"按钮⊕（需要时），并选择适当数量的由"子类型"定义的对象。

（6）完成添加约束后，单击"确定"或"应用"按钮。

2．约束的编辑

（1）显示或隐藏约束

在"装配"工具条上单击"显示和隐藏约束"按钮▦，或选择"装配"→"组件位置"→"显示和隐藏约束"命令，"显示和隐藏约束"对话框随即打开。该对话框控制以下各项的可见性：选定的约束、与选定组件相关联的所有约束和仅选定组件之间的约束。

或者在装配导航器中右键单击上级约束节点，在弹出的快捷菜单中设置"在图形窗口中显示约束"和"在图形窗口中显示受抑制约束"。

（2）编辑约束

如果在装配过程中组件之间有约束存在，这些约束会在装配导航器中出现。在装配导航器中的约束节点包括上级约束节点和单独约束节点。单独约束节点表示两个组件之间的约束类型，括号中显示的是两个组件的名字。在单独约束节点上单击鼠标右键会弹出菜单

（见图 7-5），部分选项简要说明如下。

- 编辑：打开"装配约束"对话框，以便在其中编辑约束。
- 重新定义：打开"装配约束"对话框，以便在其中重新定义约束。
- 反向：当一个约束有两个解算方案时出现，运行选择另外一个约束方案。
- 循环：距离约束中存在两个以上的解算方案时出现。可在可能的解算方案之间循环。
- 转换为：当约束可以转换为另一种约束类型时出现。允许将约束转换为可从列表中选择的类型。
- 加载相关几何体：加载求解约束所需的所有几何体。
- 信息：提供有关约束的报告。

7.4　自底向上装配

7.4.1　添加组件

自底向上的装配是设计产品的最常用方法，即先创建部件模型，然后将模型添加到装配中。具体步骤如下：

1. 创建一个新的装配部件

在主菜单中选择"新建"命令，新建一个装配部件几何模型。

2. 选择要进行装配的部件

在菜单栏中选择"装配"→"组件"→"添加组件"命令，或者在"装配"工具条中单击按钮，系统将打开"添加组件"对话框，如图 7-14 所示。该对话框中的主要选项介绍如下。

图 7-14　"添加组件"对话框

- 选择部件：从当前绘图区选择几何模型。
- 已加载的部件：在列表中选择在当前工作环境中现存（内存中）的组件。
- 最近访问的部件：该列表框中列出的部件都是最近使用过的部件。
- 打开：从磁盘目录上调出以前创建的三维几何实体，添加后其自动生成为该装配中的组件。选择部件后默认状态下会出现组件预览小窗口。
- 重复：表示重复添加组件的数量。
- 放置：用于指定部件在装配中的定位方式。
- 多重添加：该选项用于指定多次添加这个部件。可以选择"无"，即表示不进行

多重添加；选择"添加后重复"时表示添加此组件后可对其进行多次添加；选择
"添加后生成阵列"时表示该组件添加后按阵列方式排列。

- 设置：可以设置组件在此装配中的名称、引用集和图层选项。其中，图层选项是
  用于指定部件放置的目标层。其中的"工作"表示将部件放置到装配部件的工作
  层，"原始的"表示仍保持部件原来的层位置，"按指定的"表示将部件放到指
  定层中。

3. 放置部件到目标位置

上一步骤各项设置完毕以后，单击"确定"按钮，根据选择的定位方式不同可能出现
"点构造"对话框或"配对约束"对话框。按照对话框提示操作完成装配。

重复以上步骤可加入其他部件到装配中，组成一个完整的装配。

7.4.2 组件编辑

组件添加到装配以后，为满足其他类似装配需要或现有组件不符合新的设计要求，可
对其进行删除、属性编辑、抑制、阵列、替换和重新定位等编辑。下面介绍实现各种编辑
的方法和过程。

1. 删除组件

选择"编辑"→"删除"命令，将会打开一个"类选择"对话框，在该对话框中输入
组件的名称或是利用选择球选择要删除的组件，然后单击"确定"按钮即可完成该项操作。
也可以在装配导航器中选择某个节点并单击鼠标右键，在弹出的快捷菜单中选择"删除"
命令；或者直接在绘图区内选择组件，单击鼠标右键，在弹出的快捷菜单中选择"删除"
命令。

2. 替换组件

选择"装配"→"组件"→"替换组件"命令，或者在"装配"工具条中单击 ⊠ 按钮
替换组件，系统将会打开"替换组件"对话框，如图 7-15 所示。

该对话框中的各选项说明如下。

- 要替换的组件：指需要被替换的组件。
- 替换部件：指新的部件替代原有的组件。可通过鼠标直接在绘图区选择，或者通
  过已加载、已卸载列表框选择，也可通过浏览、打开文件的方式在磁盘目录中寻
  找文件。
- 设置：主要是装配约束、属性和图层的设定。其中，"维持关系"复选框表示是
  否在替换组件时保持原有的装配关系；"替换装配中的所有事例"复选框表示是
  否要替换装配中的所有重复使用的组件；"组件属性"选项可以替换部件的名称、
  引用集和图层属性。

3. 移动组件

移动组件是对原有装配关系进行手动调整的一种方法，以便调整原方案或修改装配关

系适应新的设计要求。

选择"装配"→"组件位置"→"移动组件"命令，或者在"装配"工具条中单击 按钮，将弹出"移动组件"对话框，如图 7-16 所示。

图 7-15 "替换组件"对话框　　　　　　图 7-16 "移动组件"对话框

在该对话框中"设置"选项的使用可参考"装配约束"对话框中的说明。"类型"选项是组件重新定位的方法，所包含的内容简要说明如表 7-2 所示。

表 7-2 移动组件的方法

选 项	含 义
动态	使用动态坐标系手动重定位组件
通过约束	使用约束的方法移动组件，对话框增加"约束"面板，使用方法见前述
点到点	将所选组件从一点移动到另一点。对话框中自动出现出发点、目标点选择
平移	使用 WCS 坐标系或绝对坐标系的坐标增量值方式平移组件
沿矢量	通过构造矢量的方式（指定矢量方法和距离）移动组件
绕轴旋转	通过绕轴线（可定义矢量方法和角度）旋转方式移动所选择的组件
两轴之间	在选择的两轴之间重定位需移动的组件，需指定原矢量、目标矢量和原点
重定位	用移动坐标方式（指定参考坐标系和目标坐标系）重新定位所选组件
使用点旋转	在选择的两点之间旋转需要移动的组件

4. 抑制组件与解除组件的抑制

（1）抑制组件

抑制组件是指在当前显示中移去组件，使其不执行装配操作。抑制组件并不是删除组件，组件的数据仍然在装配中存在，只是不执行一些装配功能。在需要时可以用解除组件的抑制命令进行恢复。

在"装配"工具条上单击"编辑抑制状态"按钮，系统将会打开一个"类选择"对话框（在装配导航器中选择某节点后单击鼠标右键，在弹出的快捷菜单中选择"抑制"的方式则不会出现此对话框）。选择组件后单击"确定"按钮，则在视区中移去了所选组件。组件抑制后它不在绘图区显示，也不会在装配工程图和爆炸视图中显示，在装配导航工具中也看不到它。抑制组件不能进行干涉检查和间隙分析，不能进行重量计算，也不能在装配报告中查看有关信息。

（2）解除组件的抑制

解除组件的抑制可以将抑制的组件恢复成原来状态。

在装配导航器中选择被抑制的节点后单击鼠标右键，在弹出的快捷菜单中选择"抑制"命令，在弹出的"抑制"对话框中设置状态为"从不抑制"，单击"确定"按钮，即可完成组件的释放抑制操作。组件解除抑制后重新在图形窗口中显示。

单击"装配"工具条上的"取消抑制组件"按钮，在弹出的对话框中选择需要取消抑制的组件，单击"确定"按钮即可。

7.5　自顶向下装配

自顶向下装配方法主要用在上下文设计即在装配中参照其他零部件对当前工作部件进行设计的方法。其显示部件为装配部件，而工作部件是装配中的组件，所做的任何工件发生在工作部件上，而不是在装配部件上。当工作在装配上下文中，可以利用链接关系建立从其他部件到工作部件的几何关联。自顶向下装配方法有两种，大多数时候是根据设计要求和约束，两种方法同时使用。

7.5.1　几何链接器

NX/WAVE 是一种能实现相关部件间关联建模的技术。基于一个部件的几何体及位置去设计新的部件。NX/WAVE 允许用户扩展这种概念在不同部件中几何体间建立相关关系，也提供了了解、管理和控制这些关系和触发部件间更新的手段。

NX/WAVE 的基础是通过建立相关的部件间几何体的副本，关联部件间的几何体。

WAVE 几何链接器（Geometry Linker）提供在装配环境中链接复制其他部件几何对象到当前工作部件的工具。所链接的几何对象与其父几何体具有相关性，即当父几何体发生改变时，被链接到工作部件的几何对象会随之自动更新。

1．"WAVE 几何链接器"对话框

在"装配"工具条上单击"WAVE 几何链接器"按钮，则弹出如图 7-17 所示的"WAVE 几何链接器"对话框。该对话框中的主要部分说明如下：

（1）几何体类型

可以选择的几何体类型有复合曲线（显式曲线和非草图曲线）、点、基准、草图、面、面区域、体、镜像体和管线布置对象。

（2）隐藏原先的

当建立链接的特征时，如果原几何体是整个对象，隐藏原来的几何体。不能隐藏一个物体的边缘（可以隐藏一条曲线），或一个链接的区域。

（3）固定于当前时间戳记

规定链接的特征放在特征列表中的哪一个位置。默认（off）是将链接的特征放在所有已存特征之后。选中该复选框时，任何新加特征将不反映在链接几何体中。

（4）关联

选中该复选框时可以在工作部件中创建关联的几何体。取消选中时，只能在工作部件中创建非关联的几何体。

2．建立相关的链接几何体的步骤

在装配上下文中使用 WAVE 几何链接器的作用一方面是为了提高设计效率，另一方面是保证部件之间的关联性，便于参数化设计。使用 WAVE 几何链接器的步骤如下：

（1）将父几何体设为显示部件，含有新链接几何体的部件设为工作部件。

（2）在"装配"工具条上单击按钮，弹出 WAVE 几何链接器对话框。

（3）选择要链接的几何体类型，设定"设置"栏的内容，选择特定的几何体，单击"确定"按钮。至此，被选择的几何对象被链接到工作部件中。

一般来讲，使用 WAVE 几何链接器进行几何体的关联性复制可以是任意两个组件，但是在实际应用中必须注意避免"循环"复制。所谓"循环"复制是指将组件 A 的几何体复制到组件 B，同时又将组件 B 上的几何体复制到组件 A，这将导致系统出错。

3．WAVE 几何链接器的编辑

在"装配"工具条上单击按钮或选择"装配"→WAVE→"部件间链接浏览器"命令，弹出"部件间链接浏览器"对话框，如图 7-18 所示。利用 WAVE 几何链接浏览器可以管理所有部件间的链接数据，并对 WAVE 几何链接器进行编辑。

图 7-17　"WAVE 几何链接器"对话框　　　图 7-18　"部件间链接浏览器"对话框

在图 7-18 所示的对话框中，可以根据对象、特征和部件 3 种方式查看所有的链接数据。

如果有部件间链接存在，选择这个链接后，单击 ✎ 按钮可对链接进行编辑，弹出新对话框，如图 7-19 所示。在图 7-19 所示的对话框中可以为正被编辑的链接选择新的父几何体。新的父几何体必须与原几何体类型相同（曲线、基准或实体等）。如果要断开链接，可以在图 7-18 所示的对话框中选择链接，再单击 ⟳ 按钮并选择"断开链接"消息中的"是"，可断开选定的链接。

图 7-19　编辑链接关系

7.5.2　装配方法一

1. 第一种方法的建立过程

第一种方法是先建立一个空的新组件，它不含任何几何对象，然后使其成为工作部件，再在其中建立几何模型。该方法的建立过程如图 7-20 所示。说明如下：

第一步，在装配中创建一个"空"组件对象。

第二步，使"空"部件成为工作部件。

第三步，在该"空"部件中创建几何体。

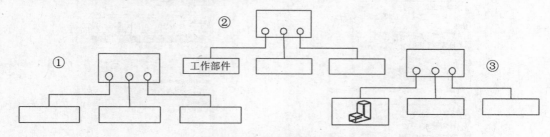

图 7-20　自顶向下装配方法一

2. 建立新组件的操作步骤

（1）打开一个装配文件

该文件可以是一个不含任何几何体和组件的新文件，也可以是一个含有几何体或装配部件的文件。

（2）创建新组件

在菜单栏中选择"装配"→"组件"→"新建组件"命令，或者在"装配"工具条中单击⬚按钮，系统同时将会打开"新组件文件"对话框，要求用户选择文件类型，在该对话框中输入文件名称，单击"确定"按钮。系统打开"新建组件"对话框，要求选择添加到该组件中的几何实体并可以设置名称、引用集等信息。由于是产生不含几何对象的新组件，因此该处不需选择几何对象，单击"确定"按钮，则在装配中添加了一个不含对象的新组件。

3. 新组件几何对象的建立和编辑

新组件产生后，可在其中建立几何对象，首先必须设置新组件为工作部件，然后才可以进行建模操作。

建模操作有两种建立几何对象的方法：第一种是建立几何对象，直接在新组件中用 NX/建模模块的方法建立和编辑几何对象。第二种是建立关联几何对象，即使用"WAVE 几何链接器"进行建模。

7.5.3　装配方法二

1. 第二种方法的建立过程

第二种方法是先在装配中建立一个几何模型，然后创建一个新组件，同时将该几何模型链接到新建组件中。该方法的建立过程如图 7-21 所示。简要说明如下：

第一步，在装配部件中创建几何体（草图、实体及其他）。

第二步，创建一个组件并向其中添加几何体。

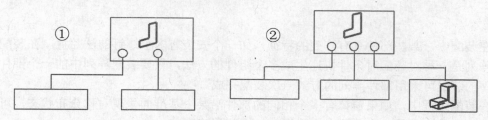

图 7-21　自顶向下装配方法二

2. 建立新组件的操作步骤

（1）打开一个文件

该文件为一个含有几何体的文件，或者先在该文件中建立一个几何体。

（2）创建新组件

在主菜单上选择"装配"→"组件"→"新建组件"命令，或者在"装配"工具条中单击⬚按钮，系统同时将会打开"新建组件"对话框，要求用户选择文件类型，在该对话框中输入文件名称，单击"确定"按钮。

（3）设置新组件属性

弹出如图 7-22 所示的"新建组件"对话框，要求用户设置新组件的有关信息。该对话框的各部分简要说明如下。

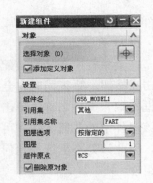

图 7-22　"新建组件"对话框

- 选择对象：从绘图区选择需要的几何体对象。
- 添加定义对象：选中该复选框可在新组件部件文件中包含所有参考对象。
- 组件名：指定新组件的名称。
- 引用集：用于选择可用的引用集。
- 引用集名称：将"引用集"设置为"其他"时出现，指定组件引用集的名称。
- 图层选项：用于设置产生的组件添加到装配部件中的哪一层。包含 3 个选项："工作"选项，将对象添加到工作图层，并在装配的工作图层上显示所有的新几何体；"原始的"选项，表示将组件对象添加到工作图层；"按指定的"选项，表示将新组件添加到装配部件的指定层。
- 图层：只有在"图层选项"为"按指定的"时才激活，用于指定层号。
- 组件原点：指定绝对坐标系在组件部件内的位置。其中的 WCS 指定绝对坐标系的位置和方向与显示部件的 WCS 相同；"绝对"可指定对象保留其绝对坐标位置。
- 删除原对象：控制是否删除原始对象。选中该复选框可删除原始对象，同时将选定对象移至新部件。

在对话框中设置上述各选项后，单击"确定"按钮。至此，在装配中产生了一个含所选几何对象的新组件。

7.6　组件阵列与镜像

在装配中，某些部件具有阵列的特征，如一个安装有多个螺钉的法兰盘。在装配中，组件阵列是一种对应配对条件快速生成多个组件的方法，只要装配阵列中的一个部件，其余部件的装配可采用部件阵列的方式一次装配完成。

在装配过程中，如果窗口有多个相同的部件沿某个基准面呈现对称分布状态，可以使用"镜像组件"工具一次获得多个特征，加快装配速度。

7.6.1　建立组件阵列

组件阵列的方式有 3 种，分别叙述如下。

1．基于特征的阵列集

这种阵列装配是根据模板组件的配对约束生成各组件的配对约束，阵列的部件与基体具有相关性。如果放置阵列组件的基础组件发生变化，则配对到其上的组件也会发生变化。例如，在基础组件上增加、减少特征的个数，阵列组件的个数也会随之改变。"组件阵列"

对话框如图 7-23 所示。在该对话框中也可以对组件阵列名进行命名。

产生基于特征的组件阵列部件操作步骤如下：

（1）打开一个装配部件。

（2）在主菜单中选择"装配"→"组件"→"创建组件阵列"命令，或在工具条上单击 按钮。

（3）在"类选择"对话框中选择要阵列的组件，单击"确定"按钮。

（4）在"组件阵列"对话框中选择"从实例特征"方式，单击"确定"按钮确认。

2．线性阵列

线性阵列包括一维阵列和二维阵列（也叫矩形阵列）。阵列的部件按矩形方式排列。在图 7-23 中选择线性阵列方式，单击"确定"按钮后弹出如图 7-24 所示的对话框。

3．圆形阵列

阵列的部件按圆周排列。在图 7-23 中选择圆形阵列方式，单击"确定"按钮后弹出如图 7-25 所示的对话框。对话框上部用来确定圆形阵列的中心轴，下部用来确定圆形阵列的参数。先选择一种确定阵列中心轴的方法，再在图形窗口中选择对应对象确定中心轴，然后指定圆形阵列的组件数目和角度，最后单击"确定"按钮。

图 7-23　"组件阵列"对话框　　图 7-24　"线性阵列"对话框　　图 7-25　"圆形阵列"对话框

线性阵列和圆形阵列的信息可通过菜单上的"信息"→"装配"→"组件阵列"命令获得。

7.6.2　编辑组件阵列

组件阵列建立以后，在需要时可对其进行修改、替换和删除等操作，使之更有效地辅助装配设计。

在菜单栏中选择"装配"→"组件"→"编辑组件阵列"命令，弹出如图 7-26 所示的对话框。

该对话框上部是阵列名称列表框，下部是编辑阵列选项。其主要功能介绍如下。

图 7-26　"编辑组件阵列"对话框

- 编辑名称：编辑、修改阵列的名称。
- 编辑模板：重新指定组件模板。
- 替换组件：用新的组件替换当前组件。
- 编辑阵列参数：仅用于主部件方式，可以修改阵列的个数、偏置距离等参数。

- 删除阵列：用于删除阵列部件与基体的约束关系或阵列部件与主部件的约束关系，原来的阵列部件保留为一般部件。
- 全部删除：除模板部件与基体仍有约束关系外，阵列以及阵列部件被全部删除。

7.6.3 镜像装配

利用镜像装配功能，仅需要对部件的一侧几何体进行装配，然后创建一个镜像的版本形成装配的另一侧。镜像装配只能相对于平面，可以是已存平面或新建的平面。

镜像装配的操作步骤如下：

（1）在"装配"工具条上单击"镜像装配"按钮或者在菜单栏中选择"装配"→"组件"→"镜像装配"命令，弹出"镜像装配向导"对话框，单击"下一步"按钮。

（2）选择需要进行镜像装配的组件，单击"下一步"按钮。

（3）选择镜像平面（已存平面或者用"创建基准平面"按钮新建平面）。

（4）选择组件的镜像类型（完成后单击"下一步"按钮，系统执行镜像预览）。

① 指派重定位操作：默认类型，对每个组件添加一放在镜像平面另一侧的引用实例。

② 指派镜像几何体操作：创建组件的对称边版本。

③ 重用装配：在镜像装配中重用子装配而非创建一个新的子装配。

④ 指派排除组件操作：从镜像操作中排除无须镜像的组件。

（5）在 Mirror Review 选项卡中，在完成操作之前可以进行修改，防止出错。

（6）为新部件文件进行命名，指定新部件文件的存储目录，单击"下一步"按钮。

（7）在新的对话框中对新部件文件名称进行核对，无误后单击"完成"按钮。

7.7 爆 炸 图

爆炸图是在装配模型中组件按照装配关系偏离原来的位置的拆分图形，如图 7-27 所示。爆炸图的创建可以方便用户查看装配中的零件及其相互之间的装配关系。

爆炸图在本质上也是一个视图，与其他用户定义的视图一样，一旦定义和命名就可以被添加到其他图形中。爆炸图与显示部件关联，并存储在显示部件中。用户可以在任何视图中显示爆炸图形，并对该图形进行任何 NX 的操作，该操作也将同时影响到非爆炸图中的组件。

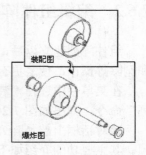

图 7-27 爆炸图

7.7.1 建立爆炸图

完成部件装配后，可建立爆炸图来表达装配部件内部各组件间的相互关系。在"装配"

工具条中单击![按钮]按钮，将弹出"爆炸图"工具条，如图 7-28 所示。该工具条包含所有的爆炸图创建和设置的选项。同时，也可以在 NX/装配的主界面中选择"装配"→"爆炸图"下拉菜单中的各项命令，来完成爆炸图的各种操作。

选择"装配"→"爆炸图"→"新建爆炸图"命令，或者在"爆炸图"工具条中单击![按钮]按钮创建爆炸，将会弹出"输入爆炸图名称"对话框。在该对话框中输入爆炸图名称，或接受默认名称，单击"确定"按钮即可建立一个新的爆炸图。

在新创建了一个爆炸图后视图并没有发生什么变化，接下来就必须使组件炸开，组件的爆炸方法有两种。

第一种方法：单击"编辑爆炸图"按钮![按钮]，弹出如图 7-29 所示的对话框，通过该对话框完成组件的爆炸。

第二种方法：单击"自动爆炸图"按钮![按钮]，弹出"爆炸距离"对话框。其中的"距离"参数用来设置自动爆炸组件之间的距离；"增加间隙"参数用于增加爆炸组件之间的间隙。它控制着自动爆炸的方式：关闭该选项时指定的距离为绝对距离；如果打开该选项，指定的距离为组件相对于关联组件移动的相对距离。图 7-30 对距离和间隙进行了图示说明。

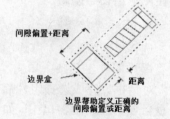

图 7-28　"爆炸图"工具条　　　图 7-29　"编辑爆炸图"对话框　　　图 7-30　距离和间隙示意图

自动爆炸只能爆炸具有关联条件的组件，对于没有关联条件的组件不能用该爆炸方式。

7.7.2　编辑爆炸图

如果在上面的操作中没有得到理想的爆炸效果或者需要对爆炸进行隐藏，通常需要对爆炸图进行编辑。

在菜单栏中选择"装配"→"爆炸图"→"编辑爆炸图"命令，或者在"爆炸图"工具条中单击![按钮]按钮，系统将会打开"编辑爆炸图"对话框，如图 7-29 所示。该对话框可以实现单个或多个组件位置的调整，在该对话框中输入所选组件的偏移距离和方向后单击"应用"按钮，即可完成该组件位置的调整。如果对产生的爆炸结果不满意，可以单击"取消爆炸"按钮，使组件复位。

7.7.3　爆炸视图的操作

1. 取消爆炸

选择"装配"→"爆炸图"→"取消爆炸组件"命令，或者在"爆炸图"工具条中单

击  按钮，弹出 "类选择" 对话框。选择要复位的组件后，单击 "确定" 按钮即可使已爆炸的组件回到其原来的位置。

2. 删除爆炸图

选择 "装配" → "爆炸图" → "删除爆炸图" 命令，或者在 "爆炸图" 工具条中单击 按钮，单击该图标后系统弹出 "选择爆炸图" 对话框。其中列出了所有爆炸图的名称，可在列表框中选择要删除的爆炸图，单击 "确定" 按钮即可删除已建立的爆炸图（要切换爆炸图到 "无爆炸" 状态）。

3. 切换爆炸图

如果用户对某个装配组件建立了多个装配爆炸图，可以在 "爆炸图" 工具条中的 "工作视图爆炸" 下拉列表中进行选择、切换。选择的爆炸图名称是要在图形窗口中显示的爆炸图。

4. 隐藏爆炸图

选择 "装配" → "爆炸图" → "隐藏爆炸图" 命令，或者在 "爆炸图" 工具条中单击 按钮，系统将会打开 "选择组件" 对话框，完成组件选择后单击 "确定" 按钮，则所选组件在图形窗口中隐藏。

5. 显示爆炸图

选择 "装配" → "爆炸图" → "显示爆炸图" 命令，或者在 "爆炸图" 工具条中单击 按钮，系统将会打开 "选择组件" 对话框。完成选择组件后，单击 "确定" 按钮，则所选组件重新显示在图形窗口中。如果没有组件隐藏，不能进行本项操作。

6. 创建追踪线

选择 "装配" → "爆炸图" → "追踪线" 命令，或者在 "爆炸图" 工具条中单击 按钮，系统会弹出如图 7-31 所示的 "追踪线" 对话框。按起始点和终止点及两者之间的方向自动创建追踪线，有多条路径可选时，可单击 图标进行切换。爆炸图中的追踪线用来指示组件的装配位置。

图 7-31　　"追踪线" 对话框

7.8　装配建模中的其他常用功能

7.8.1　装配信息查询及装配分析

1. 部件属性

部件属性保存在部件中。当建立部件属性时，默认建立在显示部件上。

在装配导航器中右键单击显示部件，选择 "属性" 命令或者在菜单栏中选择 "文件"

→ "属性"命令，可弹出"显示的部件属性"对话框。属性命令及其描述如下：

- 标题与值：为建立的新属性输入标题和值。标题不能超过 50 个数字和字符，空格无效。
- 类型：可建立对象属性的类型有整数值、实数值、日期和时间、空、字符串以及参考（表达式和文本字符串）。

　　2. 组件属性

　　选择一个或多个组件，在菜单栏中选择"编辑"→"属性"命令，或在装配导航器中右键单击组件节点，选择"属性"命令，系统将打开"组件属性"对话框。

　　使用"组件属性"对话框可获取有关所选组件的状态信息，并对所选组件进行更改。一些功能只能通过"组件属性"对话框来更改，包括以下功能：更改组件的名称，更新部件族成员，从事例中移除颜色、透明度或部分着色设置以使用组件部件的原始设置。

　　该对话框含有 6 个选项卡，分别为装配、常规、属性、参数、重量和部件文件。选择不同的选项卡将会打开不同的对话框。下面简要说明各个选项卡的功能及各个选项的含义。

- 装配：该选项卡中包含用于更改装配的某些显示属性的选项。显示组件加载的状态和当前所在的层，用户可以在图层选项的下拉菜单中选择不同的层，还可以输入新的层号改变组件所在的层。还可以移除选定组件的组件颜色、透明度和局部着色。
- 常规：该选项卡用来显示选定对象的名称，以及该对象的详细信息。
- 属性：在"组件属性值"栏中可以指定组件的属性值，在"属性名称"文本框中输入属性的名称，在"属性值"文本框中输入属性值并回车，该属性的名称及其属性值将会自动出现在"属性值"列表框中。
- 参数：包括获取有关选定组件中参数的信息和编辑这些参数的选项，通过该选项卡用户可以对组件的布置进行修改。
- 重量：用来显示组件的重量。若没有显示，可单击右侧的 G 按钮得到重量数据。
- 部件文件：该选项卡列出了部件文件创建的时间、格式和其他有关信息。

　　3. 装配报告

　　使用"装配报告"命令可以在系统中查询有关装配组件的信息，如组件的列表、更新报告、部件族成员、组件的多个修订版等内容。由这些信息可以了解到：装配中存在哪些组件，每个组件在加载时的状态以及每个组件在整个可访问网络中的使用位置。

　　在菜单栏中选择"信息"→"装配"命令，级联菜单中列出了几种可用的报告，简要介绍如下。

　　（1）列出组件

　　该命令可以生成装配中所有组件的列表。此列表对装配的每一级都进行了缩进，类似于物料清单。列表信息包含部件名、引用集名称、组件名、已定位（每个组件的装配约束信息）、数量（每个组件被引用的次数）、单位、目录、附注。

　　（2）更新报告

　　该命令可获取在加载时可能发生的任何组件更新的汇总。此报告显示每个装配组件的以下信息：部件名、引用集名称、组件名、组件状态以及对其含义的明确说明、加载的版本以及引用的版本。

此报告也包含部件族信息。如果当前部件是一个族成员，并且该族已加载，则报告将指示该成员是否为最新的。装配加载之后，对装配进行的更改不会反映在更新报告中，因为它只是报告装配在加载时的状态。

（3）何处使用

该命令以获取有关所选组件的父部件文件的以下信息：部件名、根目录、装配级和组件在每个父部件中的使用次数。

（4）会话中何处使用

该命令可以查找给定组件在当前已加载部件中的使用位置，它会生成一个所有级别的报告，该报告与"何处使用"报告相似，但其中包含有关部件状态的附加信息（如部件是经过修改还是部分加载）。

（5）装配结构图

该命令可以创建装配图并将其放置在部件文件中。此图表以图形方式说明装配层次结构，其中包含以下一个或多个信息：部件名、引用集、组件名、描述、部件和对象属性。

4．检查间隙

使用"检查间隙"命令可检查装配的选定组件中是否存在可能的干涉。该命令可报告以下类型的干涉：软干涉（对象之间的最小距离小于或等于安全区域）、硬干涉（对象彼此相交）、接触干涉（对象相互接触但不相交）和包容干涉（一个对象完全包含在另一个对象内）。所有分析结果均存储在部件文件内的间隙集中。

在"装配"工具条上单击"检查间隙"按钮，或选择"分析"→"装配间隙"→"简单间隙检查"命令，在选中需要检查的组件后，即出现间隙检查结果窗口。如果发现干涉，则会显示一个报告。对于每个干涉，报告都会列出以下项：所选组件的名称、干涉组件的名称和干涉的状态。

7.8.2　装配明细表

装配明细表，有时也称为零件明细表（Part Lists），是直接从装配导航器中列出的组件派生而来的，可以通过这些表格轻松地为装配创建物料清单。由于零件明细表是一种形式独特的表格，因此，用于管理表格内容的所有交互操作也可用于管理零件明细表的内容。这种明细表用于制图模块，创建零件明细表时要先进入制图模块，将装配图放入图纸中。

1．创建明细表

在"表格"工具条上单击"零件明细表"按钮，或者选择"插入"→"零件明细表"命令，自动弹出一个跟随鼠标移动的矩形表格。将表格拖动到所需位置，单击这个位置，以放置零件明细表。

默认的零件明细表只有 3 列，分别为 PC NO.、PART NAME 和 QTY，分别表示序号、部件名称和数量（使用的模板不同，此处会有所差别），如图 7-32（a）所示。

2. 明细表的修改

（1）选择第一列右键单击第一列的某个单元格，在弹出的快捷菜单中选择"选择"→"列"命令，如图 7-32（b）所示。

（2）选中第一列并单击鼠标右键，在弹出的快捷菜单中选择"插入"→"右边的列"命令，插入新列。

（3）设置新列的属性并选中新插入的列，单击鼠标右键，选择"样式"命令，弹出"注释样式"对话框。把第二列定义为"图号"，设置如下："文字"栏中的"文字"设为仿宋体"chinesef_fs"，其他项可根据需要修改；在"列"栏中单击属性名按钮，选择"图号"，单击"确定"按钮。将"单元格"栏中的"格式"设置为"文本"。其他都按默认设置。单击"确定"按钮后第二列就会显示"图号"，如图 7-32（c）所示。

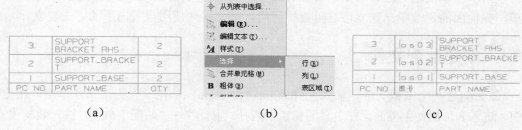

（a）　　　　　　　　（b）　　　　　　　　（c）

图 7-32　零件明细表的部分操作

（4）按照以上方法，可以分别设置材料、重量等明细表列的内容。

这些属性多数需要自定义使用，零件明细表的系统属性如表 7-3 所示。

表 7-3　零件明细表的系统属性

系 统 属 性	描　　述
$PART_NAME	表示零件明细表中零件的可显示的叶节点名称，不含任何后缀
$PART_NAME_CORE	如果版本控制规则起作用，则表示部件名的核心部分；否则，就与 $PART_NAME 相同
$PART_NAME_VERSION	如果版本控制规则起作用，则表示部件名的版本部分；否则，就是 ""
$COMPONENT_NAME	表示零件明细表条目中当前组件的名称，与组件名有关
$NAME	对于零件明细表，与 $COMPONENT_NAME 相同
$REF_SET_NAME	表示所显示组件的引用集名称
$LAYER	表示组件所在的图层
$COLOR	表示组件的颜色
$FONT	表示组件使用的线型
$WIDTH	表示组件的线宽
$MASS	表示组件的质量
$VOLUME	表示组件的体积
$AREA	表示组件的面积
$LENGTH	表示具有相同部件号的所有管线布置型材的剪切长度值总和

3. 自动符号标注（Auto balloon）

使用"自动符号标注"命令将关联零件明细表标注添加到图纸的一个或多个视图中。

这些标注中的文本反映零件明细表中的数据。

要进行自动符号标注，零件明细表必须存在于图纸中。在工具条中单击"表格"→"自动符号标注"按钮，或者在菜单栏中选择"工具"→"表格"→"自动符号标注"命令，然后根据弹出的对话框提示，选择零件明细表，单击"确定"按钮，从图形窗口或"零件明细表自动符号标注"对话框中选择图纸视图，单击"确定"或"应用"按钮。

7.9　装配实例——活塞连杆机构装配

在本节中以活塞、连杆与曲柄转轴等部件的装配为例介绍 NX 的装配操作。所需的零件模型在前面的章节中已建立，这里直接应用，部分零件使用自顶向下的方法建立。

7.9.1　新建装配文件

（1）新建一个模型文件，输入文件名 linkage_assm，单位设置为毫米，单击"确定"按钮，进入 NX 软件主界面。在主界面窗口中选择"开始"→"装配"命令，进入装配模式。

（2）选择"首选项"→"装配"命令，弹出"装配首选项"对话框，确保选中"添加组件时预览"复选框，其他选项保持默认设置。

7.9.2　添加已有组件

1．添加活塞组件

（1）选择"装配"→"组件"→"添加组件"命令，或单击"添加组件"按钮，弹出"添加组件"对话框。在该对话框中设置"定位"为"绝对原点"，"多重添加"为"无"，"引用集"为"模型"，"图层"为"工作"。

（2）通过打开文件的方式找到目录中的活塞组件，单击"确定"按钮之后回到"添加组件"对话框，再单击"确定"按钮之后把活塞组件定位在原点上。

2．添加连杆部件

（1）在"装配"工具条上单击按钮，在"添加组件"对话框中，设置"定位"为"通过约束"，"多重添加"为"无"，"引用集"为"模型"，"图层"为"工作"；通过打开文件的方式找到目录中的连杆文件，单击"确定"按钮之后回到"添加组件"对话框，再单击"确定"按钮，打开"装配约束"对话框。

（2）"装配约束"对话框设置："类型"为"接触对齐"，"方位"为"自动判断中心/轴"，在"组件预览"小窗口选择连杆组件小头孔的中心线，如图 7-33 所示。在绘图区选择活塞组件内部凸台的孔的中心线，单击"应用"按钮，此时，两个组件进行了部分约束。

（3）设置约束"类型"为"中心"约束，"子类型"为"2 对 2"，依次选择连杆小头的两个圆柱端面、活塞组件内部凸台的端面，装配结果如图 7-34 所示。

 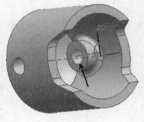 

图 7-33　选取活塞和连杆的中心线　　　　　图 7-34　活塞和连杆的配对结果

3. 添加一个曲柄转轴

（1）在"添加组件"对话框中添加曲柄组件，设置"定位"为"通过约束"，单击"确定"按钮，打开"装配约束"对话框。"装配约束"对话框设置："类型"为"接触对齐"，"方位"为"自动判断中心/轴"，选择曲柄组件圆孔的中心线，再选择连杆组件大头孔的中心线，如图 7-35 所示。单击"应用"按钮，此时，两个组件进行了部分约束。

（2）"装配约束"对话框设置："类型"为"接触对齐"，"方位"为"首选接触"，依次选择曲柄转轴圆孔的端面和连杆大头的一个侧面，单击"确定"按钮。3 个组件的装配结果如图 7-36 所示。

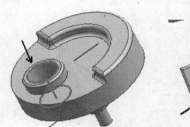 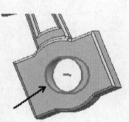 

图 7-35　曲柄转轴孔和连杆大头孔的中心线　　　　图 7-36　3 个组件的装配结果

4. 添加另一个曲柄转轴

完成一边的曲柄转轴添加之后，另一边的曲柄转轴可使用镜像装配的方式完成添加。在镜像装配过程中，镜像平面可以使用 WCS 坐标系（或绝对坐标系）的 YC-ZC 平面，偏置距离为 0，对话框设置如图 7-37 所示。镜像之后的结果如图 7-38 所示。

图 7-37　镜像基准平面的创建　　　　　图 7-38　镜像装配的结果

7.9.3　创建新组件

由于曲柄销轴和活塞销是还没有创建的部件，在上面的步骤中并没有添加到装配文件。在这个部分对活塞销进行创建。在此使用自顶向下装配中的第一种方法，使用"WAVE 几何链接器"进行建模，创建新组件。

1. 创建活塞销组件并设置工作部件

在"装配"工具条上单击"新建组件"按钮，在弹出的对话框中选择"模型"，文件名为 plunger_xiao，单位为毫米，单击"确定"按钮。

在装配导航器中，右键单击 plunger_xiao 组件，在弹出的快捷菜单中选择"设为工作部件"命令。

2. 创建几何链接

在"装配"工具条上单击"WAVE 几何链接器"，在新弹出的对话框中按默认设置，选择活塞内部一侧凸台的内孔边缘，如图 7-39 所示。建立几何链接以后，可用建模环境下的"拉伸"命令对此曲线进行建模，拉伸方向为朝向另一个孔的方向，起始距离为-15，终止距离为 41，布尔运算为"无"，则此活塞销的模型如图 7-40 所示。

图 7-39　建立几何链接

图 7-40　活塞销模型

3. 创建曲柄销组件

曲柄销轴也可依此方法创建并添加到装配中，可自行练习。

7.9.4　创建爆炸图

1. 爆炸图的创建

在"装配"工具条中单击"爆炸图"按钮，系统将自动打开"爆炸图"工具条。在该工具条中单击"创建爆炸图"按钮，将会弹出"创建爆炸图"对话框，要求用户为新爆炸图命名。输入新的爆炸图的名称后单击"确定"按钮，即完成了一个新爆炸图的建立。

2. 爆炸效果的创建

新的爆炸图建立之后该工具栏中的其他选项将自动被激活。爆炸图爆炸效果的创建方式为自动爆炸，单击"爆炸图"工具条中的"自动爆炸图"按钮，将会打开一个"类选择"

对话框，在该对话框中单击"全选"按钮，再单击"确定"按钮完成对整个装配的选择。系统将会弹出一个爆炸距离设置对话框，在该对话框中输入爆炸距离值为 10，同时选中"增加间隙"复选框，设置完成后单击"确定"按钮，在 NX 的图形窗口中将会自动地显示自动爆炸后的效果图，如图 7-41 所示。

图 7-41　自动爆炸的效果

3. 爆炸图的编辑

完成自动爆炸后，用户可以观察到一般的爆炸效果都不是很好，需要用户进一步对各个零部件的相对位置进行调整，以达到最佳的表现装配结构的爆炸图。

在"爆炸图"工具条中单击"编辑爆炸图"按钮，系统将会打开"编辑爆炸图"对话框，利用选择球在图形窗口中选中需要进行调整的组件，将选项切换成"移动对象"，在选取的对象上出现动态坐标系，此时用手动方法调整爆炸距离。调整完成后单击"应用"按钮，即可实现该爆炸组件位置的调整，如图 7-42 所示。

在图 7-42 所示的爆炸图中创建了追踪线，比较清楚地标明了曲柄销轴和曲柄的装配关系。追踪线可按步骤自行建立。

图 7-42　调整后的爆炸图

思　考　题

1. NX 装配设计的实质是什么？

2．NX 装配设计的工作部件和显示部件有何区别？

3．简述自顶向下装配和自底向上装配方法的特点。

4．NX 装配中有哪些装配约束类型？

5．NX 装配中为什么要使用引用集？列出常用的引用集类型。

6．完成图 7-43 所示零件组的装配设计和爆炸图。

7．完成图 7-44 所示零件组的装配设计和爆炸图。

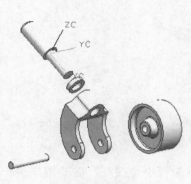

图 7-43　题 6 图

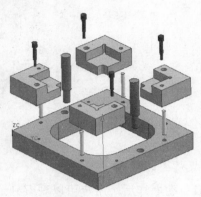

图 7-44　题 7 图

第 8 章　NX 工程制图

8.1　NX 工程制图概述

8.1.1　NX 工程制图简介

NX 工程制图模块是根据已创建的三维模型产生投影视图，然后对各个视图进行尺寸标注。在"制图"应用模块中创建的图纸与模型完全关联。对模型所做的任何更改都会在图纸中自动反映出来。用户可以在该模块中实现图纸管理、视图管理、添加尺寸标注以及其他各种制图注释等。NX 工程制图模块具有以下特征：

（1）工程图与三维模型间具有完全相关性，三维模型的任何改变都会反映在工程图纸上。

（2）用户界面直观、易用、简洁，可以快速方便地创建图样。

（3）NX 提供常用的标准化制图模板，通过应用这些模板可以大大提高制图效率。

（4）支持新型装配结构图和并行工程。制图人员可以在设计人员对模型进行处理的同时制作图样。

（5）可以快速建立具有完全相关性的剖视图，并可以自动产生剖面线。

（6）具有自动对齐视图的功能，此功能允许用户使用制图工具栏在图纸中快速放置视图，而不必考虑它们的对齐关系。

（7）能够自动隐藏不可见的线条。

（8）具有从图形窗口编辑大多数制图对象（如尺寸、符号等）的功能。用户可以创建制图对象，并立即对其进行修改。

（9）支持主要的国家和国际制图标准，如 GB、JIS、ISO 以及 ANSI 等标准。

（10）提供一组 2D 图纸工具以满足 2D 设计和布局需求，可以生成独立的 2D 图纸。此应用模块还支持 2D 到 3D 工作流。

8.1.2　NX 工程制图的一般过程

在菜单栏中选择"开始"→"制图"命令，或单击"应用"工具条中的"制图"按钮，系统即可进入制图模块，并出现制图界面。制图界面与基本环境界面相比，增加了如图 8-1 所示的图纸、尺寸、注释及制图编辑 4 个工具条。

在 NX 中创建图纸前，建议先设置新图纸的制图标准、制图视图首选项和注释首选项。设置之后，可以新建图纸页并设置相关参数，接着添加视图（如基本视图、投影视图、剖视图）并标注尺寸进行必要注释，最后利用图样或模板文件添加标题栏。

图 8-1　制图工具条

8.1.3　工程图管理

在 NX 环境中，任何一个三维模型，都可以通过不同的投影方法、不同的图样尺寸和不同的比例建立多样的二维工程图纸。图纸管理包括新建图纸、打开图纸、删除图纸、编辑图纸、显示图纸及更新图纸。

1．新建图纸

在菜单栏中选择"开始"→"制图"命令，进入制图应用模块后，在"图纸"工具条中单击"新建图纸页"按钮，系统将弹出如图 8-2 所示的"片体"对话框。在该对话框中输入图纸名称并指定图纸尺寸、比例、投影角度和单位等参数后，即可完成新建工程图的工作。这时在绘图工作区中会显示新设置的工程图，其工程图名称显示于绘图工作区左下角的位置。下面介绍该对话框中各个选项的用法。

（1）大小

● 使用模板：使用系统中已有的模板直接生成工程图，模板中包括了图框、标题栏等信息。

● 标准尺寸：用户可以选择标准的图纸尺寸/比例创建工程图。

● 定制尺寸：用户自定义图纸尺寸创建工程图。

（2）名称

该栏中列出了已有的图纸页名称，并且可以定义新增的图纸页名称。

（3）设置

① 单位：NX 提供了两种单位供选择，一种是英寸，另一种是毫米，按我国的制图标准，应该选择"毫米"为图纸的单位。

② 投影：用于指定视图的投影角度方式。NX 提供了两种投影角度，一种是第一象限角投影"⊡⊚"，另一种是第三象限角投影"⊚⊡"。按我国的制图标准，应该选择第一象限角投影方式。

2．打开/删除图纸

当用户在创建了多张图纸页后，需要在不同的图纸之间进行切换时，常用的方法是在"部件导航器"窗口中选择需要打开的图纸页，单击 MB3，在弹出的快捷菜单中选择"打开"命令即可，如图 8-3 所示。

图 8-2　"片体"对话框

图 8-3　打开/删除图纸

用户也可以通过图 8-3 所示的快捷菜单，选择"删除"命令，将多余的图纸页删除。

3．编辑图纸

编辑图纸是对已存在的图纸名称、图幅、比例和单位等参数进行修改。选择"编辑"→"图纸页"命令，或者在部件导航器中要编辑的图纸名上单击 MB3，弹出如图 8-3 所示的菜单，选择"编辑图纸页"命令，系统弹出与新建图纸相似的对话框。在该对话框中输入要修改参数的内容，单击"确定"按钮。在用户已经添加了投影视图的情况下，投影方式将不可编辑。

8.1.4　工程制图相关参数设置

在创建工程图之前，用户一般需进行参数设置，使生成的视图、标注等达到用户要求。

1．视图边界设置

在用户添加视图后，每个视图都会显示一个边界，用户可以选择菜单栏中的"首选项"→"制图"命令，系统弹出如图 8-4 所示的"制图首选项"对话框。用户直接取消选中"显示边界"复选框，然后单击"确定"按钮，系统会自动隐藏视图的边界，该对话框中的其余参数用户可以尝试设置不同的效果。

2．视图标签设置

用户在添加投影视图、剖切视图、局部放大图时，系统可以自动添加视图标签，如 SECTION A-A 等标签，便于用户查找相应的视图。选择菜单栏中的"首选项"→"视图标签"命令，系统弹出如图 8-5 所示的"视图标签首选项"对话框。用户可以通过对话框中相关的选项，设置详细视图、截面视图的标签显示方式。

3．剖切线设置

此项用于设置剖切线的颜色、样式、宽度等参数，用户选择菜单栏中的"首选项"→

"剖切线"命令，系统弹出如图 8-6 所示的"剖切线首选项"对话框。其中各个参数在对话框中都有图形标示，用户可以方便地参照图示修改相应的参数，如果在制图中已经存在了剖切视图，用户可以先调出"剖切线首选项"对话框，然后选择要修改的剖切线，再在该对话框中修改相应的剖切线参数。当用户需要编辑剖切线的方位时，可选择"编辑"→"视图"→"剖切线"命令，然后根据对话框提示对剖切线进行相应的更改，最后更新视图。

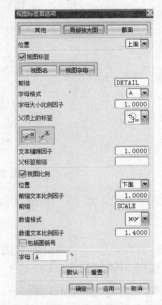

图 8-4 "制图首选项"对话框　　图 8-5 "视图标签首选项"对话框　　图 8-6 "剖切线首选项"对话框

4. 视图设置

此项用于设置添加的各个视图参数，包括视图的隐藏线、光顺边、剖视图等视图相关的设置。用户选择"首选项"→"视图"命令，系统弹出如图 8-7 所示的"视图首选项"对话框。该对话框包含有剖视图参数、隐藏线参数、可见线参数、光顺边参数、虚拟交线参数和螺纹参数等功能选项卡。应用这些选项卡，用户可以设置所选视图中隐藏线、截面线、可见线、光顺边等对象的显示方式，具体说明如下。

- 隐藏线：用于设置隐藏线的显示方式。当取消选中"隐藏线"复选框时，所有线条都以实线的形式显示。当选中"隐藏线"复选框时，就可设置隐藏线的颜色、线型和线宽等显示参数，还可以设置参考边、重叠边、实体重叠边和相交实体的边是否显示。
- 可见线：用于设置可视轮廓线的显示方式。应用这些选项，可设置轮廓线的颜色、线型和线宽等参数。
- 光顺边：用于设置光滑边的显示方式。当选中"光顺边"复选框时，系统会显示光滑边，并按用户指定的颜色、线型、线宽等进行显示。
- 虚拟交线：用于设置虚交线的显示方式。虚交线是两个平面用圆弧面过渡时的虚拟交线。
- 截面线：该选项用于设置剖视图背景和截面线的显示方式，以及在装配图中相邻部件的截面线公差。

● 螺纹：该选项用于设置内螺纹和外螺纹在视图中的显示方式。装配螺纹显示的螺纹标准包括 6 种类型，即否、ANSI/简化、ANSI/示意、ANSI/复杂、ISO/简化和ISO/详细，用户可从螺纹标准列表框中选取。一般将视图中螺纹的显示方式设定为 ISO/简化。

5. 注释设置

注释设置用于尺寸标注、注释文本和符号等参数设置，制图标注所有设置都是通过此项设置实现的。用户选择"首选项"→"注释"命令，系统弹出如图 8-8 所示的"注释首选项"对话框。各个参数在对话框中都有图形标示，用户可方便地参照图示修改相应的参数，在此之后添加的注释，系统都是以新参数生成。如果用户需要设置某一个对象的注释样式，可以选择该对象，单击鼠标右键，然后在弹出的快捷菜单中选择"样式"命令，系统弹出"注释样式"对话框，可以只更改当前注释的参数。

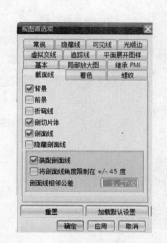

图 8-7 "视图首选项"对话框

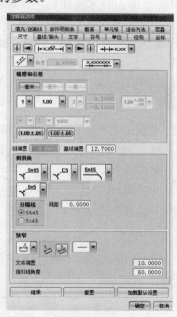

图 8-8 "注释首选项"对话框

以上介绍的工程图中的相关参数设置，都是针对当前工程图的设置，当用户新建工程图后，这些参数设置并不会应用到新的工程图中。如果用户需要将参数设置为系统默认调用的参数，则需要通过设置"用户默认设置"来实现。

8.2 添 加 视 图

用户在创建完图纸以后，就可以在图纸中添加所需要的各种视图。NX 提供了各种添加实用视图的方法，既包括添加主视图、俯视图、左视图、右视图、前视图、后视图等基本视图的方法，也有添加全剖、半剖、局部剖、旋转剖等剖视图的工具，另外还可以生成轴测图、局剖放大视图、展开视图以及用户自定义视图的方法。本节将针对添加各种视图的方法，由浅入深地介绍 NX 对于视图的处理方法。

8.2.1　添加基本视图

基本视图是零件向基本投影面投影所得的图形。它包括零件的主视图、后视图、俯视图、仰视图、左视图、右视图、轴测图等。一个工程图中至少包含一个基本视图，因此在生成工程图时，应该尽量生成能反映实体模型的主要形状特征的基本视图。基本视图可以是独立的视图，也可以是其他图纸类型（如剖视图）的父视图。一旦放置了基本视图，系统会自动转到投影视图模式。

在"图纸"工具条中单击"基本视图"按钮 ，系统将弹出如图 8-9 所示的"基本视图"对话框。下面介绍该对话框中各主要选项的用法。

图 8-9　"基本视图"对话框

1. 部件

● 已加载的部件：显示所有已加载部件的名称。

● 最近访问的部件：显示最近曾打开但现在已关闭的部件。

● 打开：从指定的部件添加视图。可从部件名对话框中选择部件。

2. 视图原点

（1）Specify Location（指定位置）：可用光标指定屏幕位置。

（2）放置方法。

● 自动判断：基于所选静止视图的矩阵方向对齐视图。

● 水平：将选定的视图相互间水平对齐。

● 竖直：将选定的视图相互间竖直对齐。

● 垂直于直线：将选定的视图与指定的参考线垂直对齐。

● 叠加：在水平和竖直两个方向对齐视图，以使它们相互重叠。

（3）对齐：控制视图的对齐方式。

（4）跟踪：光标跟踪将打开偏置、XC 和 YC 跟踪。偏置输入框设置视图中心之间的距离。XC 和 YC 设置视图中心和 WCS 原点之间的距离。

3. 模型视图

● Model View to Use（要使用的模型视图）：单击输入视图选项右侧的下拉箭头，系统弹出下拉列表。从该列表可以看出，可以输入的视图有 TOP（俯视图）、FRONT

（前视图）、RIGHT（右视图）、BACK（后视图）、BOTTOM（仰视图）、LEFT（左视图）、TFR-ISO（正等测视图）和 TFR-TRI（正二测视图）。其中系统默认为 TOP。

● 定向视图工具：用于视图定向。

4．比例

单击比例选项右侧的下拉箭头，系统弹出下拉列表。该列表用于设置要添加视图的比例。在默认情况下，该比例与新建图纸时设置的比例相同。用户可以在比例文本框中输入需要的视图比例，也可以利用表达式来设置视图的比例。

8.2.2　添加投影视图

投影视图，即国标中的向视图，是沿某一方向观察实体模型而得到的投影视图。在 NX 制图模块中，投影视图是从一个已经存在的父视图沿着一条铰链线投影得到的，投影视图与父视图之间存在相关性。

选择"插入"→"视图"→"投影视图"命令，系统弹出"投影视图"对话框，提示选取父视图。选取图纸中已存在视图作为父视图之后，投影铰链线、投影方向，投影视图立即显示出来，并随着光标移动而相应变化。选择合适的位置放置视图，单击鼠标左键即可创建投影视图。投影视图创建过程如图 8-10 所示。

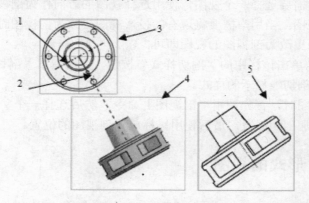

1．铰链线　2．投影方向　3．父视图　4．临时视图　5．投影视图

图 8-10　投影视图创建过程

8.2.3　添加剖视图

剖视图是可以看到零件内部结构的视图，是通过定义单一剖切平面来分割零件而产生的视图。选择"插入"→"视图"→"剖视图"命令，或在"图纸布局"工具栏中单击 按钮，系统弹出如图 8-11 所示的"剖视图"对话框。下面介绍"剖视图"对话框中各个选项和按钮的作用。

图 8-11　"剖视图"对话框

（1）铰链线：是指视图投影时的旋转辅助轴线，在建立辅助视图、剖视图等视图时都要用到。铰链线与投影方向相垂直。

（2）剖切线：该栏中的 3 个按钮主要用于剖切线段的操作，用户可以添加段生成阶梯剖视图。

● 添加段：用户单击该按钮后，可直接捕捉一个位置，系统会在捕捉位置自动添加一个剖切线段，再次单击该按钮确认添加的段并退出添加段操作。

● 删除段：用户单击该按钮后，直接选择需要删除的剖切线，即可将剖切线段移除，再次单击该按钮确认删除的段并退出删除段操作。

● 移动段：用户单击该按钮后，可以选择段之间的连线，然后将连线移至一个新的位置即可，在完成了移动段操作后，再次单击该按钮退出移动段操作。

（3）放置视图：该栏中的"放置视图"按钮一直为激活状态，用户可以直接单击鼠标左键确认剖视图的放置位置。

（4）方位。

● 正交的：用户直接使用正交的方式生成剖视图，这也是用得最多的方式。

● 继承方向：需要选择一个视图，使用选择视图的方向作为剖视图的方向。

● 剖切现有视图：当用户需要将现有的投影视图更改为剖视图时，可以选择此项，然后选择要更改为剖视图的视图即可。

（5）设置：用户单击该栏中的"剖切样式"按钮，系统弹出"剖切线样式"对话框，通过对话框可以更改剖切线显示的样式。

用户在创建剖视图时，首先调用"剖视图"命令，然后选择一个父视图，再定义一个铰链线，根据需要添加剖切线段，最后使用鼠标放置剖视图的位置。

8.2.4　添加其他形式的视图

1. 局部放大视图

在图纸中对现有视图的局部进行放大的视图称为局部放大视图。它主要是为了显示在当前视图比例下无法清楚表示的细节部分。局部放大视图的边界可以为圆形或矩形。创建步骤如下：

（1）选择"插入"→"视图"→"局部放大视图"命令，或在工具栏上单击按钮，系统弹出如图 8-12 所示的"局部放大图"对话框。

（2）在"类型"栏中选择"圆形"。

（3）在父视图上指定局部放大视图圆周边界的圆心点，可以借助点构造器来选择需要的圆心点。

（4）输入放大比例。

（5）指定第二个点，并确定圆周边界的半径。该点可以是屏幕点，也可以用点构造器选择特殊点。此时局部放大视图立即显示出来，并随着光标移动而相应变化。

（6）单击 MB1 指定局部放大视图位置。

2．半剖视图

半剖视图常用于对称零件，其特点是一半为剖视图，另一半为正常视图，如图 8-13 所示，它只有一个切削段、一个箭头段和一个折弯段。添加半剖视图的步骤与剖视图相似，也包括选择父视图、指定铰链线、确定折弯位置、切削位置、箭头位置以及确定视图的放置位置这几个步骤。创建半剖视图的具体步骤如下：

（1）选择"插入"→"视图"→"半剖视图"命令，或在工具栏上单击 按钮，系统弹出"半剖视图"动态智能对话工具条，提示用户选取父视图。选取图纸中已存在的视图，则剖切线与剖切方向立即显示，并随光标移动，系统提示指定剖切位置。

（2）如图 8-13 所示，分别指定两个圆的圆心为剖切位置和折弯位置。

（3）向下移动鼠标到合适位置。单击鼠标后，即可创建半剖视图，结果如图 8-13 所示。

图 8-12　"局部放大图"对话框

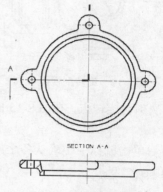

图 8-13　生成半剖视图

3．旋转剖视图

旋转剖视图是通过剖切平面绕轴旋转而建立的剖切视图。旋转剖产生方法与剖视图类似，只是在指定剖切位置之前需要指定旋转点。旋转剖包括了选择父视图、指定铰链线、确定切削位置、箭头位置以及确定视图的放置位置等几个步骤。创建旋转剖视图的具体步骤如下：

（1）选择"插入"→"视图"→"旋转剖视图"命令，或在工具栏上单击 按钮，系统弹出 "旋转剖视图"动态智能对话工具条，提示用户选取父视图。选取图纸中已存在的视图，系统提示指定旋转点。指定如图 8-14 所示的中心点为旋转点，紧接着定义如图 8-14 所示第一剖切段和第二剖切段。

（2）单击"添加段"按钮，选择如图 8-14 所示的添加段圆心点，然后再单击"移动段"按钮，选择如图 8-14 所示移动段光标所在位置，将折弯段放置在合适的位置。

（3）向右移动鼠标到合适位置。单击鼠标后，即可创建旋转剖视图，结果如图 8-14

所示。

4．展开的点到点剖视图

展开剖视图是不含折弯段的连续剖切段相连接的剖切方法，最终将各剖切面展开在同一个平面上。展开剖视图的剖切线包含多条没有转角的剖切线段。创建展开剖视图的步骤如下：

（1）选择"插入"→"视图"→"展开的点到点剖视图"命令，或在"图纸"工具条上单击 按钮，系统弹出"展开的点到点剖视图"动态智能对话工具条，提示用户选取父视图。选取图纸中已存在视图。

（2）用户定义铰链线方向，图 8-15 所示的铰链线方向为 XC。

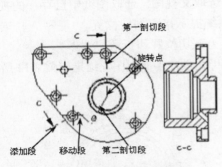

图 8-14　旋转剖视图

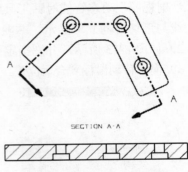

图 8-15　展开的点到点剖视图

（3）依次剖切旋转点，在图 8-15 的例子中，3 组阶梯孔的圆心就是要进行剖切旋转的位置。

（4）最后单击鼠标中键确认各个旋转点，再选择展开剖视图放置的位置即可。

5．局部剖视

局部剖视可以对零件的局部区域进行剖切，剖切区域由所定义的折断线决定。正交视图和三维视图都可以作局部剖视。选择"插入"→"视图"→"局部剖"命令，或在"图纸"工具条上单击 按钮，系统弹出如图 8-16 所示的"局部剖"对话框，可以创建、编辑、删除一个局部剖视。操作步骤如下：

（1）创建剖面边界。选取一个视图（MB3→扩展），进入视图的子窗口，创建局部剖视边界所需要的曲线。

（2）退出扩展视图状态，单击"局部剖视"按钮 。

（3）选取需要添加局部剖的视图。

（4）选择一个基点 ，所谓的基点就是指局部剖的剖切面要通过的点。

（5）选取视图的切除方向 ，利用矢量构造器可得到符合用户要求的视图切除方向。

（6）选择折断线 ，选取在扩展状态中插入的折断线即可。

（7）修改边界曲线 ，通常情况下，用户在扩展状态下只绘制折断线，而系统默认的局部剖的边界曲线是折断线加上与其首尾相连的直线作为局部剖的边界线，所以要对这个系统的默认边界进行编辑修改才能得到符合要求的局部剖边界线。

（8）当添加局部剖的所有要素都设置完成后，单击"确定"按钮即可得到用户所需要的局部剖视图。

6．断开视图

当用户需要绘制较长的零件模型的图纸时，为了节约图纸空间，可以使用"断开视图"命令，断开的视图只是将长的视图截掉一部分，然后只显示边界曲线范围内的视图。选择"插入"→"视图"→"断开视图"命令，或在"图纸"工具条上单击按钮，系统弹出如图 8-17 所示的"断开视图"对话框，下面介绍该对话框中各个选项和按钮的作用。

图 8-16　"局部剖"对话框　　　　　图 8-17　"断开视图"对话框

- 添加断开区域：用户调用命令后，直接选择需要断开的视图，系统会自动扩展进入选择的视图中，"添加断开区域"按钮默认为激活状态，用户可直接绘制断开视图的边界范围，在绘制了一个封闭区域并给定锚点后，可以单击"应用"按钮确认绘制的断开边界。值得注意的是，用户绘制的断开区域线必须有两个点是位于视图曲线上，使之与模型曲线关联，否则无法确认生成的断开区域。

- 替换断开边界：当视图中存在了边界范围以后，该按钮变为可用，单击该按钮，然后选择需要进行编辑的断开区域，重新绘制新的断开区域边界线。

- 移动边界点：当视图中存在了边界范围以后，用户可以单击该按钮，然后将鼠标移至边界曲线上，系统会在曲线上显示出圆圈点，用户可选择圆圈点，然后定义边界曲线圆圈点的新位置。

- 定义锚点：锚点是指定用于定位断开区域边界的定义点。与区域的定义点类似，锚点指定关联模型的位置。锚点用于将模型锚定到图纸上并将边界与模型相关联。

- 定位断开区域：当用户生成的断开视图超过两个区域时，产生的断开视图会出现互相交错，此时需将断开视图进行定位，用户可单击此按钮，然后选中"预览及定位"复选框，直接选择需定位的区域，拖动到新的位置。

- 显示图纸页：单击该按钮，系统退出扩展的视图，显示生成的断开视图的效果。

另外，用户在绘制一个区域时必须首尾相连形成一个封闭的区域，在绘制断开边界曲线后，需要单击"应用"按钮确认边界。当用户需要编辑现有的断开视图时，同样调用"断开视图"命令，然后选择断开视图的一个断开区域的边界，通过对话框中各个选项对边界曲线进行相应的编辑。

7. 装配图中的剖视图

装配图一般都是由几十个甚至上百个零部件组成，在剖视图中为了区分不同的零件，通常是对不同的零件使用不同的比例、角度及图案。NX 在首选项中提供了这样的工具，具体设置方法是在菜单栏中选择"首选项"→"视图"命令，在弹出的"视图首选项"对话框中选择"截面线"选项卡，选中"装配剖面线"复选框，如图 8-7 所示。这样系统就会对不同的零件设置不同的剖面线。

另外，在装配图中并不是所有零件都需要剖切，NX 还提供了对装配图剖切的控制，当一个零件装入装配体中时，默认状态是允许剖切，如果用户不想剖切某个零件，可以选中图 8-7 中的"隐藏剖面线"复选框，即可实现对零件剖切的控制。

8.3　编辑工程图

8.3.1　图纸布局管理

在图纸中添加了所需的视图后，通常要对各视图的位置进行重新安排，即视图管理，它包括删除视图、移动/复制视图、对齐视图和编辑视图等。

1. 删除视图

首先选中要删除的视图的边界，然后在边框上单击 MB3，在弹出的菜单中选择"删除"命令即可。值得注意的是，剖视图的父视图是不可以直接删除的，当删除剖视图的父视图时系统会弹出"更新失败"对话框。而投影视图的父视图却可以直接删除。

2. 移动/复制视图

对视图的位置进行重新安排时，最常用到的方法就是移动/复制视图方法。选择"编辑"→"视图"→"移动/复制视图"命令，则弹出如图 8-18 所示的"移动/复制视图"对话框。当"复制视图"复选框被选中时，就是复制视图；当取消选中"复制视图"复选框时，就是移动视图，然后选择要移动/复制的视图，接下来选择移动/复制的方法，这里提供了 5 种方法，说明如下。

- ● 🔳：移动/复制视图到某点，即用鼠标拖动视图到指定目标点。
- ● 🔳：水平移动/复制视图，即保持 Y 坐标不变，视图只是沿着 X 轴方向移动或复制，可以用鼠标拖动，也可以选中"距离"复选框，使距离选项被激活，然后在文本框中输入要移动的准确数值。
- ● 🔳：垂直移动/复制视图，即保持 X 坐标不变，视图只是沿着 Y 轴方向移动或者复制。
- ● 🔳：在垂直一条线的方向上移动/复制视图。
- ● 🔳：移动/复制视图到另一张工程图中，当有两张以上工程图处于编辑状态时，这个方法才会被激活。

3．对齐视图

对齐视图是将不同的视图按照一定的条件对齐，其中有一个为静止视图，与之对齐的视图称为对齐视图。选择"编辑"→"视图"→"对齐视图"命令，或者单击"图纸布局"工具条中的 按钮，弹出如图 8-19 所示的"对齐视图"对话框，然后选择对齐基准点，即视图对齐时的参考点，NX 提供了 3 种基准点类型，包括模型点、视图中心以及点到点。

图 8-18　"移动/复制视图"对话框　　　图 8-19　"对齐视图"对话框

（1）选择基准点
- 模型点：是指选择模型上的点作为基准点，各视图中的模型对应点对齐。
- 视图中心：是指以各视图中心点作为对齐基准点，将视图中心点按指定方式对齐。
- 点到点：是指对齐各视图中所选择的点，选择该选项时，需在各对齐视图中选择对齐点。

（2）选择对齐方式
基准点确定后应该选择要对齐的视图，然后选择对齐方式，这里提供了 5 种方法。
- ：叠加对齐，即各视图的基准点重合。
- ：水平方式，即各视图的基准点水平对齐。
- ：竖直对齐，即各视图的基准点竖直对齐。
- ：垂直于直线，即基准点的连线与一条参考直线垂直。
- ：自动判断，即根据用户选择的静止视图的方位自动推断可能的对齐形式。

8.3.2　视图的编辑

1．编辑剖切线

选择"编辑"→"视图"→"剖切线"命令，弹出如图 8-20 所示的"剖切线"对话框。用户可以直接选择要编辑的剖切线，激活添加段、删除段、移动段、重新定义铰链线等选项。该对话框中各选项的用法如下。
- 添加段：可在用户选择的剖切线上增加剖切线段。增加剖切段时，在视图中指定增加的剖切线段的放置位置。此时系统会自动更新剖切线，在指定位置上增加一段剖切线。
- 删除段：可在用户选定的剖切线上删除剖切线段。删除剖切段时，用户可在视图中指定要删除的剖切线段，则选择的剖切段会在剖切线中被删除。

- 移动段：可用于移动所选剖切线中的某一段。移动时，用户要先选择剖切线上要移动的部分，包括剖切线、箭头以及折弯段。然后用点构造器作为辅助工具确定目标位置。在指定位置后，系统会自动更新剖切线。
- 移动旋转点：可用于移动旋转剖视图的旋转中心点的位置。移动旋转点时，用户只需要指定一个新的旋转点，系统就会将旋转点移到指定点。
- 重新定义铰链线：用户可以利用适量构造器选项在视图中为剖视图指定一条新的铰链线。

2. 编辑视图边界

当用户只需要显示视图的一部分时，此时就需要编辑视图的边界。用户可以选择"编辑"→"视图"→"视图边界"命令，系统弹出如图 8-21 所示的"视图边界"对话框。该对话框的下拉列表框中列出了 4 种视图边界的定义方式，下面进行具体介绍。

（1）截断线/局部放大图：该选项用于将用户指定的边界线作为视图的边界，用户可以先扩展视图，在视图内部绘制所需的视图边界，然后使用绘制的曲线作为视图边界。

当用户对生成的局部放大图的圆的位置与半径大小不满意时，也是调用"视图边界"命令，然后选择该选项，此时系统显示出局部放大图的圆心，可以选择圆心，然后改变局部放大图的位置，选择圆周线，可以直接改变局部放大图的圆半径。

（2）手工生成矩形：选择该选项后，光标变成十字形，用户可以直接按住鼠标左键，然后拖动鼠标框选一个矩形，系统将矩形的边界作为视图的边界，如图 8-22 所示。

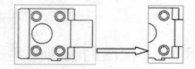

图 8-20　"剖切线"对话框　　　图 8-21　"视图边界"对话框　　　图 8-22　手工生成矩形视图边界

（3）自动生成矩形：该方式是系统默认的边界定义方式，系统会根据模型的更改自动调整视图的边界。

（4）由对象定义边界：该方式定义的视图边界由用户选择要包含的对象决定，新的视图边界将包含用户选择的所有点与曲线。

3. 视图相关编辑

用户可以使用"视图相关编辑"命令对视图中的线条进行移除、修改线型和颜色等操

作。选择"编辑"→"视图"→"视图相关编辑"命
令，弹出如图 8-23 所示的"视图相关编辑"对话框。
该对话框中各选项的用法如下。

（1）添加编辑：该选项组用于让用户选择要进行
什么样的视图编辑操作，系统提供了 3 种编辑操作方式。

- ⚏：用于擦除视图中选择的对象。单击该图
  标时，系统将弹出"对象选取"对话框，用
  户可在视图中选择要擦除的对象（如曲线、
  边和样条曲线等对象），完成对象选择后，
  系统会擦除所选对象。擦除对象不同于删除
  操作，擦除操作仅是将所选取的对象隐藏起
  来，不进行显示。但该选项无法擦除有尺寸
  标注的对象。图 8-24 所示为擦除操作示例。

图 8-23 "视图相关编辑"对话框

- ⚏：用于编辑视图或工程图中所选整个对象的显示方式，编辑的内容包括颜色、
  线型和线宽。
- ⚏：用于编辑视图中所选对象的某个片断的显示方式，编辑的内容包括颜色、线
  型和线宽。单击该图标后，先设置对象的颜色、线型和线宽选项，接着将弹出"对
  象选取"对话框，用户在视图中选择要编辑的对象，然后选择该对象的一个或两
  个边界点，则所选对象在指定边界点内的部分会按指定颜色、线型和线宽进行显
  示。图 8-25 所示为这种编辑操作的示例（编辑选取的对象的线型为不可见）。

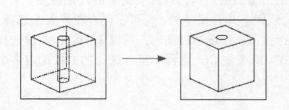

图 8-24 擦除操作

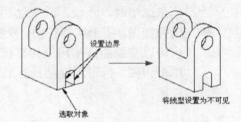

图 8-25 编辑对象

（2）删除编辑：用于删除前面所做的某些编辑操作，系统提供了 3 种删除编辑操作的
方式。

- ⚏：用于删除前面所做的擦除操作，使先前擦除的对象重新显示出来。单击该图
  标时，系统将弹出"对象选取"对话框，已擦除的对象会在视图中加亮显示。在
  视图中选择先前擦除的对象，则所选对象会重新显示在视图中。
- ⚏：用于删除所选视图先前进行的某些编辑操作，使先前编辑的对象回到原来的
  显示状态。
- ⚏：用于删除所选视图先前进行的所有编辑操作，所有对象全部回到原来的显示
  状态。单击该图标时，系统将弹出一个"确认信息"对话框，让用户确定是否要
  删除所有的编辑操作，如果选择"是"，则所选视图先前进行的所有编辑操作都
  将被删除。

（3）转换相关性：用于设置对象在视图与模型间进行转换。

- 🖼：用于转换模型中存在的单独对象到视图中。
- 🖼：用于转换视图中存在的单独对象到模型中。

（4）线的颜色：用于改变选择对象的颜色，选择该选项，系统将弹出"调色板"对话框，用户可以设置所需的颜色类型。

（5）线型：用于改变选择对象的线型，系统提供了 9 种线型供用户选择。

（6）线宽：用于改变几何对象的线宽，系统提供了 4 种线宽类型供用户选择。

总之，在进行视图相关编辑操作时，应先在视图列表框或绘图工作区中选择某个视图，再选择相关的编辑图标，最后选择要编辑的对象。

4. 显示与更新视图

（1）视图的显示：NX 系统可以在三维模型显示和图纸显示两个状态间自由切换。具体做法为选择"视图"→"显示图纸页"命令。

（2）视图的更新：单击"图纸布局"工具条中的"图纸更新"按钮🖼，或者选择"编辑"→"视图"→"更新视图"命令，弹出如图 8-26 所示的"更新视图"对话框。该对话框中各选项的用法如下。

- 视图列表：用于控制在视图列表框中是否列出所有视图，并自动选择所有过期视图。当选中复选框时，系统自动在列表框中选取所有过期视图；

图 8-26　"更新视图"对话框

当未选中时，系统不选取过期视图，需要用户自己选择要更新的过期视图。

- 选择视图：用于选择视图。视图的选择方式有很多种，既可以在视图列表中选择，也可以在绘图区中用鼠标直接选择视图。在选择视图时，可以单击鼠标左键选择单个视图，也可用拖动鼠标的方式，或按住 Ctrl 键再用鼠标选择的方式选取多个视图。

8.4　工程图注释

8.4.1　中心线

为了清楚地表达视图含义和便于尺寸标注，在绘制工程图的过程中，经常需要向工程图中插入一些中心线，这些辅助的中心线条在标注尺寸时可以直接被引用。在菜单栏中选择"插入"→"中心线"命令，系统将弹出如图 8-27 所示的下拉菜单。下面对这些中心线的操作方法进行说明。

- ⊕中心标记：用于在所选的共线点或圆弧中产生中心线，或在所选取的单个点或圆弧上插入线性中心线。

图 8-27　"中心线"下拉菜单

- 螺栓圆：用于为沿圆周分布的螺纹孔或控制点插入带孔标记的完整环形中心线。
- 圆形：用于在所选取的沿圆周分布的对象上产生完整的环形中心线。
- 对称：用于在所选取的对象上产生对称的中心线。
- 2D 中心线：当体要求中心线而不是面要求中心线，或要为模具或铸件中使用的长方体组件创建中心线，或长方体组件带有角度孔时，可以使用此项。
- 3D 中心线：用于在圆柱面或非圆柱面的对象上产生圆柱中心线。
- 自动：该按钮用于自动在任何现有的视图中创建中心线。
- 偏置中心点符号：在标注大半径圆弧尺寸时，其中心点经常难以找到，这时需要用偏移圆弧中心点的方式产生一个半径尺寸的标注位置。

8.4.2　尺寸标注

在添加视图之后就可以进行尺寸标注。NX 的二维工程图是由三维模型得到的，所以工程图的尺寸直接引用了三维模型的尺寸。当三维模型尺寸修改后，工程图中的尺寸也会随着更改。工程图的标注是反映零件尺寸和公差信息的最重要的方式。

1．尺寸标注类型

在菜单栏中选择"插入"→"尺寸"命令，系统将弹出如图 8-28 所示的"尺寸标注"下拉菜单，其中包含了所示尺寸的标注方法，具体说明如下。

- 自动判断：根据选择的对象或者光标所处的不同位置，自动推断一种基本的尺寸标注类型进行标注。如果系统不能得到正确的推断类型，用户就要选择详细的类型进行标注。
- 水平：在用户指定的两点之间，创建水平尺寸标注，即 X 方向的尺寸。
- 竖直：在用户指定的两点之间，创建垂直尺寸标注，即 Y 方向的尺寸。
- 平行：在用户指定的两点之间，创建平行尺寸标注，即尺寸线与所选的两点连线平行。
- 垂直：在指定的直线或中心线及指定点间，创建正交尺寸标注。即尺寸线过指定点，且与所选的直线或中心线垂直。
- 倒斜角：在指定的具有倒角特征的直线处创建倒 45°角的标注。目前只支持对于国标 45°倒角的标注。

图 8-28　"尺寸标注"下拉菜单

- 孔：在指定的圆或圆弧特征处用单一指引线标注直径尺寸。
- 角度：指定两条不平行直线之间进行角度标注。
- 半径：在指定的圆或圆弧处标注不过圆心的半径尺寸。
- 过圆心的半径：在指定的圆或圆弧处标注过圆心的半径尺寸。
- 带折线的半径：在指定的大圆弧（通常情况下，这样的圆弧的中心点已经偏离了绘图区域）处，用折线标注其圆弧半径。

- ⊠厚度：在指定的两个同心圆或圆弧之间，标注它们的半径差。
- ⋒弧长：在指定的圆弧上，标注此段弧的弧长。
- ⊞水平链：可以创建连续的水平标注尺寸，相邻的尺寸之间共享尺寸端点。
- ⊟竖直链：可以创建连续的垂直标注尺寸，相邻尺寸之间共享尺寸端点。
- ⊟水平基线：可以创建连续的、具有相同尺寸基线的水平尺寸标注。
- ⊠竖直基线：可以创建连续的、具有相同尺寸基线的垂直尺寸标注。
- ⊞坐标：它与常规尺寸不同，只包含一个尺寸文本和一条尺寸延伸线，描述的是从基准点开始的水平或垂直距离。

2. 添加尺寸标注的一般方法

用户在选择了上述任意一种添加尺寸标注的方法以后，系统弹出如图 8-29 所示的尺寸标注参数设置工具条。下面对该工具条上的各项进行分析和说明。

图 8-29　尺寸标注参数设置工具条

（1）⌑1.00 公差类型和公差值：用户可以通过该项设置公差的类型，所有公差类型都可以在该项的下拉列表中找到，包括：

- 1.00±.05：双向公差且上下公差相等。
- 1.00⁺·⁰⁵₋·⁰²：双向公差，上下公差可不相等。
- 1.00⁺·⁰⁵₋·⁰⁰：单向正公差，即下公差为零。
- 1.00⁺·⁰⁰₋·⁰²：单向负公差，即上公差为零。
- .98／1.05：极限尺寸分两行标注，最大极限尺寸在下，最小极限尺寸在上。
- .98-1.05：极限尺寸在一行标注，最大极限尺寸在后，最小极限尺寸在前。
- (1.00)：参考尺寸标注。

（2）³⁻：小数精度控制项，一共有 0～6 这 6 个数供选择，分别表示从没有小数到有 6 位小数的尺寸精度形式，系统的默认尺寸精度是小数点后有 3 位小数。

（3）附加文本：用户可以单击工具条上的🖾按钮，在弹出的"注释编辑器"对话框中，找到用于编辑附加文本的文本框。在这里系统提供了在尺寸的上、下、左、右输入附加文本的命令。具体操作步骤如下：

① 双击要添加附加文本的尺寸，然后单击🖾按钮。

② 选取附加文本的位置，是在尺寸的左边、右边、上边还是下边，如要生成 2－φ13，则应选择⁴¹².

③ 在文本框中输入要添加的附加文本 2-，最后单击"确定"按钮。

说明：如果想去掉尺寸前面的附加文本，就要重复上面的步骤①和②，然后将文本框中的内容删除即可。

（4）尺寸放置选项：用户可以在尺寸型式对话框的"尺寸"选项卡中找到。

- ⊢×.×⊣自动放置：是把尺寸自动地放在两根延伸线的中间，同时把引导线自动设置为左或右，如果没有多余空间旋转尺寸，系统将会把尺寸值放在箭头的外侧，它是系统默认的尺寸放置方式。
- →×.×←手动放置：箭头在外，该方法可以把尺寸放在指定的位置。
- ⊢×.×⊣手动放置：箭头在内，该方法也可以把尺寸放在指定的位置。

- ：文本处于水平位置，标注效果如图 8-30（a）所示。
- ：文本与尺寸线的方向对齐，标注效果如图 8-30（b）所示。
- 文本在尺寸线上方，标注效果如图 8-30（c）所示。
- ：文本处于垂直位置，标注效果如图 8-30（d）所示。

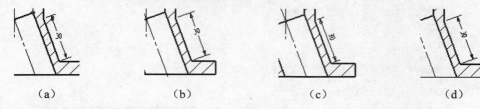

（a）　　　　　　　（b）　　　　　　　（c）　　　　　　　（d）

图 8-30　尺寸标注比较

（5）尺寸线的显示控制。

标注时，有时需要控制左右侧尺寸线、尺寸延伸线和箭头的显示。这时，用户可以选择"直线/箭头"选项卡，如图 8-8 所示，用这里的箭头◀和尺寸延伸线▯控制。

（6）继承与默认：在尺寸型式对话框的 4 个选项卡，即尺寸、直线/箭头、文字和单位的下面都有"继承"和"加载所有默认设置"按钮。

- 继承：是指继承一个已经存在的尺寸标注的属性，即在哪个选项卡下，就继承哪个选项卡下的全部属性。
- 加载所有默认设置：是指对当前编辑的尺寸，使它的尺寸即直线/箭头、文字和单位等具有 NX 默认设置的值。用户在设置参数中，如果想恢复原来 NX 系统的原参数值，可以选择此功能。

8.4.3　插入标识符号

在菜单栏中选择"插入"→"注释"→"标识符号"命令，系统将弹出如图 8-31 所示的"标识符号"对话框。该对话框中有原点工具、标识符号类型、指引线形式以及附加文本选项。单击 按钮后弹出"原点工具"对话框，如图 8-32 所示，原点工具的各选项用法说明如下。

- 拖动：通过光标来指示屏幕上的位置，从而定义制图对象的原点。如果选中"关联"复选框，可以激活"点构造器"选项，以便用户可以将注释与某个参考点相关联。
- 相对于视图：定义制图对象相对于图样成员视图的原点移动、复制或旋转视图时，注释也随着成员视图移动。只有独立的制图对象（如注释、符号等）可以与视图关联。
- 水平文本对齐：用于设置在水平方向与现有的某个基本制图对象对齐。该选项允许用户将源注释与目标注释上的某个文本定位位置相关联，让尺寸与选择的文本水平对齐。
- 竖直文本对齐：用于设置在竖直方向与现有的某个基本制图对象对齐。该选项允许用户将源注释与目标注释上的某个文本定位位置相关联，让尺寸与选择的文本竖直对齐。

图 8-31　"标识符号"对话框　　　　　　图 8-32　"原点工具"对话框

- 对齐箭头：用于创建制图对象的箭头与现有制图对象的箭头对齐，来指定制图对象的原点。
- 点构造器：通过"原点位置"下拉菜单来启用所有的点构造器选项，以使注释与某个参考点相关联。
- 偏置字符：可设置当前字符大小（高度）的倍数，使尺寸与对象偏移指定的字符数后对齐。

"标识符号"对话框的"类型"栏用于选择要插入标识符号的类型。系统提供了圆、分割圆、顶角朝下三角形、方形、分割正方形、六边形、分割六边形等多种类型可供用户选择，每种符号类型可以配合该符号的文本选项，在标识符号中放置文本内容。如果选择了分割型的标识符号，用户可在上部文本和下部文本中输入上下两行文本的内容。如果选择了独立型的标识符号，则用户只能在上部文本中输入文本内容。各类标识符号都可以通过设置选项改变大小及样式。

8.4.4　粗糙度符号

在菜单栏中选择"插入"→"注释"→"表面粗糙度符号"命令，系统将弹出如图 8-33 所示的"表面粗糙度"对话框。该对话框中有原点工具、指引线形式、属性及设置等选项供用户选择。具体操作步骤如下：

（1）展开"属性"栏，从"材料移除"下拉列表框中选择√（需要移除材料），下部文本输入 3.2，其他为默认值。

（2）展开"设置"栏，根据设计要求定制表面粗糙度样式和角度，对于某些特殊方向上的表面粗糙度，可设置反转文本，从而满足相应的标注规范。

（3）如需指引线，则选择对话框中相应的"指引线"。

（4）最后指定原点放置表面粗糙度符号。

图 8-33 "表面粗糙度"对话框

8.4.5 注释编辑器及形位公差的标注

在菜单栏中选择"插入"→"注释"→"注释"命令，系统将弹出如图 8-34 所示的"注释"对话框。下面介绍该对话框中常用工具的使用方法，以及制图符号、形位公差和文本注释的标注方法。

图 8-34 "注释"对话框

1. 注释编辑器

（1）编辑文本工具条：用于编辑注释，其功能与一般软件的工具条相同。有从文件插入、删除、剪切、粘贴、删除文本特征、选择下一个符号、在预览窗口中适当显示等命令，还有加粗、斜体、下划线、上划线、上标、下标及对齐等编辑命令。

（2）编辑窗口：是一个标准的多行文本输入区，使用标准的系统位图字体，用于输入文本和系统规定的控制字符。

2. 标注制图符号

在注释编辑器的"符号"栏的"类别"下拉列表中选择"制图"选项后可以使用各种制图符号。当用户要在视图中标注制图符号时，可在对话框中单击某制图符号图标，将其添加到注释编辑区，添加的符号会在预览区显示。如果要改变符号的字体和大小，可应用注释编辑工具条进行编辑。

如果要在视图中添加分数，可先选择分数的显示形式，并在其文本框中输入文本内容，再选择一种注释定位方式将其放到视图中的指定位置。

3. 几何公差标注

（1）利用"注释"对话框

在图 8-34 所示对话框的"符号"栏的"类别"下拉列表中选择"形位公差"选项后，即进入常用形位公差符号设置状态。可变显示区的内容变换为如图 8-34 所示。其中列出了各种形位公差项目符号、基准符号和标注格式，以及公差标准选项等。

当要在视图中标注形位公差时，首先要选择公差框架格式，可根据需要选择单个框架或组合框架，然后选择形位公差项目符号，并输入公差数值和选择公差的标准。如果是位置公差，还应选择隔离线和基准符号。设置后的公差框会在预览窗口中显示，如果不符合要求，可在编辑窗口中进行修改。完成公差框设置以后，在"注释"对话框下部选择一种定位方式（形位公差一般应选择引出线定位方式），将形位公差框定位在视图中。

如果要编辑已存在的形位公差符号，可在视图中直接选取要编辑的公差符号。所选符号会在视图中加亮显示，其内容也会显示在注释编辑器的编辑窗口和预览窗口中，用户可对其进行修改。

例如，在图纸中创建下面的位置公差 ⊥ Ø0.05Ⓜ A 。

① 单击"开始单个方块"按钮。

② 将光标插入到 <&70><+><+><&90> 的两个加号中间，选择形位公差中的垂直度公差项目 ⊥ 。

③ 选择"图面符号"选项，选择制图常用符号 Ø，然后输入公差尺寸 0.05。

④ 单击"竖直间隔"按钮 ，然后输入大写的字母 A，这时就完成了形位公差的全部设定，在文本编辑区内能看到如图 8-34 所示的代码。

⑤ 在合适的位置放置设定好的形位公差框。

（2）利用"特征控制框"对话框

① 在菜单栏中选择"插入"→"注释"→"特征控制框"命令，弹出如图 8-35 所示的对话框。

② 在"帧"栏的"特性"下拉列表框中选择"垂直度"选项，在"框样式"下拉列表框中选择"单框"选项；接着在公差栏左侧的第一个下拉列表框中选择 ϕ 选项，在右侧的文本框中输入 0.05，在右侧的下拉列表框中选择 Ⓜ 选项；在"主基准参考"栏的左侧第一个下拉列表框中选择 A 选项，如图 8-35 所示。

③ 展开"指引线"栏，设置相应的指引线类型。在要创建的指引线的对象上选择一点并单击，然后移动鼠标，在合适的位置单击后即可完成用户所需要的形位公差框设置。

图 8-35　"特征控制框"对话框

8.4.6　工程图模板

在打印图纸之前，通常要为图纸加上边框和标题栏。添加边框和标题栏的方法概括起来有两种方式，一是用输入法将图框添加到图上，该法就是将组成图框的所有对象都复制到工程图中，也就是以一般的部件文件方式存储和使用，这种方法占用内存较大；二是以模板的方式保存及使用，因为模板仅是一个图形对象，所以在使用模板时不会明显增加用户的部件文件所占用的内存，可以加快显示速度，另外当模板更改时，所有使用这个模板的工程图只要更新就能发生相应的变化。

1. 制作模板

新建一个部件文件，用特定的字符为其命名，如 A0、A1、A2、A3 等。新建文件后，直接进入制图模块。在制图中先设置颜色、线型和图层等参数，并根据图框的大小设置图幅尺寸。设置这些参数后，用曲线功能绘制图框，并在相关栏目中插入一些通用文本。

绘制图框后，选择"文件"→"选项"→"保存选项"命令，系统将弹出如图 8-36 所示的"保存选项"对话框，用户在该对话框中选中"仅图样数据"单选按钮。最后保存文件，则当前文件就会以图样方式进行存储，这样就建立了一个可供其他部件引用的图样文件。

2. 添加模板

在菜单栏中选择"格式"→"图样"命令，系统将弹出如图 8-37 所示的对话框。该对话框中提供了 8 个选项，用于添加、更新、替换图样以及设置图样显示参数、定义图样位置等操作。下面简要介绍这些操作的用法。

● 调用图样：用于添加存在的图样到当前工程图。

● 图样扩展：用于将添加的图样拆散释放。添加到工程图中的图样是一个整体，与原图样关联，如果要将组成图样的图素变为当前工程图的一部分，则需要拆散并释放图样。图样释放以后，可在工程图中单独编辑图样中的各元素。但是，这些图素不再与原来的图样关联，无法对图样再进行更新操作。

图 8-36   "保存选项"对话框

图 8-37   "图样"对话框

- 更新图样：用于更新图样。如果多张工程图引用同一个图样，当要修改图框中的某项内容时，虽然可以释放图样，再修改每张工程图，但这样效率很低。此时可先修改图样文件，然后再对各工程图进行更新，以达到修改图框中某项内容的目的。
- 替换图样：该选项会用另一个图样替换当前工程图引用的图样，并保持比例、原点和方向不变。

8.5   综 合 实 例

本节将利用如图 8-38 所示的曲柄转轴实体模型绘制工程图。其中将会涉及视图、尺寸、表面粗糙度和几何公差的添加等，具体操作过程如下：

（1）新建图纸页

打开曲柄转轴实体模型后，单击"开始"→"制图"按钮进入工程图模块。选择菜单栏中的"插入"→"图纸页"命令，在弹出的"新建工程图"对话框的"大小"栏中选择"标准尺寸"，并在下拉列表中选择图样尺寸为 A3 号图纸（297×420），设置图样的显示比例为 1:1，在"图纸页面名称"文本框中输入图样名称 SHT1，设置单位为"毫米"，选择按第一象限角投影方式。设置后，系统就会建立一张新的工程图。

（2）添加视图

单击"基本视图"按钮，在弹出的"基本视图"对话框中的"模型视图"栏中选择 TOP 视图和 TFR-ISO 视图，放在如图 8-40 所示的位置。单击"投影视图"按钮，然后向 XC 轴方向与-YC 轴方向投影，结果如图 8-40 所示。

（3）标注尺寸

分别选择"插入"→"尺寸"→⬚、⬚、⬚、⬚、⬚、⬚等进行尺寸标注，结果如图 8-39 所示。

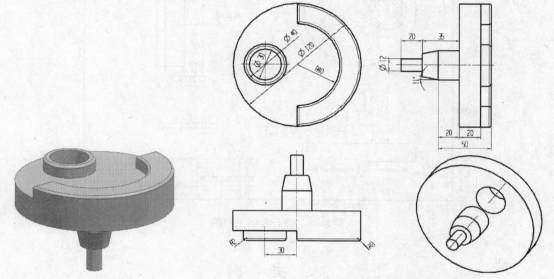

图 8-38　曲柄转轴零件　　　　　　　　图 8-39　添加视图与尺寸标注

（4）标注基准特征符号

在菜单栏中选择"插入"→"注释"→"基准特征符号"命令，在弹出的"基准特征符号"对话框中设置基准标识符字母为 A，在"指引线"栏中选择终止对象，按如图 8-40 所示放置基准特征符号。

（5）标注几何公差

在菜单栏中选择"插入"→"注释"→"特征控制框"命令，在"帧"栏的"特性"下拉列表框中选择"垂直度"选项，在"框样式"下拉列表框中选择"单框"选项；接着在"公差"栏右侧的文本框中输入 0.01，在"主基准参考"栏的左侧第一个下拉列表框中选择 A 选项。在要创建的指引线的对象上选择一点并单击，然后移动鼠标，在合适的位置单击后即可完成用户所需要的几何公差设置，结果如图 8-40 所示。

（6）标注表面粗糙度

在菜单栏中选择"插入"→"注释"→"表面粗糙度符号"命令，在"表面粗糙度"对话框中展开"属性"栏，从"材料移除"下拉列表框中选择✓（修饰符，需要移除材料），waviness 输入 Ra3.2，其他为默认值。最后指定原点放置表面粗糙度符号，结果如图 8-40 所示。

（7）添加模板

在菜单栏中选择"格式"→"图样"命令，选择"调用图样"，选择 A3 模板文件作为图样并将其放置于原点，结果如图 8-40 所示。

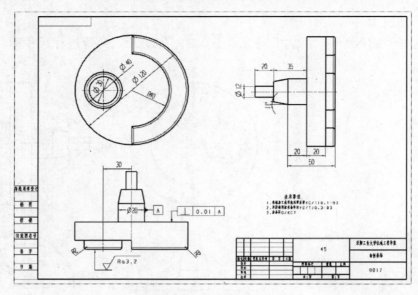

图 8-40　综合实例工程图

思　考　题

1．在制图状态下，选择"视图"→"显示图纸页"命令会有什么效果？该功能有何用处？

2．试述各种视图的生成方式及各种折页线的定义方式。

3．如何标注几何公差？如何将几何公差标注在延长线上？

4．如何制作图框线及标题栏的模板，并将它们添加到当前工作的工程制图中？

5．完成图 8-41 所示零件的建模及工程图。

6．完成第 5 章题 6 零件的工程图绘制及尺寸标注。

7．完成图 8-42 所示零件的建模及工程图和尺寸标注。

8．完成图 8-43 所示零件的建模及工程图和尺寸标注。

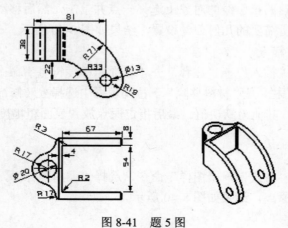

图 8-41　题 5 图

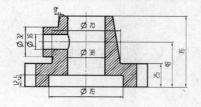

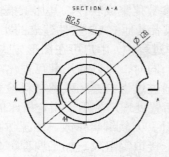

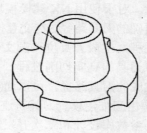

图 8-42　题 7 图

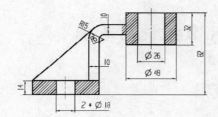

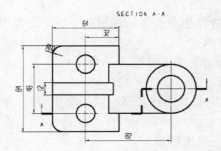

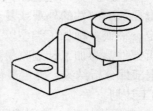

图 8-43　题 8 图

第9章　NX 数控铣削

NX 是集 CAD/CAE/CAM 于一体的三维参数化集成软件，其加工模块提供了强大的计算机辅助制造功能。对于使用 NX 建模模块或者其他 CAD 软件建立的实体模型，可在 NX 加工应用中生成精确的刀具路径。在交互操作过程中，用户可在图形方式下编辑刀具路径，观察刀具的运动过程，生成刀具位置源文件，同时，可以应用其可视化功能，在屏幕上显示刀具轨迹，模拟刀具的真实切削过程，并通过过切检查和残留材料检查，检测相关参数设置的正确性。生成的刀具路径，可以通过后置处理产生用于指定机床的程序。

NX/CAM 模块由三维建模、刀具轨迹设计、刀轨编辑修改、加工仿真、后置处理、数控编程模板、切削参数库设计和二次开发功能接口等组成。加工编程可分成铣加工、车加工、钻加工、线切割等，其中铣加工是应用最广的一种加工方法，本章简要介绍其功能。

9.1　NX 数控铣削基础

9.1.1　数控铣削编程的一般流程

1. 编程的一般流程

在进行零件编程之前，一般要对零件进行初步的加工规划和分析，主要步骤如下：

（1）检查要加工部件的外观或复查图纸。

（2）确定一种或多种加工类型以及所需的加工位置。

（3）分析部件，为加工计划收集数据。

（4）根据部件分析结果，确定最佳的刀具和操作类型，以便选择刀具，然后创建粗加工计划和精加工计划。

在 NX 加工应用模块中，铣削编程的一般流程如下。

（1）创建包含设置的部件：该部件具有全部加工信息；该设置可以包含（或作为组件引用）要加工的部件、毛坯、固定件、夹具和机床。

（2）创建父节点组（Parent Group）：建立和利用继承的概念，把已有的参数设置传递到其他对象中去，最大程度地减少重复性选择和设置。其包括创建程序组、刀具组、几何体和方法。

（3）创建操作（Operation）：设置生成刀轨所需的参数和加工方法。

（4）检验刀轨（Verify Toolpath）：用仿真的方法检查刀轨，尽量减少刀轨中的错误。

（5）后置处理（Postprocess）：建立刀轨的格式，使之符合指定的机床/控制系统要求。

（6）生成车间工艺文件（Shop Documentation）：把加工信息（如零件材料、加工参数、控制参数等）输出为工艺文件，便于车间操作人员查看使用。

NX 7.5 中还提供了面向新用户的 CAM 基本功能，新 CAM 用户可以从 CAM 基本功能主页开始执行许多最常见的活动。CAM 基本功能主页上针对新用户的一些教程展示了介绍基本功能的必要工作流程，可指导新用户完成上述过程。

上述的铣削编程的一般流程可以用图 9-1 所示的流程图表示。

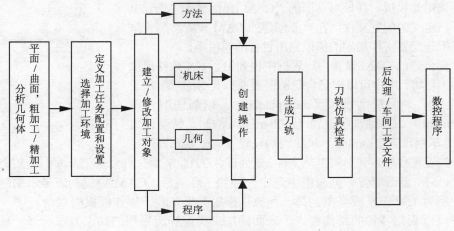

图 9-1　NX 编程流程图

2. 术语

要有效使用"加工"应用模块，必须理解下列术语。

- 设置：含（或作为组件参考）要加工的部件、毛坯、固定件、夹具和机床的部件。
- MCS：在 NX 中，有两个坐标系是"加工"模块所独有的，即机床坐标系（MCS）和参考坐标系（RCS）。机床坐标系是所有后续刀轨输出点的基准位置。这使得工作坐标系（WCS）可以独立地移动。如果移动 MCS，则可为后续刀轨输出点重新建立基准位置。
- 关联性：如果在生成刀轨后编辑操作使用的几何体或刀具，则重新生成时操作将自动使用新信息，而不必重新选择几何体。如果删除了生成刀轨所需的几何体，软件将提示需要指定新的几何体。
- 装配：可以使用 NX 加工应用模块来加工各种装配件。可创建包含组件，如夹具和固定件的装配，这种方法具有一些好处，如避免将夹具、固定件等几何体合并到要加工的部件中。

9.1.2　加工环境

NX 加工环境是指进入 NX 加工模块后进行编程作业的软件环境。当初次进入加工应用时，系统要求设置加工环境。设置的加工环境，指定了当前零件的相应加工模板（如车、钻、平面铣和轮廓铣等）、数据库（机床库、刀具库、材料库和切削用量库等）、后置处理器和其他高级参数。在选择合适的加工环境后，若用户需要创建一个新的操作，可继承加工环境中已定义的参数，不必在每次创建新的操作时，对系统的默认参数进行重新设置。因此，通过指定加工环境，用户可避免重复劳动，提高操作效率。

1. 进入并初始化加工环境

打开要进行加工设置的实体模型后，在菜单栏中选择"开始"→"加工"命令，进入加工应用模块，弹出如图 9-2 所示的"加工环境"对话框，要求选择加工配置和指定模板零件，以设置系统要调用的模板。在该对话框的"CAM 会话配置"列表框中列出了已定义的配置文件，在"要创建的 CAM 设置"列表框中列出了所选配置文件指定的模板集所包含的模板零件。

图 9-2   "加工环境"对话框

在"要创建的 CAM 设置"列表框中也列出了 NX 软件提供的一些加工环境，用户可以根据自己的需要选择其中的一个加工环境。主要有平面铣削设置（mill_planar）、轮廓铣削设置（mill_contour）、多轴铣削设置（mill_multi-axis）、钻削设置（drill）、车削设置（turning）和线切割设置（wire_edm）等。选择不同的设置会影响到车间工艺文件、后处理、刀具位置源文件以及刀具库、机床库等内容。

在"CAM 会话配置"列表框中选定一种加工环境后，CAM 设置列表显示的就是该加工环境中所有的操作模板类型。每一种操作模板类型是若干操作模板的集合。

用户可以根据零件的结构特点、表面的加工类型和应采用的加工方法选择一种加工配置。如果系统提供的加工配置文件不能满足要求，NX 软件为用户提供了其他方式选取已定义的加工配置文件来建立加工环境。

单击"确定"按钮，系统初始化加工环境，然后即可开始编程工作。

初始化设置之后，可以进行如下操作：

（1）重命名或创建其他程序来管理操作（粗加工与精加工）。

（2）从库中调用刀具或创建新刀具。

（3）定义几何体（工件、MCS、边界）。

（4）加工时使用现有的方法或创建新方法。

2. 删除加工设置

选择"工具"→"操作导航器"→"删除设置"命令，在弹出的对话框中单击"确定"按钮。删除加工设置时，NX 软件从部件中移除所有的加工设置数据、操作和组。

3. 改变加工环境

对一个部件来说，进入指定的加工环境后，如果对部件做了保存，以后无论何时，只要打开这个部件进入制造模块，系统就处于这个环境中。但如果需要某种编程功能而当前加工环境又没有时，就需要改变加工环境。

改变加工环境的方式是：选择"首选项"→"加工"命令，在"加工首选项"对话框中选择"配置"选项卡，选择选项卡上的配置文件，单击"浏览"按钮弹出"配置文件"对话框，在该对话框中选取一个需要的配置文件即可完成加工环境的变更。

9.1.3   创建父节点组

1. 创建父节点组

在创建父节点组中存储加工信息，如刀具数据、公差、进给速率等信息，凡是在父节点组中指定的信息都可以被操作所继承。

创建父节点组的对话框如图 9-3～图 9-6 所示，通称为创建对话框。

图 9-3 "创建程序"对话框

图 9-4 "创建方法"对话框

图 9-5 "创建几何体"对话框

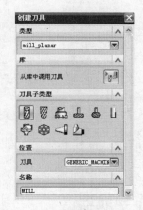

图 9-6 "创建刀具"对话框

程序组能够将操作归组并排列到程序中。通过将操作归组，可以立即按正确的顺序，一次"输出"许多操作。

方法组定义切削方法类型（粗加工、精加工、半精加工）。像"内公差"、"外公差"和"部件余量"这样的参数都在此处定义。

几何体组可定义机床上加工几何体和部件方位。像"部件"、"毛坯"和"检查"几何体、MCS 方位和安全平面这样的参数都在此处定义。使用几何体组定义能够在多个操作之间共享几何体。部件的几何体可以定义：

（1）方位，包括坐标系、装夹偏置、安全平面和刀轴。将它们存储在机床坐标系组中。

（2）要加工的区域。

（3）部件材料，用来计算加工数据。

刀具组可定义切削刀具。可以通过从模板或者库中调用刀具来创建刀具，指定铣刀、钻刀和车刀，并保存与刀具相关联的数据，以用作相应后处理命令的默认值。

2. 创建操作

操作用来生成刀轨以及包含生成刀轨所需的信息（几何体、刀具和加工参数）。对于生成和接收的每个操作，NX 都会保存在当前部件中生成刀轨所用的信息。这些信息包括后处理命令集、显示数据和定义坐标系。

在创建操作前指定这个操作的程序、方法、刀具和几何体父节点组，"创建操作"对话框如图 9-7 所示。

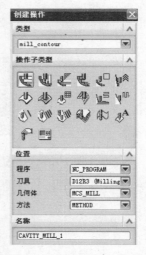

图 9-7　"创建操作"对话框

需要注意的是，操作和组名只能包含字母、数字、句点、下划线和短划线，且必须以字母开头。

9.1.4　操作导航器

操作导航器是一个图形化的用户界面，可以利用操作导航器管理部件中的操作以及刀具、加工几何、加工方法等操作参数。

在操作导航器中具有 4 个用来创建和管理 NC 程序的分级视图，分别是程序顺序视图、机床刀具视图、几何视图、加工方法视图。它们以节点形式存在并且各自以树状结构组织起来。在需要时，各视图的列都可以自定义显示。

1. 操作导航器视图

操作导航器有 4 种节点以及它们各自的"树"，在操作导航器中每次只能显示一种节点，称为操作导航器的一个视图。通过图 9-8 所示的导航工具条中的 4 个图标来切换视图。

图 9-8　操作导航器

从图 9-8 中可以看到 4 个视图，从左到右分别是程序顺序视图、机床刀具视图、几何视图、加工方法视图。

（1）程序顺序视图

用于控制 NC 程序的输出顺序，同时它可以显示每个工步隶属于哪个程序父节点组，如图 9-9 所示。

名称	换刀	刀轨	刀具	刀具号	几何体	方法
NC_PROGRAM						
未用项						
PROGRAM						
CAVITY_MILL		✔	D15R5	0	WORKPIECE	MILL_ROUGH
ZLEVEL_PROFILE		✔	D12R3	0	WORKPIECE	MILL_SEMI_FINISH
CONTOUR_AREA		✔	D5R0.5	0	WORKPIECE	MILL_FINISH
FACE_MILLING_AREA		✔	D15	0	WORKPIECE	MILL_FINISH

图 9-9　程序顺序视图

（2）机床刀具视图

该视图按切削刀具来组织各个操作，其中列出了当前零件中存在的各种刀具以及使用这些刀具的操作名称，如图 9-10 所示。

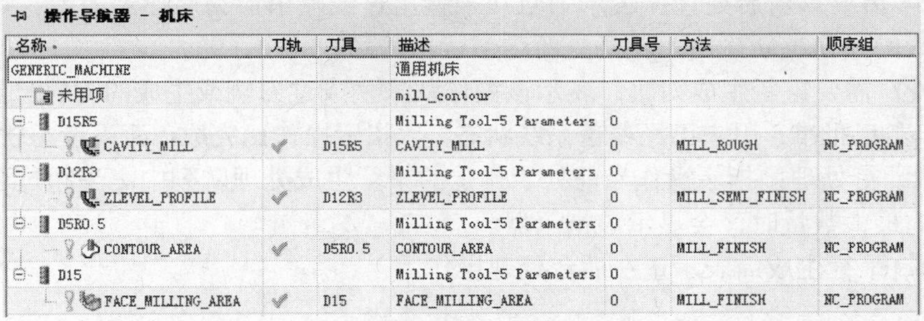

名称	刀轨	刀具	描述	刀具号	方法	顺序组
GENERIC_MACHINE			通用机床			
未用项			mill_contour			
D15R5			Milling Tool-5 Parameters	0		
CAVITY_MILL	✔	D15R5	CAVITY_MILL	0	MILL_ROUGH	NC_PROGRAM
D12R3			Milling Tool-5 Parameters	0		
ZLEVEL_PROFILE	✔	D12R3	ZLEVEL_PROFILE	0	MILL_SEMI_FINISH	NC_PROGRAM
D5R0.5			Milling Tool-5 Parameters	0		
CONTOUR_AREA	✔	D5R0.5	CONTOUR_AREA	0	MILL_FINISH	NC_PROGRAM
D15			Milling Tool-5 Parameters	0		
FACE_MILLING_AREA	✔	D15	FACE_MILLING_AREA	0	MILL_FINISH	NC_PROGRAM

图 9-10　机床刀具视图

（3）几何视图

该视图列出了当前零件中存在的几何组和坐标系，以及使用这些几何组和坐标系的操作名称，如图 9-11 所示。

名称	刀轨	刀具	几何体	方法	顺序组
GEOMETRY					
未用项					
MCS_MILL					
WORKPIECE					
CAVITY_MILL	✔	D15R5	WORKPIECE	MILL_ROUGH	NC_PROGRAM
ZLEVEL_PROFILE	✔	D12R3	WORKPIECE	MILL_SEMI_FINISH	NC_PROGRAM
CONTOUR_AREA	✔	D5R0.5	WORKPIECE	MILL_FINISH	NC_PROGRAM
FACE_MILLING_AREA	✔	D15	WORKPIECE	MILL_FINISH	NC_PROGRAM

图 9-11　几何视图

（4）加工方法视图

该视图列出了当前零件中存在的加工方法，如粗加工、精加工以及它们所使用的共同的参数，如图 9-12 所示。

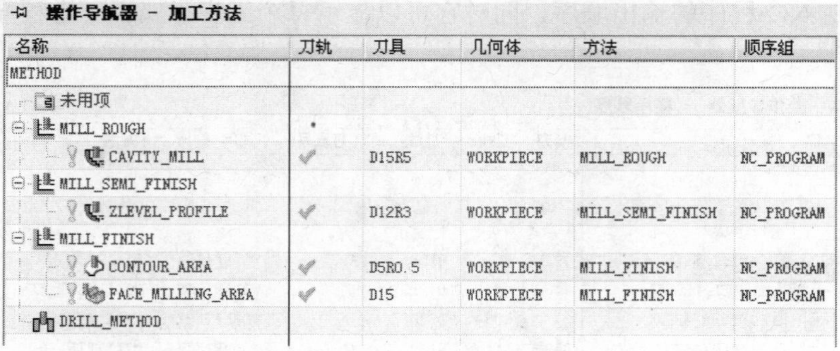

名称	刀轨	刀具	几何体	方法	顺序组
METHOD					
未用项					
MILL_ROUGH	·				
CAVITY_MILL	✔	D15R5	WORKPIECE	MILL_ROUGH	NC_PROGRAM
MILL_SEMI_FINISH					
ZLEVEL_PROFILE	✔	D12R3	WORKPIECE	MILL_SEMI_FINISH	NC_PROGRAM
MILL_FINISH					
CONTOUR_AREA	✔	D5R0.5	WORKPIECE	MILL_FINISH	NC_PROGRAM
FACE_MILLING_AREA	✔	D15	WORKPIECE	MILL_FINISH	NC_PROGRAM
DRILL_METHOD					

图 9-12　加工方法视图

2. 操作导航工具中的符号

在名称列中，操作的前面有一个图标，显示对象的名称和编辑状态，其含义介绍如下。

- ✔　完成：表示刀轨已经生成并输出。
- 🕯　需要重新后处理：表示刀轨从未输出过或输出后刀轨已经改变。可以通过相应的操作重新输出刀轨，更新这个状态符号。
- ⊘　需要重新生成刀轨：表示该操作从未生成过刀轨或生成的刀轨已经过期。
- 🖉　已批准：用户已经覆盖系统状态，以指示操作已完成，而不考虑软件指示符。
- 🕐　待处理：指示操作当前处于排定的平行生成处理队列中。当超过了并发进程的最大数量时，会显示该指示器。
- ⧗　平行生成：表示正在后台处理操作。

9.1.5　刀具路径管理

1. 刀具路径的生成

生成操作刀具路径（刀轨）的方法有多种。可按以下方式生成刀轨：

（1）从操作对话框中为单个操作生成刀轨。

（2）从操作导航器、操作工具条或刀具菜单中为一个或多个操作生成刀轨。必须等到操作的刀轨生成完毕后才能继续工作。

（3）从操作导航器、操作工具条或刀具菜单中为一个或多个以平行生成处理方式在背景中运行的操作生成刀轨，同时可以继续在当前部件文件中工作。

（4）为以批处理方式在背景中运行的单个操作或组生成刀轨。必须关闭与批处理相关联的部件文件。批处理运行时，用户可在另一个部件文件中工作。批处理完成后才可重新打开与批处理相关联的部件文件。

2. 刀具路径的显示

在操作导航器中双击或在对话框中单击"编辑显示"按钮🔲，使用"编辑显示"命令指定刀具、刀具夹持器和刀轨如何在图形窗口显示。刀具显示的选择如图 9-13 所示。

（a）无　　　　　　（b）2D　　　　　　（c）3D　　　　　　（d）轴

图 9-13　刀具显示的选择

3. 刀具路径的重播

在操作工具条上单击"确认刀轨"按钮 ，使用"刀轨可视化"对话框中的"重播"选项来查看 NC 程序的重播（如图 9-14 所示）。使用重播功能可以进行以下操作：

（1）显示一个或多个刀轨的刀具或刀具装配。

（2）显示作为线框、实体刀具或刀具装配的刀具。

（3）显示过切（如果存在），查看有关过切的报告。

（4）控制刀轨显示。

由于重播不包括材料移除，因此它是"刀轨可视化"对话框中 3 种可用动画技术中速度最快的一个。

4. 可视化检验及输出

（1）刀轨可视化检验

刀轨的可视化可以显示移除零件材料的过程，也可以使用动态仿真生成 IPW（In Process Workpiece）。在图 9-14 所示的对话框中选择"3D 动态"（或"2D 动态"）选项卡就可以使用此项功能。

"3D 动态"材料移除显示刀具和刀具夹持器沿着一个或多个刀轨的移动，以此表示材料的移除过程。这种模式还允许在图形窗口中进行缩放、旋转和平移。

使用"3D 动态"选项可以进行以下操作：

① 显示一个或多个刀轨的刀具或刀具装配。

② 显示过切（如果存在），查看有关过切的报告。

③ 显示作为线框、实体刀具或刀具装配的刀具。

④ 检查碰撞及控制刀轨显示。

"2D 动态"材料移除显示包括材料移除在内的刀轨显示过程。其可以实现：

① 查看一个或多个操作的材料动态移除动画。

② 为 IPW、过切和多余材料创建小平面化的体。

③ 将"小平面化的体"作为后续操作的输入。

④ 确认铣削和钻孔操作。

⑤ 在基于像素的视图中查看毛坯的显示和材料的动态移除。

（2）刀轨输出

① 刀具位置源文件概述

刀具位置源文件（Cutter Location Source File）是由加工一个工件所需的若干个操作的刀轨按照加工顺序连接起来构成的 APT（或 ISO 或 BCL/ACL）语言格式的文本文件，简称刀位源文件。

CLSF 包含 MCS 显示数据以及刀具运动命令（GOTO）、控制命令、进给率命令、显示命令、后处理命令等数据。

CLSF 是独立于 NX 部件的外部的文本文件，可以用文本编辑器打开。下面是一个 STD 格式的 CLSF 的例子。

```
TOOL PATH/FACE_MILLING,TOOL,MY_MILL
TLDATA/MILL,30.0000,0.0000,75.0000,0.0000,0.0000
MSYS/0.0000,0.0000,0.0000,1.0000000,0.0000000,0.0000000,
0.0000000,0.0000000,1.0000000
PAINT/PATH
PAINT/SPEED,10
PAINT/COLOR,186
RAPID
GOTO/64.2520,-42.7207,96.0000,0.0000000,0.0000000,1.0000000
PAINT/COLOR,42
FEDRAT/MMPM,250.0000
GOTO/74.6443,-42.7207,90.0000
PAINT/COLOR,31
GOTO/25.1109,-57.4873,90.0000
PAINT/COLOR,37
RAPID
GOTO/25.6109,-57.4873,91.0000
......
PAINT/COLOR,211
RAPID
GOTO/71.6443,-57.4873,93.0000
PAINT/SPEED,10
PAINT/TOOL,NOMORE
END-OF-PATH
```

② 创建刀具位置源文件

选择"工具"→"操作导航器"→"输出"→CLSF 命令或者单击"加工操作"工具条上的 按钮，弹出"CLSF 输出"对话框，如图 9-15 所示。

图 9-14   "刀轨可视化"对话框

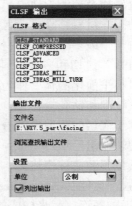

图 9-15   "CLSF 输出"对话框

在格式列表中有 7 种输出格式，分别介绍如下。

- CLSF_STANDARD：最常用的选择。创建一个 APT 格式（ASCII）的 CLSF，然后使用 NX GPM 或其他用于所选机床的后处理软件对其进行后处理。
- CLSF_COMPRESSED：仅输出 START 和 END-OF-PATH 语句。
- CLSF_ADVANCED：从操作导航器中自动提取后处理命令，并将其放在 CLSF 中。它根据当前操作数据，生成铣的加载刀具命令、车削的转台命令、主轴语句或命令（包括速度和方向）、输出模式和选择/刀具（下一操作的刀具号）命令。
- CLSF_BCL：表示 Binary Coded Language，这种控制系统语言由美国海军研发，为可以直接导入生成的 BCL 或 ACL RS-494 文件（不必进行后处理）的机床控制器创建 BCL 或 ACL 格式的 CLSF。
- CLSF_ISO：是基于 ISO 4343 协议创建 ASCII 格式的刀具位置源文件。它与标准格式相似，但有多个不同的命令和相关参数。
- CLSF_IDEAS_MILL：用于铣加工的与 IDEAS 兼容的刀具位置源文件。
- CLSF_IDEAS_MILL_TURN：用于车加工的与 IDEAS 兼容的刀具位置源文件。

当使用 GPM 做后处理时，需要输出 CLSF_STANDARD 格式的刀具位置源文件。

如果为一个操作或程序输出 CLSF，可执行以下操作：

- 在操作导航器中，选择希望输出的程序或操作，或在"程序顺序视图"中选择根节点，输出所有的操作。
- 在主菜单条中单击"列出刀轨"按钮。

9.2　平面铣加工

9.2.1　平面铣概述

平面铣用于平面轮廓、平面区域或平面孤岛的粗精加工，它平行于零件底面进行多层切削。底面和每个切削层都与刀具轴线垂直，各加工部位的侧壁与底面垂直，但不能加工底面与侧壁不垂直的部位。图 9-16 所示的模型是典型的平面铣对象。

平面铣的原理是，切削刀轨是在垂直于刀具轴的平面内的 2 轴刀轨，通过多层 2 轴刀轨逐层切削材料。每一层刀轨称为一个切削层。

平面铣的特点是刀轴固定，底面是平面，各侧壁垂直底面。

为更好地理解和操作平面铣加工方法，简要介绍几个概念。

1. 加工几何

为了创建平面铣操作，必须定义平面铣操作的加工几何，和其他操作参数一起构成计算刀轨的条件。平面铣所涉及的加工几何包括以下 5 种。

- 零件几何体（Part Geometry）：用于定义零件。
- 毛坯几何体（Blank Geometry）：用于定义零件的毛坯。

- 检查几何体◈（Check Geometry）：用于定义刀具不能切入的区域。
- 修剪几何◈（Trim Geometry）：用于定义某些区域是否加工。
- 底平面◈（Floor Plane）：一垂直于刀具轴的平面，定义操作的最后一个切削层。

除了底平面外，其他平面铣的加工几何都由边界定义。

2. 岛屿（Island）

因为平面铣操作的加工对象由平面和与平面垂直的面构成，可认为这样的模型由若干基本的柱体（圆柱、矩形和异形截面柱）组合而成，将这些柱体称为岛屿，如图 9-17 所示。

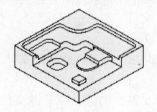

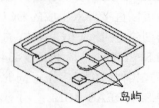

图 9-16　平面铣对象　　　　　　　　　图 9-17　岛屿

3. 边界（Boundary）

平面铣由边界来控制。依据所加工的是腔还是岛，刀具可以加工边界的内侧或外侧。

通过选择一个面、一系列的边、曲线或点来定义一个轮廓，从而创建边界。边界可以由一个操作或 MILL_BND 几何体父节点组创建。

边界具有一些特点，如边界是一种平面线；边界的每一段都是一个边界成员；边界可以是封闭的，也可以是打开的；边界具有方向性。

边界可以分为开边界和封闭边界，分别介绍如下。

- 开边界：用于单刀路加工，可以做侧壁的精加工。可以使用标准驱动铣（Standard Drive）和轮廓铣（Profile）切削方式，如图 9-18 所示。
- 封闭边界：多用于粗加工方式。可以使用零件仿型铣（Follow Part）、外围仿型铣（Follow Periphery）和往复式铣削（Zig-Zag）切削方式，如图 9-19 所示。

4. 底平面（Floor Plane）

底平面定义最低（最后的）切削层。所有切削层都与"底平面"平行生成。每个操作只能定义一个"底平面"。需要注意的是，刀具必须能够到达"底平面"，并且不会过切部件。图 9-20 所示是一个定义底平面的示例。

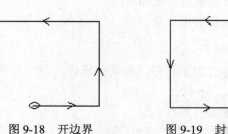

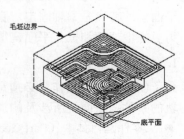

图 9-18　开边界　　　　图 9-19　封闭边界　　　　图 9-20　定义底平面示例图

如果未指定"底平面"，系统将使用机床坐标系（MCS）的 X-Y 平面。

9.2.2　平面铣的主要加工参数

在"插入"工具条上单击"创建操作"按钮或选择"插入"→"操作"命令，在出现的对话框中设置相应参数后单击"确定"按钮即可弹出如图 9-21 所示的"平面铣"对话框。本节介绍其中的一些主要参数。

1. 几何体

表示需要加工的部件模型或者程序员添加的附加几何体。

（1）在几何体组中的几个图标含义介绍如下。

- ▢▾：选择控制继承几何体的几何体父项。
- ▣：为此操作创建新的几何体父项。
- ⚒：编辑先前定义的父组中的几何体选择。

图 9-21　"平面铣"对话框

（2）根据操作类型和子类型，所选几何体可能是实体、面或边界。可用的几何体介绍如下。

- 部件几何体▣：表示加工完成后的部件。
- 毛坯几何体▣：表示原材料。
- 处理中的工件（IPW）几何体▣：表示每个加工阶段结束时已加工的工件。
- 检查几何体▣：表示不想触碰的区域，如夹住部件的夹具。
- 切削区域几何体▣ ▣：定义要加工的特定区域。
- 修剪边界▣：可约束切削区域。定义修剪边界时，注意修剪边界仅用于指定刀轨被修剪的范围，不是定义岛屿，要特别指定修剪侧。它不是必需的，根据具体情况来定义。
- 指定底面▣ ▣：定义底部平面或者与要加工的壁相邻的区域。
- 壁几何体▣：定义切削区域周围的壁面。
- 机床坐标系▣：为"几何体父项"中的所有操作确定方位和刀轨原点。
- 制图文本几何体Ⓐ：定义雕刻文本。

（3）边界类型。

使用几何体中的边界来定义要加工的区域。平面铣中所使用的几个常用边界介绍如下。

- 部件边界▣：用于表示被加工零件的几何对象。平面铣的零件几何由边界定义的岛屿构成。
- 毛坯边界▣：用于被加工零件的毛坯的几何对象。平面铣的毛坯几何由边界定义。可以同时使用"部件边界"和"毛坯边界"来定义切削体积。
- 检查边界▣：指定如夹具零件等不允许刀具切削的部位。检查边界平面的法向必须平行于刀轴。它不是必需的，根据需要来定义。

2．刀具

在创建操作时已经定义的刀具会自动在表中列出。如果要使用新的刀具，可以使用"创建刀具"按钮 创建新的刀具。创建新刀具或者从刀具库调用刀具时，刀具变为父组。在操作导航器的机床刀具视图中，使用该刀具的所有操作都显示在该刀具下面。

输出项中可以为刀具定义刀具号、补偿寄存器、刀具补偿寄存器、Z 偏置。

刀具号即刀具的编号，有效编号为 1～2147483647。补偿寄存器可以指定编号以标识包含此刀具正确刀具偏置值的补偿寄存器位置。刀具补偿寄存器可以指定编号以标识此刀具要输出的刀具补偿寄存器。在 NC 控制器中，此寄存器包含正确的刀具直径补偿（刀具补偿）以允许刀具大小变化。Z 偏置指定从主轴标定点到刀尖的距离。

换刀设置中的"手工换刀"选项指定停止处以手工换刀。"夹持器号"可以指定 1～6 之间的编号以指派右侧夹持器的方位。"文本状态"选项可以指定要在 CLSF 输出过程中添加到 LOAD 或 TURRET 命令的文本。

3．刀轴

此选项指定切削刀具的方位。常用的刀轴选项（在个别对话框中不可使用）介绍如下。

- +ZM 轴：将机床坐标系的轴方位指派给刀具。
- 指定矢量：允许通过定义矢量指定刀轴，可从列表中选择或构造新的矢量。
- 动态：可以在图形窗口中操纵矢量以指定刀轴。
- 垂直于底面：用于平面铣操作，将刀轴定向为垂直于要加工的面。
- 垂直于第一个面：用于面铣操作，将刀轴定向为垂直于第一个选定的面。

4．机床控制

"机床控制"选项可添加信息到刀轨，可以创建或编辑"开始刀轨事件"和"结束刀轨事件"，或添加"运动输出设置"到现有刀轨。这些事件由 NX 后处理器解释或发送到 CLSF 文件（如果该文件已生成）。

开始刀轨事件和结束刀轨事件通常用于生成辅助功能的机床代码，如换刀、冷却液开或关、用户定义开始和结束事件或特殊后处理命令。

控制运动输出类型介绍如下。

- 仅线性：可用于铣削和车削操作。将任意圆弧刀具移动转换为一系列线性移动。
- 圆弧—垂直于刀轴：对铣削操作可用。生成位于垂直于刀轴的平面的所有可行圆弧刀具移动。
- 圆弧—垂直/平行于刀轴：对铣削操作可用。生成位于垂直于或平行于刀轴的平面的所有可行圆弧刀具移动。
- NURBS：可用于固定轴曲面轮廓铣、平面铣、型腔铣、面铣。可以通过决定刀轨跟随非均匀有理 B 样条曲线（NURBS，最高 4 阶 3 次样条）的准确度控制表面粗糙度。
- 圆形：生成所有可能的圆形刀具运动。
- Sinumerik 样条：Siemens Sinumerik 控制器的输出样条。Sinumerik 样条输出针对精加工操作中的单向切削优化，最适宜于区域铣削驱动方法。

5. 刀轨设置

"刀轨设置"选项用于指定控制刀轨的参数。例如,可以指定切削模式、切削层、切削参数、非切削移动、进给率和速度。

刀轨设置为许多操作共用,但对它们并非都是必需的。最常用的选项介绍如下。

(1) 切削模式

在切削模式选项中包含 8 种具体模式(适用于 NX 平面铣和型腔铣加工方式),现分别描述如下。

① 往复式铣削 ⬚(Zig-Zag)

往复式铣削创建一系列平行直线刀路,彼此切削方向相反,但步进方向一致,如图 9-22 所示。此切削类型通过允许刀具在步进时保持连续的进刀状态来使切削移动最大化。切削方向相反的结果是交替出现一系列"顺铣"和"逆铣"切削。指定"顺铣"或"逆铣"切削方向不会影响此类型的切削行为,但却会影响其中用到的"清壁"操作的方向。

② 单向铣削 ⬚(Zig)

单向铣削方式创建一系列沿一个方向切削的直线平行刀轨。"单向"将保持一致的"顺铣"或"逆铣"切削,并且在连续的刀轨间不执行轮廓切削,除非指定的"进刀"方式要求刀具执行该操作。刀具从切削刀轨的起点处进刀,并切削至刀轨的终点。然后刀具退刀,移动至下一刀轨的起点,并以相同方向开始切削,如图 9-23 所示。

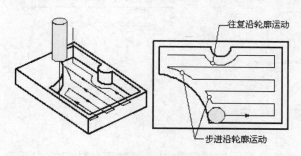

图 9-22　往复式铣削刀轨

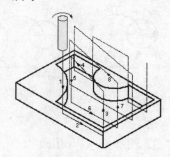

图 9-23　逆铣时的单向刀轨

③ 单向轮廓铣 ⬚(Zig With Contour)

单向轮廓方式创建的"单向"切削图样将跟随两个连续"单向"刀路间的切削区域的轮廓。它将严格保持"顺铣"或"逆铣"切削。系统根据沿切削区域边界的第一个"单向"刀路来定义"顺铣"或"逆铣"刀轨,如图 9-24 所示。

④ 跟随周边 ⬚(Follow Periphery)

此切削模式沿部件或毛坯几何体定义的最外侧边缘偏置进行切削,创建的切削刀轨可生成一系列沿切削区域轮廓的同心刀路,如图 9-25 所示。系统通过偏置区域的边缘环来生成切削刀轨。当多条刀轨与区域的内部形状重叠时,它们会合并成一条刀轨,该刀路会再次偏置而形成下一刀轨。加工区域中的所有刀轨均为封闭的形状。

⑤ 跟随部件 ⬚(Follow Part)

此切削模式沿所有指定部件几何体的同心偏置切削。最外侧的边和所有内部岛及型腔用于计算刀轨,这就消除了岛清理刀路的必要。通过从整个指定的"部件几何体"中形成相等数量的偏置（如果可能），不管该"部件"几何体定义的是边缘环、岛还是型腔，都可以创建切削刀轨，如图 9-26 所示。

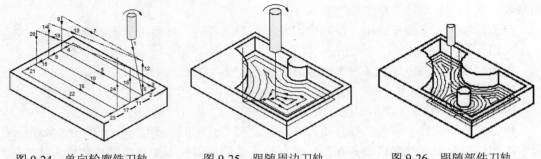

图 9-24　单向轮廓铣刀轨　　　图 9-25　跟随周边刀轨　　　图 9-26　跟随部件刀轨

⑥ 摆线〇（Cycloid）

此模式使用环进行切削，以限制多余的步距并控制刀具嵌入，如图 9-27 所示。向外和向内切削方向之间有着以下明显区别：

● 向外方向通常从远离部件壁处开始，向部件壁方向行进。这是首选模式，它可以将圆形环和光顺的跟随运动有效地组合在一起。

● 向内方向沿环中的部件切削，然后以光顺跟随周边模式切削向内刀路。

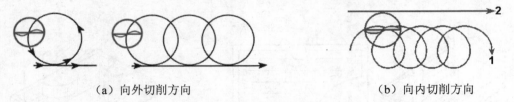

（a）向外切削方向　　　　　　　　　　（b）向内切削方向

图 9-27　摆线切削模式

⑦ 轮廓铣（Profile）

创建一条或指定数量的切削刀轨来对部件壁面进行精加工，刀具跟随边界方向运动，如图 9-28 所示。它可以加工开放区域，也可以加工闭合区域。

⑧ 标准驱动铣（Standard Drive）

标准驱动铣（仅平面铣）是一种轮廓切削方式，它允许刀具准确地沿指定边界移动，从而不需要再应用"轮廓"中使用的自动边界裁剪功能，如图 9-29 所示。通过使用"自相交"选项，可以使用"标准驱动"来确定是否允许刀轨自相交。

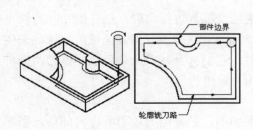

图 9-28　轮廓铣刀轨

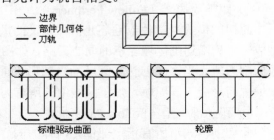

图 9-29　标准驱动铣刀轨与轮廓铣刀轨

（2）切削参数

使用切削参数可以指定切削后在部件上保留多少余量、切削方向和切削区域排序、确定输入毛坯并指定毛坯距离、控制拐角的切削行为等操作。

"切削参数"对话框中共有 6 个选项卡，分别是策略、余量、拐角、连接、空间范围和更多选项卡。需要设置的内容较多，主要的设置介绍如下。

① 切削方向

有 4 个选项来设置切削方向，分别介绍如下。

● 顺铣/逆铣：系统根据边界方向和刀具主轴的方向来计算切削方向以满足所需的设置，如图 9-30 所示。顺铣是指定顺时针主轴旋转时，材料在刀具右侧；逆铣是指定顺时针主轴旋转时，材料在刀具左侧。

● "跟随边界"对于使用边界的操作可用，表示将按照选择的边界成员的方向进行切削。"边界反向"将使刀轨以选择的边界成员的反方向切削。对于某些边界几何体，可以根据边界方向使用"跟随边界"或"边界反向"。多数情况下，两者都用在开放边界中，如图 9-31 所示。

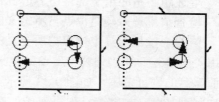

图 9-30　顺铣和逆铣　　　　　　图 9-31　跟随边界和边界反向

② 切削顺序

该选项允许指定如何处理经过多个区域的刀轨。当一个切削层中有多个要加工的区域时，可以使用两种方式（层优先和深度优先）来定义区域的切削顺序，并且这些方式将自动地传递到后续的切削层中。

层优先表示刀轨将首先完成每一层的加工，然后才会向下进刀。该选项可用于加工薄壁腔体。深度优先表示系统将切削至每个腔体中所能触及的最深处。也就是说，刀具在到达底部后才会离开腔体，如图 9-32 所示。

图 9-32　切削顺序

③ 毛坯

"毛坯距离"选项应用于部件边界或部件几何体以生成毛坯几何体的偏置距离。对于"平面铣"，默认的毛坯距离应用于封闭部件边界。使用"毛坯距离"而不是毛坯边界来指定大于部件的恒定距离。在处理铸件或部件（要移除的材料具有恒定厚度）时，这是很有用的。在面铣中，要加工的各个面沿刀轴按毛坯距离值偏置可以创建毛坯。

"合并距离"选项允许 NX 软件将两个或多个面合并到单个刀轨以减少进刀和退刀。

"简化形状"可以将复杂的多侧切削区域几何体修改为简单的形状。使用该选项，可为复杂的部件形状生成简单的刀轨，从而减少机床运动并缩短切削时间。

④ 余量与公差

- 最终底面余量允许指定在完成由当前操作生成的切削刀轨后，腔体底面（底平面和岛的顶部）应剩余的材料量。
- 部件余量是完成指定的加工操作后，留在部件壁面上的材料量。通常这些材料将在后续的精加工操作中被切除。
- 部件底面余量指定底面上遗留的材料。此余量沿刀轴竖直测得。仅应用于定义切削层的部件表面，是平面的且垂直于刀轴。
- 部件侧面余量指定壁上剩余的材料，在每个切削层上沿垂直于刀轴方向测量。
- 壁余量指定各个壁应用唯一的余量，用于平面铣操作。
- 毛坯余量是刀具定位点与所定义的毛坯几何体之间的距离。
- 毛坯距离是应用于部件边界或部件几何体的偏置距离，用以生成毛坯几何体。
- 检查余量是刀具定位点与所定义的"检查"边界之间的距离。
- 修剪余量是刀具定位点与所定义的修剪边界之间的距离。

使用"内公差"和"外公差"参数定义刀轨可以从实际部件表面偏离的许可范围，如图 9-33 所示。公差的值越小，生成的切削越光顺、越精确，但需要的处理时间也越长。使用时请勿将两个值都指定为零。

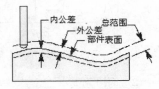

图 9-33　公差

- 内公差指定刀具在部件表面内切削时可以偏离预期刀轨的最大距离。
- 外公差指定刀具远离部件表面切削时可以偏离预期刀轨的最大距离。

⑤ 拐角控制

拐角控制选项有助于预防刀具在进入拐角时产生偏离或过切。

对于凹角，通过自动生成稍大于刀具半径的拐角几何体（圆角），可以让刀具在内部零件壁之间光顺过渡。

对于凸角，刀具可通过延伸相邻段或绕拐角滚动来过渡零件壁。

（3）进给率和速度

使用此选项可以创建刀轨行进过程中的几种刀具运动类型。

指定进给率的方式有英寸/分钟（IPM）、英寸/转（IPR）、毫米/分钟（MMPM）、毫米/转（MMPR）。指定主轴速度和旋转方向的方式有顺时针（CLW）、逆时针（CCLW）、转/分钟（RPM）、表面英尺/分钟（SFM）和表面毫米/分钟（SMM）。

使用"设置加工数据"可计算参数设置，包括切削深度、步距、主轴速度和进给率，但基于设定的部件材料、刀具材料、切削方法、切削深度。无论何时更改输入参数（如刀具材料从高速钢到碳化物），所有参数都将重新计算。

使用"优化进给率"选项更高效地移除材料，并延长刀具寿命。此选项会经常对刀具载荷进行监视，并对进给率进行调整，以维持均匀的刀具载荷。

（4）其他选项

① 切削深度

切削深度选项用来设置刀具 Z 向运动的深度。单击"切削深度"按钮可以打开"参数设置"对话框，其中包括用户定义、仅底面、底面和岛顶面、岛顶部的层、固定深度等类型。

② 步距

用于指定刀路之间的距离。可以直接通过输入一个常数值或刀具直径的百分比来指定该距离，也可以间接地通过输入残余高度并使系统计算切削刀路间的距离来指定该距离。

6. 非切削移动 📓

非切削移动选项用于定义刀具朝向零件几何体或离开零件几何体时的运动方式，可以避免与部件或夹具设备发生碰撞，如图 9-34 所示。非切削运动可以发生在切削运动前、切削运动后或切削运动之间，切削移动可以简单到单个的进刀和退刀，或复杂到一系列定制的进刀、退刀和传递（离开、移刀、逼近）运动，这些运动的设计目的是协调刀路之间的多个部件曲面、检查曲面和抬刀操作。

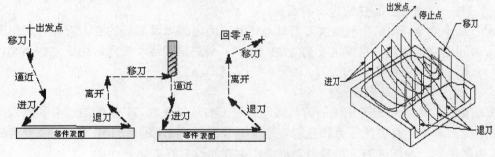

图 9-34　非切削移动

非切削移动包括刀具补偿，因为刀具补偿是在非切削移动过程中激活的。

非切削移动类型由操作类型和子类型确定。这些移动按功能组织，并放置在对话框的属性选项卡上。主要的选项卡介绍如下。

● 进刀：指定将刀具带到刀路起点的移动。

● 退刀：指定将刀具带离刀路终点的移动。

● 起点/钻点：通过标识用户定义或默认区域起点，指定刀具进刀位置和步距方向。预钻点选项在先前已钻孔或毛坯材料的其他空白区域中指定进刀位置。

● 传递/快速：指定如何从一个切削刀路移动到另一个切削刀路。

● 避让：指定、激活、取消和操作点、直线或符号。这些点、直线或符号有助于在切削移动之前或之后定义刀具清除运动。

● 更多：提供可应用于刀轨的其他选项，如检查碰撞、确定在何处应用刀具补偿和输出刀具接触数据。

（1）进刀/退刀类型

正确地设置进刀/退刀类型是进行加工操作的重要环节。好的方法可以避免刀具与工件的干涉、碰撞，减轻刀具对工件的接触冲击力，避免工件表面出现冲击刀痕，工件加工表面加工质量可以得到可靠保证。

使用"进刀"类型定义刀具从进刀点到初始切削位置移动时刀的速度和刀具运动。根据选择的不同，其他进刀对话框变为可用状态，可以在其中指定点、矢量、平面、角度或距离参数。使用"退刀"类型创建从部件返回到避让几何体或到定义的退刀点的非切削移动，其设置类似于"进刀运动"对话框。现以平面铣加工为例，介绍主要的进刀/退刀设置。其中的开放区域为刀具在移除材料之前可以触及当前切削层的区域；封闭区域是指刀具到达当前切削层之前必须开始移除材料的区域。

① 安全距离

安全距离选项允许指定刀具转移到新切削区域以及当刀具向深度进刀时刀具与工件表面的距离。可以指定以下距离：

● 水平安全距离。刀具沿着水平方向接近零件侧面时，由进刀速度转变为切削速度的位置。它是部件侧面周围的间隙带，在确定进刀运动的起点时会将刀具半径添加到此值中，可指定等于或大于零的任何值。

● 垂直安全距离。是沿垂直于零件表面的矢量测量的、刀具将从材料（毛坯平面或上一切削平面）开始运动的距离。

● 最小安全距离。在初始进刀刀具与工件顶面之间以及最后的进刀刀具与底平面之间的安全距离。它仅用于初始进刀运动、最终退刀运动或同时用于这些运动，不用于中间各层刀轨的进刀。

② 开放区域进刀/退刀设置

进刀/退刀允许通过定义正确的刀具运动来进刀和从工件退刀。正确的进刀和退刀运动有助于避免刀具上不必要的压力和驻留痕迹或干涉部件。这里的进刀/退刀设置主要有初始进刀、内部进刀、内部退刀、最后退刀选项，主要的设置方法如下。

● 线性：在与第一个切削运动相同方向的指定距离处创建进刀移动。

● 线性（相对于切削）：创建与刀轨相切（如果可行）的线性进刀移动。除了旋转角度是始终相对于切削方向以外，与线性选项操作相同。

● 圆弧：创建一个与切削移动的起点相切（如果可能）的圆弧进刀移动。

● 线性（沿矢量）：通过一个矢量和一个距离来指定进刀运动。矢量确定进刀运动的方向，距离值确定长度。这种进（退）刀运动是直线。

● 矢量平面：通过一个矢量和一个平面来指定进刀移动。矢量确定进刀运动的方向，平面确定进刀起始点。

● 角度、角度、平面：通过两个角度和一个平面来指定进刀运动。角度可确定进刀运动的方向，平面可确定进刀起始点。

● 无（None）：指令系统不生成一个进（退）刀点。

③ 封闭区域进刀类型

封闭区域进刀分为沿刀具轴方向的倾斜式进刀参数设置和垂直于刀具轴的平面内的水平进/退刀参数设置。

● 按形状斜进刀：指定刀具怎样倾斜下刀，只有当刀具不能找到下刀的开口区域或者只有在凹腔加工时，才会遇到倾斜下刀。按外形倾斜类型允许倾斜出现在沿所有被跟踪的切削刀轨方向上，而不考虑形状，如图 9-35 所示。

● 螺旋形下刀：由刀具的 10% 重叠产生，在第一个切削运动处创建无碰撞的、螺旋线形状的进刀移动，以防止在螺旋的中间留下柱状材料。仅当进刀不会干涉部件时才执行此操作，如图 9-36 所示。

● 插削：直接从指定的高度进刀到部件内部。

● 无：不输出任何进刀移动。NX 软件消除了在刀轨起点的相应逼近移动，并消除了在刀轨终点的分离移动。

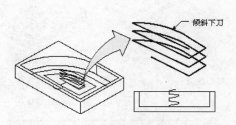

图 9-35　按外形倾斜下刀

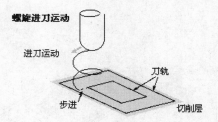

图 9-36　螺旋形下刀

在该选项卡中，还有几个相同的选项说明如下。

● 倾斜角度：当执行"按形状斜进刀"或"螺旋线进刀"时，表示刀具切削进入材料的角度，如图 9-37 所示。倾斜角度是在垂直于部件表面的平面中测量的。该角度必须大于 0°且小于 90°。刀具从指定倾斜角度与最小安全距离几何体相交处开始倾斜移动。

● 高度：指定要在切削层的上方开始进刀的距离。

● 重叠距离：指定切削结束点和起点的重叠深度，如图 9-38 所示。此选项确保对发生进刀和退刀移动的点进行完全清理。刀轨在切削刀轨原始起点的两侧同等地重叠。

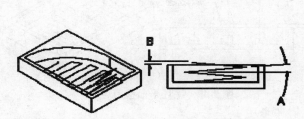

图 9-37　最小安全距离（B）和倾斜角度（A）

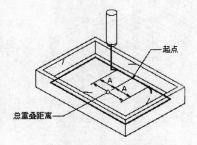

图 9-38　重叠距离

（2）传递/快速

该选项卡上的选项指定如何从一个切削刀轨移动到另一个刀轨。刀具进行以下移动：

① 从其当前位置移动到指定的平面。

② 在指定平面内移动到进刀移动起点上面的位置。若未指定进刀移动，则在切削点上面移动。

③ 从指定平面内移动到进刀移动的起点。若未指定进刀移动，则在切削点上面移动。

主要的传递类型介绍如下：

① 安全平面方式可使刀具在退刀运动后且进刀运动前移动到指定的安全平面（在"避让"下指定）。指定的"安全平面"必须垂直于刀具轴，如图 9-39 所示。

② 上一平面方式可使刀具在运动到新切削区域前抬起到并沿着上一切削层的平面运动。但是，如果连接当前位置与下一进刀起始处上方位置的转移运动受到部件形状和检查形状的干扰，则刀具将退回到并沿着"安全平面"或隐含的安全平面运动，如图 9-40 所示。

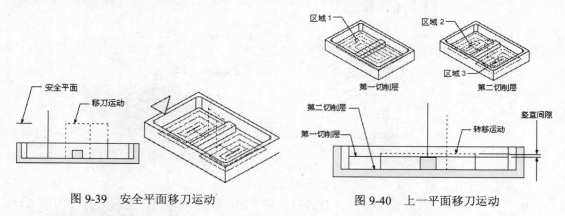

图 9-39　安全平面移刀运动　　　　　　　图 9-40　上一平面移刀运动

③ 直接移刀运动方式可使刀具沿直线直接从其当前位置运动到进刀运动的起始处，如果未指定进刀运动，则运动到切削点，如图 9-41 所示。

④ 毛坯平面可使刀具沿着由要去除的材料上层和竖直间隙定义的平面来运动。在"平面铣"中，"毛坯平面"是指定的部件边界和毛坯边界中最高的平面。"毛坯平面"可防止刀具一路退回到安全平面，如图 9-42 所示。

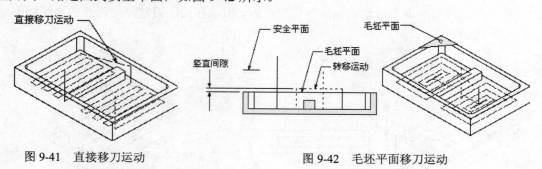

图 9-41　直接移刀运动　　　　　　　图 9-42　毛坯平面移刀运动

9.2.3　创建平面铣的基本步骤

创建平面铣的基本步骤如下：

（1）在"插入"工具条上分别创建程序、刀具、几何、加工方法节点。

（2）在"插入"工具条上单击"创建操作"按钮，或选择"插入"→"操作"命令，在"创建操作"对话框中选择 mill_planar 类型，指定操作子类型为 Planar_Mill，指定程序、刀具、几何、加工方法父节点。

（3）在"创建操作"对话框中指定操作的名称。单击"应用"按钮进入"平面铣操作"对话框。

（4）在"平面铣操作"对话框中定义加工几何体。

（5）定义"平面铣操作"对话框中的加工参数（刀轨设置组）等参数。

（6）单击对话框中的 按钮，生成刀轨。

9.2.4　平面铣综合实例

下面以本章内容介绍的加工方法进行平面铣的操作，便于更好地理解整个加工过程。

（1）打开零件模型文件，如图 9-43 所示，进入"建模"模块。

（2）创建毛坯。选择"插入"→"设计特征"→"长方体"命令，弹出"块"对话框，在对话框的长、宽、高中分别输入 200、200、50。将毛坯块移入目标层 2，并且不可见。

（3）选择"开始"→"加工"命令，进入"加工"模块，出现"加工环境"对话框，选择 mill_planar，单击"确定"按钮，进入加工环境。

（4）创建父节点组。

① 创建程序父节点。

在"插入"工具条上单击 按钮，弹出"创建程序"对话框，其设置如图 9-44 所示。

图 9-43　平面铣操作零件模型

图 9-44　创建程序父节点

② 创建刀具父节点。

在"插入"工具条上单击 按钮，弹出"创建刀具"对话框，其设置如图 9-45 所示。在"铣刀参数"对话框中设置刀具直径和下半径分别为 20 和 0.8，其他按默认参数。重复上面的步骤，创建另一把直径等于 10、下半径为 0.8 的刀具，名称为 em10_0.8。

③ 创建 WORKPIECE 父节点。

在操作导航器几何视图中展开 MCS_MILL 父节点，双击 WORKPIECE 父节点，出现"铣削几何体"对话框，在该对话框中分别选择部件和毛坯（需要将毛坯体显示出来，即第 2 层可见），单击"确定"按钮关闭对话框。

④ 创建几何体父节点。

在"插入"工具条上单击 按钮，对话框设置如图 9-46 所示。单击"确定"按钮后弹出"铣削边界"对话框，在几何体组中，指定部件边界 ，出现"部件边界"对话框，设置如下：过滤器类型为"面边界"，忽略孔选项设为 OFF，忽略岛屿选项设为 OFF，忽略倒角选项设为 OFF，材料侧设为内侧。选择如图 9-47 所示的 7 个平面作为零件边界。

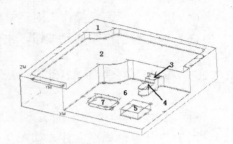

图 9-45　创建刀具父节点　　图 9-46　创建几何体父节点　　　图 9-47　选择零件边界

在几何体组中单击⬚按钮，指定毛坯边界（使第 2 层可见，选择毛坯上表面），单击"确定"按钮，将第 2 层设为不可见。

在几何体组指定底面，单击⬚按钮，出现"平面构造器"对话框，选择 7 号边界的底面，单击"确定"按钮返回。

（5）在加工方法视图中，双击 MILL_ROUGH 父节点，出现"铣削方法"对话框，设置部件余量为 0.5，单击"确定"按钮返回。双击 MILL_FINISH 父节点，在"铣削方法"对话框中设置部件余量为 0，单击"确定"按钮返回。

（6）创建粗加工轨迹。

在"插入"工具条上单击"创建操作"按钮⬚，弹出"创建操作"对话框，设置如图 9-48 所示。单击"确定"按钮后出现"跟随轮廓粗加工"对话框，设置如下：

①　切削方式为"跟随部件"，步距设为刀具直径百分比，在百分比中输入 75。

②　在非切削运动中，"进刀"选项卡的开放区域进刀选择"线性"，设置斜角为 2，封闭区域进刀方法设置为"与开放区域相同"；退刀设置按默认（与进刀相同），单击"确定"按钮。

③　在"切削参数"对话框中，"策略"选项卡的切削顺序为"层优先"。选择"拐角"选项卡，凸角选择设为"绕对象滚动"。

④　单击"切削层"按钮，出现"切削层"对话框，设置类型栏为"用户定义"，每刀深度栏的"公共"值为 5，其他按默认设置。

⑤　单击"生成"按钮⬚，生成刀具轨迹，如图 9-49 所示。

（7）顶部平面加工。

单击"创建操作"按钮⬚，弹出"创建操作"对话框，设置如图 9-50 所示，单击"确定"按钮。出现"平面铣"对话框，设置如下：

①　在几何体栏中，指定面边界，单击"选择"按钮，出现"面几何体"对话框，在类型栏中单击"面边界"图标，忽略孔选项设为 ON，忽略倒角选项设为 OFF，选择所有的 7 个平面，单击"确定"按钮返回。

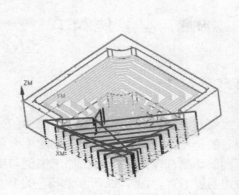

图 9-48 创建平面铣操作   图 9-49 粗加工刀位轨迹   图 9-50 创建顶部平面操作

② 切削方式设为"跟随周边"式，步距设置为刀具直径百分比，在百分比中输入 70。

③ 设置切削参数，"连接"选项卡的"切削区域顺序"设为"标准"，"策略"选项卡的"壁清理"选项设为"在终点"，在"余量"选项卡中将部件余量设为 0.5，其余按默认。

④ 单击"生成"按钮，生成的刀具轨迹如图 9-51 所示。

（8）周壁的精加工。

在机床刀具视图中展开 EM20-0.8 节点，选择 ROUGH_1 操作，单击 MB3，选择"复制"命令。选择 EM10-0.8 节点，单击 MB3，选择"内部粘贴"命令，在 EM10-0.8 节点下出现一个 ROUGH_1_COPY 的操作。将 ROUGH_1_COPY 改为 WALL_FINISH_MILLING。双击 WALL_FINISH_MILLING 节点，出现"跟随轮廓粗加工"对话框，设置如下：

① 在刀轨栏中设置方法为 Method，单击"新建"按钮，在出现的对话框中将方法设为 MILL_FINISH，单击"确定"按钮。

② 切削模式设为"轮廓"，零件余量设为 0，底面余量为 0。

③ 在切削参数栏中，选择"拐角"选项卡，设置圆弧上进给调整选项的调整进给率为"在所有圆弧上"，光顺选项设为 None，单击"确定"按钮返回。

④ 单击"生成"按钮，生成周壁加工的刀具轨迹，如图 9-52 所示。

（9）保存并关闭文件。

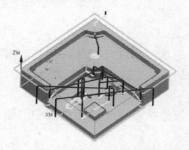
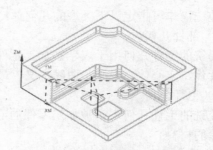

图 9-51 顶平面加工刀具轨迹   图 9-52 周壁加工刀具轨迹

9.3　型腔铣加工

9.3.1　型腔铣的概述

型腔铣用于粗加工型腔或型芯区域。型腔铣对于粗切部件，如冲模、铸造和锻造，是理想选择。它根据型腔或型芯的形状，将要切除的部位在深度方向上分成多个切削层进行切削，每个切削层可指定不同的切削深度，并可用于加工侧壁与底面不垂直的部位，但是在切削时，要求刀具轴线与切削层垂直。图 9-53 所示的模型是典型的型腔铣对象。

"型腔铣"和"平面铣"类似，两者都可以切削掉垂直于"刀具轴"的切削层中的材料。但是，这两种类型的操作在定义材料的方式上有所不同。"平面铣"使用边界来定义部件材料。"型腔铣"使用边界、面、曲线和体来定义部件材料。

为了生成型腔铣刀轨，必须指定零件几何体和毛坯几何体，这样系统才能知道刀轨应该在什么范围内生成，如图 9-54 所示。定义刀具和其他操作参数以后，系统就会生成刀轨。

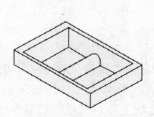

图 9-53　型腔铣对象

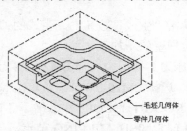

图 9-54　零件几何和毛坯几何

9.3.2　型腔铣的主要加工参数

图 9-55 所示是"型腔铣"对话框，下面介绍该对话框中型腔铣的选项。公共选项可参看平面铣有关章节。

1. 几何体

型腔铣操作可指定以下类型的几何体：

（1）部件几何

型腔铣的零件几何用于表示被加工零件的几何形状。零件几何体可由表面区域、小平面体、片体、实心体、表面、曲线定义。最常用的是实体、表面区域、表面。

（2）毛坯几何

型腔铣的毛坯几何表示被加工零件的毛坯的几何形状，定义加工过程中的原材料余量或要移除的材料。

（3）检查几何

型腔铣的检查几何用于指定不允许刀具切削的部位，如夹具。与平面铣不同之处是可以用实心体等几何对象定义任何形状的检查几何。检查几何体可由片体、实心体、表面和曲线定义。

2. 切削层

型腔铣的切削层定义时是将总切削深度划分为多个切削范围，同一个范围的切削层的深度相同，不同范围内的切削层的深度可以不同。型腔铣切削是水平切削操作（2.5 维操作），系统在一个恒定的层完成切削后才会移至下一层，如图 9-56 所示。

图 9-55　"型腔铣"对话框

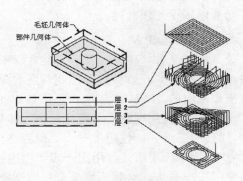

图 9-56　切削层

指定每刀的公共深度值时，软件将计算出不超过指定值的相等深度的各切削层。图 9-57所示说明软件如何调整获得值 0.25。

确定原则是，越陡峭的面允许越大的切削层深度，越接近水平的面切削层深度要越小。

3. 切削参数

（1）余量

零件侧面余量是指零件侧壁剩余的材料数量，该余量是在每个切削层上沿垂直于刀具轴的方向（水平）测量的，如图 9-58 所示。它可以应用在所有能够进行水平测量的零件表面上（平面、非平面、竖直、倾斜等）。

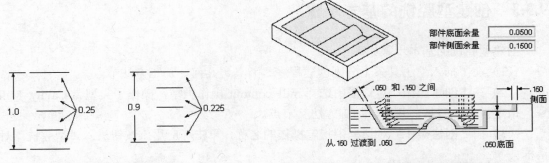

图 9-57　每刀公共深度　　　　　　　　图 9-58　零件的侧面余量和底面余量

部件底面余量是指底面剩余的部件材料数量，该余量是沿刀具轴（竖直）测量的。该选项所应用的部件表面必须满足以下条件：用于定义切削层、表面为平面、表面垂直于刀具轴（曲面法向矢量平行于刀具轴）。

（2）容错加工

容错加工是特定于型腔铣的一个切削参数。它是一种可靠的算法，能够找到正确的可加工区域而不干涉部件。

（3）底部切削处理

在型腔铣中，底切处理可允许系统在生成刀轨时考虑底切几何体，以此来防止刀柄摩擦到零件几何体。底切处理只能应用在非容错加工中。

注意： 打开“底切处理”后，处理时间将增加。如果没有明确的底切区域存在，可关闭该功能以减少处理时间。

（4）使用三维 IPW

“处理中的工件（IPW）”是一个“型腔铣”切削参数，它指定了操作完成后应保留的材料（剩余材料）。该参数既控制着当前操作由上一（参考）操作输入的状态，又控制着当前操作输出的 IPW 的状态。使用 IPW 的操作是余料铣操作。可用的选项如下：

① “无”，使用现有的毛坯几何体（如果有），或切削整个型腔。

② “使用三维”，使用上一步“型腔铣”或“深度铣”操作创建的小平面几何体。

③ “使用基于层”，使用上一步“型腔铣”或“深度铣”操作中的刀轨。

要使用三维 IPW，必须为第一个型腔铣操作定义一个最初的毛坯几何体。

4. 报告最短刀具

此选项计算可以加工操作中的所有材料（毛坯或者 IPW），而不会发生刀具夹持器碰撞的最短刀具。报告结果显示在该复选框下面，并且如果未生成刀轨或者刀轨不是最新的，会显示未知。

需要注意的是，报告最短刀具值是近似推荐值，不是绝对值。

5. 参考刀具

该选项在没有材料的地方消除刀具运动。用参考较大刀具的较小刀具创建新操作时，较小刀具仅移除较大刀具未切削的材料。此选项位于“空间范围”选项卡。

9.3.3　创建型腔铣的基本步骤

创建型腔铣的基本步骤如下：

（1）在“插入”工具条上分别创建程序、刀具、几何、加工方法节点。

（2）在“创建操作”对话框中选择 mill_contour 操作类型，操作子类型为 Cavity_Mill，指定程序、刀具、几何、加工方法父节点。

（3）在“创建操作”对话框中指定操作的名称，单击“应用”按钮进入“型腔铣”对话框。

（4）在“型腔铣”对话框中定义几何体。

（5）定义“型腔铣”对话框中的加工参数等设置。

（6）单击对话框中的 按钮，生成刀轨。要查看刀轨，可单击 按钮。

9.3.4　型腔铣综合实例

本节以吹风机外壳凸模的加工为例，介绍模具零件的加工方法（本节只进行前两个步骤）。该零件的加工工艺路线及各操作的主要工艺参数如表 9-1 所示。

表 9-1　加工工艺简表

序 号	操 作	作 用	刀 具	余 量	主轴转速	切削速度	进刀速度
1	型腔铣	粗加工	D15R5	0.8	800	1000	200
2	等高轮廓铣	曲面半精加工	D12R3	0.4	1200	1000	200
3	曲面驱动轮廓铣	曲面精加工	D5R0.5	0	2000	600	200
4	表面区域铣	平面精加工	D15	0	1200	600	200

1．准备工作

（1）启动 NX 7.5，单击"打开"文件图标，选取零件文件，模型显示如图 9-59 所示。在菜单栏中选择"开始"→"加工"命令。在"加工环境"对话框中选择 mill_contour，单击"确定"按钮，进入加工环境。

（2）在几何视图操作导航工具上双击 MCS_MILL，确定加工坐标系 Z 轴方向正确，设置安全距离为 10mm，定义安全平面。

（3）在几何视图操作导航工具上展开 MCS_MILL 项目，双击 WORKPIECE，在"铣削几何体"对话框中，单击 按钮指定部件，在"部件几何体"对话框中单击"全选"按钮选择吹风机外壳模具实体作为部件几何体，单击"确定"按钮。

（4）单击 按钮，打开"毛坯几何体"对话框，选中"自动块"单选按钮，如图 9-60 所示，单击"确定"按钮接受毛坯几何体。再单击"确定"按钮关闭"铣削几何体"对话框。

（5）按照表 9-1 所示数据，定义 4 把刀具，分别为 D15R5、D12R3、D5R0.5 和 D15。

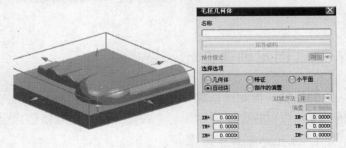

图 9-59　加工零件　　　　　　　　　　图 9-60　定义毛坯几何体

2．型腔铣

（1）单击"创建操作"按钮 ，类型设为 mill_contour，子类型为 CAVITY_MILL ，其他各项的设置如图 9-61 所示。单击"确定"按钮创建操作。

（2）设置每刀加工深度为 3mm，其余参数按表 9-1 设置。单击对话框中的 按钮，生成刀轨，如图 9-62 所示。单击对话框中的 按钮，验证刀轨，2D 动态仿真结果如图 9-63 所示。

图 9-61   型腔铣父节点组   图 9-62   型腔铣刀轨   图 9-63   型腔铣 2D 动态仿真结果

3．等高轮廓铣

（1）单击"创建操作"图标 ，类型设为 mill_contour，子类型为 ZLEVEL_PROFILE ，其他各项的设置如图 9-64 所示。单击"确定"按钮创建操作。

（2）指定所有曲面为切削区域，设置每刀加工深度为 2mm，其余参数按表 9-1 设置。单击 按钮，生成刀轨，如图 9-65 所示。单击对话框中的 按钮，验证刀轨，2D 动态仿真结果如图·9-66 所示。

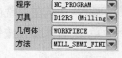

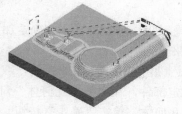

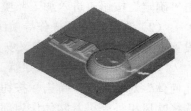

图 9-64   等高轮廓铣父节点组   图 9-65   等高轮廓铣刀轨   图 9-66   等高轮廓铣 2D 动态仿真结果

9.4   固定轴曲面轮廓铣加工

9.4.1   固定轴曲面轮廓铣概述

固定轴曲面轮廓铣操作沿部件轮廓移除材料，从而对已完成轮廓加工的曲面区域进行精加工。可以控制"刀轴"和"投影矢量"选项以创建跟随复杂曲面的刀轨。

1．加工对象与原理

固定轴曲面轮廓铣用固定刀轴精加工曲面类几何体。固定轴曲面轮廓铣会更详细地检查选择的几何体，它可以有效地清除型腔铣留下的残余材料，而且会同时加工几何体的底面和侧面，更精确地对曲面零件进行精加工。一般采用球头刀具进行加工。

要建立固定轴轮廓铣操作的刀轨，需要先指定驱动几何和零件几何。系统将驱动几何上的驱动点沿刀轴方向投影到零件几何表面上，然后加工刀具定位到零件几何的"接触点"

上，从而生成加工刀轨。其中的驱动几何可以是曲线、边界、表面或独立的曲面对象。

2. 基本术语

● 驱动几何体（Driver Geometry）：用来产生驱动点的几何体。在曲面轮廓铣中，除了定义零件几何体以外，还可以用驱动几何体进一步引导刀具的运动。

● 驱动方法（Driver Method）：定义生成刀轨所需的驱动点的方法。所有的曲面轮廓铣操作要选择驱动方法。

● 非切削运动（Non-Cutting Moves）：非切削运动是除了切削运动之外的刀具运动，非切削运动不会切削任何材料。

● 零件几何体（Part Geometry）：用于加工的几何体。

● 驱动点（Drive Point）：从驱动几何体上产生的，将投射到零件几何体上的点。

3. 操作对话框

（1）在工具条上单击"创建操作"按钮，弹出"创建操作"对话框，在操作类型 mill_contour 中选择 FIXED_CONTOUR，指定操作名称及其他 4 个数据组，如图 9-67 所示。

（2）单击"应用"或"确定"按钮，弹出如图 9-68 所示的"固定轮廓铣"对话框。

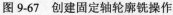

图 9-67　创建固定轴轮廓铣操作

图 9-68　"固定轮廓铣"对话框

在"固定轮廓铣"对话框中有一些是固定轴曲面轮廓铣方法的参数，下面的内容对此进行了比较详细的叙述。

9.4.2　固定轴曲面轮廓铣的驱动方法

可以根据加工表面的形状和复杂性以及刀轴和投影矢量要求等来选择合适的驱动方法。同样地，所选的驱动方法决定了可以选择的驱动几何体的类型，以及可用的投影矢量、刀轴和切削类型。下面介绍几种驱动方法。

1. 区域铣削（Area Milling）

区域铣削驱动方法可以检查零件几何体，以保证生成精确和无干涉的刀具路径。区域铣削驱动方法通过指定切削区域、添加陡峭容纳环和修剪几何约束来定义固定轴轮廓铣操作。区域铣削驱动方法不需要指定驱动几何，利用零件几何自动计算出不冲突的容纳环，从而确定切削区域。它仅可用于"固定轴曲面轮廓铣"操作。因此，应尽可能使用"区域铣削驱动方法"代替"边界驱动方法"。

切削区可以指定表面区域、片体或表面来组成。若没有指定切削区，则可利用整个已定义的零件几何体组成切削区。

此方法可以使用"往复上升"切削类型，如图 9-69 所示。这种"切削类型"根据指定的局部"进刀"、"退刀"和"移刀"运动，在刀路之间提升刀具。它不输出"离开"和"逼近"运动。

2. 清根切削（Flow Cut）

清根切削驱动方法是沿零件表面之间形成的凹角生成刀轨，系统自动确定切削方向和加工前后顺序，优化刀轨。清根切削一般用于加工零件加工区的边缘凹处，以清除前面操作未切削到的材料。这些材料通常是由于前面操作中刀具较大而残留下来的，须用直径较小的刀具或特殊刀具。

因为刀具必须与零件几何体保持两个相切点，如图 9-70 所示。所以当曲面某处的曲率半径大于刀具的底角半径时，该区域不会产生清根切削刀轨。

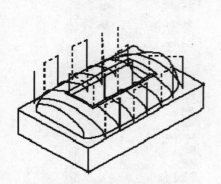

图 9-69　往复上升切削类型

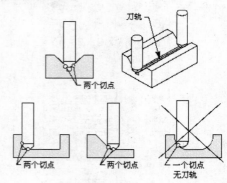

图 9-70　双切点

3. 其他的驱动方法

● 边界驱动（Boundary）：通过指定边界和环来定义切削区域。边界与零件表面的形状和尺寸无关，而环则必须符合零件表面的外边缘线。边界驱动将由边界定义的切削区域内的驱动点沿刀轴方向投影到零件表面上而生成刀轨。这种方法多用于精加工操作。

● 轮廓文本驱动：此操作直接在轮廓表面雕刻制图文本，如零件号和模具型腔 ID 号。需要注意的是，要在低于部件表面的地方进行切削，需为"部件余量"输入负值，或为"文本深度"输入正值并为"部件余量"输入 0。对于轮廓文本加工，需要使用球头铣刀。

9.4.3　固定轴曲面轮廓铣的主要加工参数

在固定轴轮廓铣操作子类型对话框中，最上面的操作和平面铣、型腔铣一致。在这里着重介绍对话框中的加工几何和切削参数。

1. 部件几何体

在固定轴轮廓铣操作中，部件几何是零件上要加工的表面。操作对话框中几何体部分的图标🔲是用于定义、编辑部件几何体并控制部件几何显示的。通过下面的"选择"、"编辑"和"显示"按钮来操作部件几何对象。

部件几何可以是实体、片体、表面或表面区域，如图 9-71 所示。

2. 检查几何

"检查几何"使用户能够指定刀轨不能干扰的几何体（如部件壁、岛、夹具等），如图 9-72 所示。当刀轨遇到检查曲面时，刀具退出，直至到达下一个安全的切削位置。

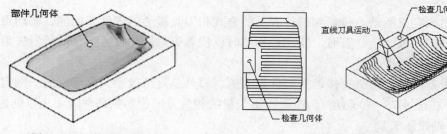

图 9-71　部件几何体　　　　　　　　　图 9-72　检查几何

操作对话框中几何体部分的按钮🔲就是用于定义、编辑检查几何并控制检查几何显示的，其定义方法与零件几何的定义方法一致。

检查几何可以是实体表面、片体或曲线。

3. 切削区域

切削区域的每个成员都必须是部件几何体的子集。例如，如果在切削区域中选择一个面，则此面必须选择作为零件几何体，或必须属于某个已选择为零件几何体的体。如果在切削区域中选择一个片体，则必须选择该片体作为零件几何体。

如果不指定切削区域，则系统会将定义的整个零件几何体（刀具不可触及的区域除外）用作切削区域。换言之，系统会将部件的轮廓用作切削区域。参见图 9-73。

操作对话框中几何体部分的按钮🔲就是用来定义、编辑切削区域并控制切削区域显示的，其定义方法与零件几何的定义方法一致。

4. 修剪几何

"区域铣削"和"自动清根"驱动方式可使用"修剪几何"。"修剪几何"可进一步约束切削区域，如图 9-74 所示。可以通过将"材料"指定为"内部"或"外部"，定义要从操作中排除的切削区域部分。"修剪几何"始终"闭合"，始终处于 ON 状态，并且沿刀具轴矢量投影到"零件"几何体。

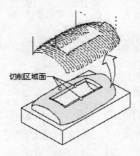

图 9-73　切削区域

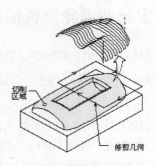

图 9-74　修剪几何

操作对话框中几何体部分的按钮圖就是用来定义、编辑修剪几何并控制修剪几何显示的，其定义方法与零件几何的定义方法一致。

修剪几何通常用封闭边界定义，可以是表面边界、曲线边界或一系列点组成的边界。

5. 投影矢量

此选项用来定义驱动点投影到部件表面的方式和刀具接触的部件表面侧。驱动点沿投影矢量投影到部件表面上。有时，驱动点移动时以投影矢量的相反方向（但仍沿矢量轴）从驱动曲面投影到部件表面。

投影矢量方向决定刀具要接触的部件表面侧。刀具总是从投影矢量逼近的一侧定位到部件表面上。在图 9-75 中，驱动点 p1 以投影矢量的相反方向投影到部件表面上以创建 p2。

（1）刀轴投影矢量

根据现有的"刀轴"定义一个"投影矢量"，如图 9-76 所示。使用"刀轴"时，"投影矢量"总是指向"刀轴矢量"的相反方向。

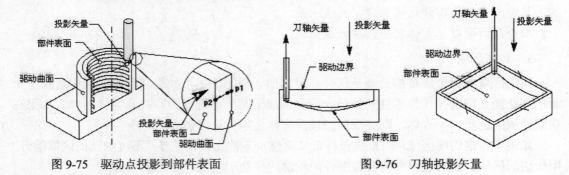

图 9-75　驱动点投影到部件表面　　　　　　　　图 9-76　刀轴投影矢量

（2）远离点

此方式可以创建从指定的焦点向"部件表面"延伸的"投影矢量"，如图 9-77 所示。此选项可用于加工焦点在球面中心处的内侧球形（或类似球形）曲面。

（3）朝向点

此方式可以创建从"部件表面"延伸至指定焦点的"投影矢量"，如图 9-78 所示。此选项可用于加工焦点在球中心处的外侧球形（或类似球形）曲面。

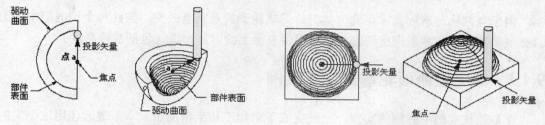

图 9-77　远离点的投影矢量　　　　　　图 9-78　朝向点的投影矢量

（4）远离直线

此方式可以创建从指定的直线延伸至部件表面的"投影矢量"，如图 9-79 所示。"投影矢量"作为从中心线延伸至"部件表面"的垂直矢量进行计算。此选项有助于加工内部圆柱面，其中指定的直线作为圆柱中心线。刀具位置将从中心线移到"部件表面"的内侧。

（5）指向直线

此方式可以创建从"部件表面"延伸至指定直线的"投影矢量"，如图 9-80 所示。此选项有助于加工外部圆柱面，其中指定的直线作为圆柱中心线。刀具位置将从"部件表面"的外侧移到中心线。

选择投影矢量时应小心，避免出现投影矢量平行于刀轴矢量或垂直于部件表面法向的情况。这些情况可能引起刀轨的竖直波动。

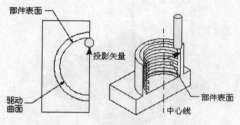　　　　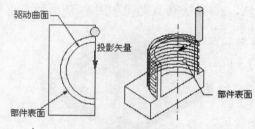

图 9-79　远离直线的投影矢量　　　　　　图 9-80　指向直线的投影矢量

6. 清根几何

清根几何可创建能够标识加工后仍有未切削材料剩余的点或边界和曲线。后续的精加工操作可使用"清根几何体"来清理剩余的材料。"清根几何体"可用于除"自动清根"以外所有驱动方式的固定和可变轴曲面轮廓铣中。

清根几何体是通过接触点创建的，这些接触点投影在与投影矢量垂直的平面上并包含工作坐标系原点。投影方向取决于刀具轴。

7. 多层切削

"多层切削"参数允许沿着"零件几何体"的一个切削层逐层加工，以便一次去除一定量的材料。只能为使用"零件几何体"的操作生成多重深度切削（如果未选择"零件几何体"，则在驱动几何体上只生成一条刀轨）。

需要注意的是，多层切削时，每一切削层的刀轨都是单独计算的。计算时是垂直于零件几何方向偏置一定距离（切削层厚度）来计算接触点，而不是简单地对第一层刀轨的复制。由于当刀轨轮廓远离零件几何体时，刀轨轮廓的形状会改变，因此每个切削层中的刀轨必须单独计算。多重深度切削将忽略零件表面上的定制余量（包括部件厚度）。

9.4.4　固定轴曲面轮廓铣加工实例

在型腔铣实例中介绍的实例，已经完成了粗加工和半精加工，本节继续使用这个实例来完成后续的精加工，以帮助读者更好地理解曲面轮廓铣的操作。

1. 曲面驱动轮廓铣

（1）单击"创建操作"按钮，类型设为 mill_contour，子类型为 CONTOUR_AREA，其他各项设置如图 9-81 所示。单击"确定"按钮创建操作。

程序	NC_PROGRAM
刀具	D5R0.5 (Millin
几何体	WORKPIECE
方法	MILL_FINISH

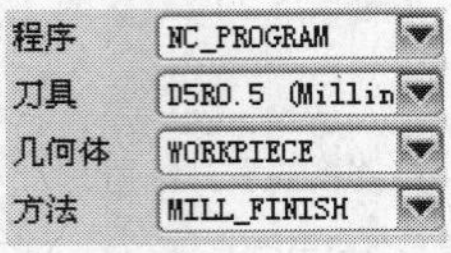

图 9-81　曲面驱动轮廓铣父节点组

（2）指定所有曲面为切削区域，设置切削步距为刀具直径的 20%，其余参数按表 9-1 设置。单击对话框中的按钮，生成刀轨，如图 9-82 所示。单击对话框中的按钮，验证刀轨，2D 动态仿真结果如图 9-83 所示。

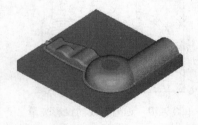

图 9-82　曲面驱动轮廓铣刀轨　　　　图 9-83　曲面驱动轮廓铣 2D 动态仿真结果

2. 表面区域铣

（1）单击"创建操作"按钮，类型设为 mill_planar，子类型为 FACE_MILLING_AREA，其他各项的设置如图 9-84 所示。单击"确定"按钮创建操作。

程序	NC_PROGRAM
刀具	D15 (Milling T
几何体	WORKPIECE
方法	MILL_FINISH

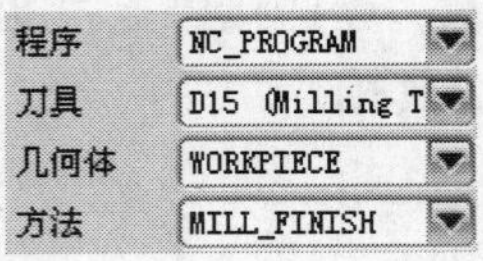

图 9-84　表面区域铣父节点组

（2）指定模具的平面区域为切削区域，设置切削方式为跟随周边，切削步距为刀具直径的 75%，其余参数按表 9-1 设置。单击对话框中的按钮，生成刀轨，如图 9-85 所示。单击对话框中的按钮，验证刀轨，2D 动态仿真结果如图 9-86 所示。

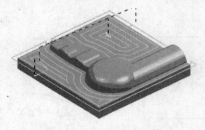

图 9-85　表面区域铣刀轨

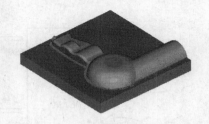

图 9-86　表面区域铣 2D 动态仿真结果

9.5　综合仿真与后置处理

9.5.1　综合仿真与校验

1. 概述

刀轨的切削仿真（Visualization）提供了数控加工操作刀轨的图形化显示方法（几何图形、图像或动画的方式），可以及时反映出是否欠切、过切零件几何，是否有剩余材料，检验零件的最终几何形状是否符合要求。同时，通过仿真还可以检视刀具运动过程中是否会与夹具或机床产生碰撞，确保能加工出符合设计要求的零件，并避免刀具、夹具和机床的不必要损坏。

NX 软件作为一个全面集成的产品工程解决方案，其中 IS&V（Integrated Simulation & Verification，即综合仿真与检查）是系统提供的一个全客户化的应用模块，主要对整个机床的切削过程进行仿真，给用户提供一个动态的、立体的视觉效果；NX 软件帮助用户建立精确的机床运动模型来模拟整个切削加工过程，便于发现刀具运动过程中的问题，甚至还可以利用此部分的内容协助零件设计者设计符合现实机床切削的零件。

在学习后面的知识之前，首先了解两个概念。

- 过切：就是刀具与零件材料发生了干涉。检查过切就是发现引起过切的刀轨段。超出限制的过切是不允许的，因此必须消除引起过切的原因，以消除引起过切的刀轨段。

引起过切的原因一般是，模型存在几何错误或者非切削运动不合理。

- 欠切：就是工件上尚未切除的剩余材料。对于工序件，零件余量是正常的剩余材料，反之就是不正常的剩余材料。存在不正常的剩余材料是刀轨不合理的表现。

2. 综合仿真与检查功能的系统实现

综合仿真与检视的系统实现如图 9-87 所示。

综合仿真与检视的实现步骤如下所述。

（1）定义机床装配模型

先对机床各组件进行建模，然后在装配模块中进行装配组合，建立机床的几何体装配模型。由于机床组件在运动学模型中必须是运动件，机床零部件也必须是单独的部件模型。

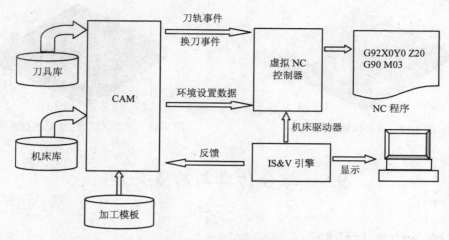

图 9-87　综合仿真与检视的结构图

（2）定义运动学模型

使用机床构建器（Machine Tool Builder，MTB）方法将第（1）步中的模型建立为运动学模型。需要注意的是，如果零件模型进入了加工环境，则无法打开机床构建器。

（3）将模型存储在数据库中

定义了机床的运动学模型后，还需要把机床的全部模型存入系统相应的数据库中，例如，把机床的全部模型保存在 NX 的安装目录"UGS\NX7.5\MACH\resource\library\machine\ascii"下。

（4）定义加工刀具

该部分并不是强制性的，仅在需要时使用。和定义机床运动学模型的方法类似，需要在机床构建器环境中定义刀具的装配模型，且该模型须包含安装信息。如果不定义刀具装配模型，系统可以根据加工模型中的刀具参数创建一个刀具。

（5）定义机床驱动器

为了模拟真实机床 NC 控制器行为，需要用户定义虚拟 NC 控制器（VNC）来控制虚拟机床。机床驱动器（Machine Tool Drive，MTD）是 NX 后处理器的扩展，用来生成数控代码命令文件。在使用 POST Builder 创建后处理时，同时可以自动地创建 VNC。

（6）准备机床仿真的 CAM 模型

在加工模型中建立工件运动组件，并通过自动装配功能在机床上进行安装工作，然后才能够进行综合仿真与检视。

3．IS&V 环境下的加工仿真

以 NX 软件自带的机床进行整个加工过程的综合仿真与检查操作，其过程如下：

（1）在操作导航器的机床刀具视图中双击 GENERIC_MACHINE 节点。

（2）在"通用机床"对话框中单击"从库中调用机床"，选择合适的机床。

（3）在"部件安装"对话框中选择定位方式为"使用装配定位"，并选择整个零件。

（4）在"添加加工部件"对话框中，定位方式设置为"绝对原点"。

（5）在"机床"对话框中选择"调用刀槽信息"选项，单击"确定"按钮。

零件在机床上的安装如图 9-88 所示，在此可以清楚地看到刀具、刀柄和机床的运动。

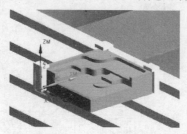

图 9-88　加工仿真的安装

9.5.2　后置处理

加工应用模块可生成用来对部件进行加工的 NX 刀轨。一般来说，由于机床有很多不同的类型，所使用的 NC 程序代码和模式也是不同的，不能只是将未修改的刀轨文件直接发送到机床并开始进行切削。因此，必须修改刀轨使其符合各个不同的机床/控制器组合的独特参数。这种修改称作后处理。操作中的数据必须经过后处理转换成特定机床控制系统能够接受的特定模式的 NC 程序。

通常情况下，每个后处理器程序专用于单一的机床类型/控制器组合。在需要时可以修改后处理文件参数，使其适合特定的机床类型/控制器组合的功能。但是，不能修改程序使其用于其他机床类型/控制器组合。

NX 提供了图形后处理模块 GPM 和 NX Post 两种后处理方式。由于 NX Post 使用简单，因此本节主要介绍它的操作方法。

单击加工操作工具条上的"NX/后处理"按钮 ，系统打开如图 9-89 所示的对话框。

该对话框上部列出了各种可用机床，除了铣削加工所用的 3～5 轴铣床外，还有 2 轴车床、电火花线切割机等。如果所列出的机床不合适，还可以单击下方的"浏览"按钮，打开新的后处理器。

Post 后处理器格式化刀轨的过程如图 9-90 所示。

NX 软件使用 Post 方式输出 NC 程序的一般步骤如下：

（1）将要输出的程序节点下的操作的排列顺序重新检查整理一遍，保证符合加工顺序。

（2）从操作导航器中选取要输出的程序节点。

（3）在菜单栏中选择"工具"→"操作导航器"→"输出"→"NX Post 后处理"命令，弹出"后处理"对话框。

（4）在机床列表中选择一种"机床"。

（5）单击"浏览"按钮选择存放 NC 文件的文件夹，输入 NC 文件名。

（6）在"输出单位"下拉菜单中选取输出单位。

（7）单击"应用"按钮，完成输出，生成 NC 文件。

完成上述操作后，系统以 *.ptp 格式保存 NC 文件。用写字板程序即可查看其中的内容。

图 9-89 "后处理"对话框

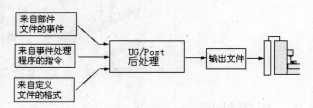

图 9-90 Post 后处理过程

思 考 题

1. 简述 NX 铣削编程的流程。
2. 平面铣的切削模式有哪些？各自的特点是什么？
3. 型腔铣与平面铣的主要区别是什么？
4. 固定轴曲面轮廓铣的驱动方法有哪些？
5. 简述 NX 刀轨后处理的过程。
6. 完成如图 9-91 所示鼠标的粗、精加工。

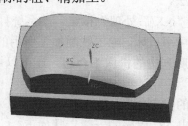

图 9-91 题 6 图

参 考 文 献

1. Hsu T R, Sinha D K. Computer-Aided Design. New York: West Publishing Company, 1992

2. 孙家广. 计算机辅助设计技术基础. 第 2 版. 北京：清华大学出版社，2000

3. 张秉森，王钰. 计算机辅助设计教程. 北京：清华大学出版社，2005

4. 王隆太，朱灯林，戴国洪. 机械 CAD/CAM 技术. 第 2 版. 北京：机械工业出版社，2005

5. 殷国富，陈庆华. 计算机辅助设计技术及应用. 北京：清华大学出版社，2000

6. 王先逵. 计算机辅助制造. 北京：清华大学出版社，1999

7. 王贤坤. 机械 CAD/CAM 技术应用与开发. 北京：机械工业出版社，2000

8. 赵波，龚勉，浦维达. UG CAD 实用教程. 北京：清华大学出版社，2002

9. 高航，张耀满，王世杰. 基于 UG 的 CAD/CAM 技术. 北京：清华大学出版社，2005

10. 莫蓉，周惠群. Unigraphics 18 版 CAD 应用基础. 北京：清华大学出版社，2002

11. 沈洪才. UG CAD 工程应用基础. 北京：清华大学出版社，2003

12. 丁炜，郧建国译. UG 设计应用培训教程. 北京：清华大学出版社，2002

13. 张俊华，应华，熊晓萍. UG NX2 制图应用教程. 北京：清华大学出版社，2004

14. 王贵明. 数控实用技术. 北京：机械工业出版社，2000

15. 吴祖育，秦鹏飞. 数控机床. 第 2 版. 上海：上海科学技术出版社，2003

16. 苏红卫译. UG NX2 铣加工过程培训教程. 北京：清华大学出版社，2004

17. 谢国明，曾向阳，王学平译. UG CAM 实用教程. 北京：清华大学出版社，2003

18. 王庆林，李莉敏，韦纪祥. UG 铣制造过程实用指导. 北京：清华大学出版社，2002

19. 洪如瑾. UG NX6 CAD 进阶培训教程. 北京：清华大学出版社，2009

20. 麓山文化. UG NX7 从入门到精通. 北京：机械工业出版社，2010

附录　部分思考题参考解答

为方便读者学习，本附录给出思考题中有关 NX 建模应用部分的参考解答，所述的操作步骤清晰、连贯，读者可按照参考解答一步一步地操作，以达到在较短时间内掌握 NX 软件各项功能的目的。由于同一问题的解答可能有多种，本附录提供的解答并不是唯一正确答案，仅供读者学习时参考。

附录 A　第 5 章部分思考题解答

A.1　第 3 题解答

1. 建模准备

（1）启动 NX 后，选择"文件"→"新建"命令，或在工具栏中单击口按钮，打开"新建文件"对话框，设置绘图单位为"毫米"，输入文件名为 part5_3，单击"确定"按钮，进入建模模块。

（2）选择"首选项"→"草图"命令，在弹出的"草图首选项"对话框中进行草图参数预设置。

2. 建立草图

（1）设置草图所在工作层为 21，选择"插入"→"草图"按钮，或单击🔲按钮，进入草图工作界面。选择 XC-YC 平面为草图平面，草图名称为 PART_021。

（2）在草图平面上绘制出大致轮廓的草图对象。

① 单击╱按钮，绘制如图 A-1 所示的直线。

② 单击⌒按钮，从直线右端点起绘制如图 A-1 所示的圆弧。完成圆弧绘制后，如图 A-2 所示，系统在直线与圆弧的交点处自动添加相切约束和重合约束。

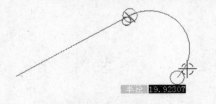

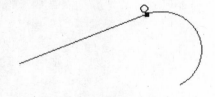

图 A-1　绘制直线和圆弧　　　　　　　　　　图 A-2　自动添加约束

③ 单击⌒按钮，从直线左端点起绘制如图 A-3 所示的左侧圆弧。

④ 单击⌒按钮，选取右侧圆弧和左侧圆弧的另一端点，再选取两者中间一点，用三点

画弧绘制图 A-3 中下侧圆弧。

　⑤ 单击 ⊙ 按钮，绘制如图 A-3 所示的两个圆。

（3）约束草图曲线。

① 单击 ⊿ 按钮，建立几何约束。

● 选择左侧圆弧和下侧圆弧，再单击"相切约束"按钮 ○，建立相切约束。同理，建立右侧圆弧和下侧圆弧之间的相切约束，如图 A-4 所示。

● 选择左侧圆弧和左侧圆，再单击"同心约束"按钮 ◎，建立同心约束。同理，建立右侧圆弧和右侧圆之间的同心约束，如图 A-4 所示。

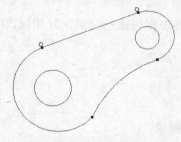

图 A-3　完成的草图曲线

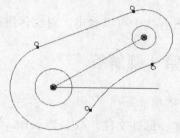

图 A-4　建立几何约束

② 建立参考线。

● 单击 ／ 按钮，过两圆圆心画一条中心线，并画一条水平线，如图 A-4 所示。

● 单击 ▥ 按钮，将两条新建直线转换为参考线，如图 A-5 所示。

③ 单击 ▨ 按钮，按图 A-6 所示尺寸完成草图的尺寸约束。

● 分别选择两圆圆心，标注中心线的距离 70。

● 依次拾取水平线和中心线，标注角度 30°。

● 选取下侧圆弧，标注尺寸 R90。同理选取左侧圆弧，标注尺寸 R26；选取右侧圆弧，标注尺寸 R16。

● 分别选择两圆，标注尺寸 $\phi22$ 和 $\phi14$。

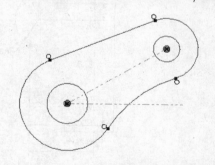

图 A-5　将两条新建直线转换为参考线

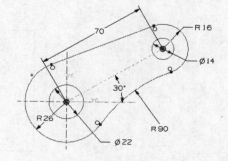

图 A-6　建立尺寸约束

（4）单击 ▧ 按钮退出草图环境。

3．拉伸草图

设置 5 层为工作层。选择"插入"→"设计特征"→"拉伸"命令，弹出"拉伸"对话框。选择草图曲线，选择 ZC 正向为拉伸方向，然后设置拉伸参数的开始距离为 10，结束距离为 30，拔锥角度为 5°，其余参数为 0，单击"确定"按钮完成操作，生成的实体如图 A-7 所示。

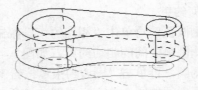

图 A-7　拉伸草图

从图 A-7 中可以看出，对实体进行拔锥时，内、外表面拔锥的结果正好相反。

A.2　第 4 题解答

1. 建模准备

新建一部件文件，取名为 part5_4。进入建模应用模块。

2. 建立草图 PART_021

（1）设置草图所在的工作层为 21，单击 按钮，进入草图工作环境。选择 XC-YC 平面为草图放置平面；草图名称为 PART_021。

（2）在草图平面上绘制出大致轮廓的草图对象。

① 单击 按钮，绘制如图 A-8 所示的圆。

② 单击 按钮，并单击 按钮创建连续的直线，如图 A-8 所示。

（3）单击 按钮，对草图曲线进行修剪，结果如图 A-9 所示。

（4）单击 按钮，添加尺寸约束，如图 A-10 所示。之后系统将自动更新草图的形状和尺寸。

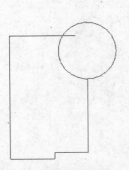

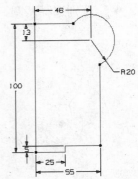

图 A-8　绘制草图曲线　　　　图 A-9　修剪草图曲线　　　　图 A-10　草图尺寸约束

（5）单击 按钮退出草图环境。

3. 建立草图 PART_022

（1）设置草图所在层为 22，单击 按钮，选择 XC-YC 平面为草图平面，草图名称为

PART_022。

（2）在草图平面上绘制出大致轮廓的草图对象，如图 A-11 所示。

① 单击 ╱ 按钮，绘制一条竖直线。

② 单击 ⌒ 按钮绘制圆弧，圆弧起点选取草图 PART_21 的圆弧端点，终点选在竖线上。

（3）约束草图曲线。

① 单击 ⌐ 按钮，约束新建圆弧与新建竖线及 PART_021 的圆弧相切，如图 A-11 所示。

② 单击 ⌐ 按钮，按图 A-11 所示尺寸完成草图的尺寸约束。

（4）单击 ⬚ 按钮，选择草图 PART_021，将草图 PART_021 曲线投影到当前草图中。

（5）单击 ⬚ 按钮，对草图曲线进行修剪，操作结果如图 A-12 所示。

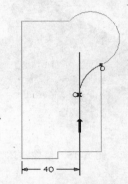

图 A-11　绘制草图曲线

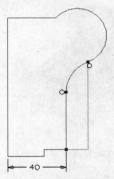

图 A-12　投影并修剪草图

（6）单击 ⬚ 按钮退出草图环境。

4. 拉伸草图

（1）设置 5 层为工作层。单击 ⬚ 按钮，弹出"拉伸"对话框。选择草图 PART_021 的曲线，单击"确定"按钮。选择 ZC 正向为拉伸方向，单击"确定"按钮。设置拉伸参数的结束距离为 15，其余参数为 0，单击"确定"按钮，生成的实体如图 A-13（a）所示。

（2）同样，再对草图 PART_022 曲线进行拉伸操作，设置拉伸参数的开始距离为 15，结束距离为 25，其余设置同步骤（1），单击"确定"按钮。在布尔运算框中选择"求和"，目标实体选择图 A-13（a）中的实体，操作结果如图 A-13（b）所示。

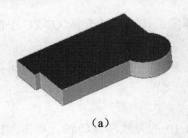

（a）　　　　　　　　　　　　　（b）

图 A-13　拉伸草图

5. 建立孔特征

单击 ⬚ 按钮，选择简单孔，孔的直径为 20，然后选择实体上表面为孔放置平面、实体上圆弧的圆心为孔放置点、贯通体，单击"确定"按钮，如图 A-14 所示。

6.　镜像实体

（1）设置 61 层为工作层。单击 □ 按钮，选择实体侧表面，建立一个与此表面重合的基准平面，如图 A-14 所示。

（2）设置 5 层为工作层。单击 ☞ 按钮，选择需要镜像的实体，并选择新建基准平面，则所选实体相对于指定的基准平面产生一个镜像实体。

（3）在菜单栏中选择"格式"→"层的设置"命令，将 61 层设为不可见，结果如图 A-15 所示。

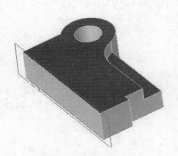

图 A-14　建立基准面

图 A-15　镜像实体

A.3　第 5 题解答

1.　建模准备

新建一部件文件，取名为 part5_5。进入建模应用模块。

2.　生成圆柱体

设置 3 层为工作层。单击 ▣ 按钮，圆柱生成方式选择直径和高度，设置直径为 38、高度为 51，选择 ZC 轴正向作为轴线方向，指定创建圆柱的底面圆心位置为工作坐标系原点，最后单击"确定"按钮，生成的圆柱体如图 A-16 所示。

3.　建立草图 PART_021

（1）设置草图所在层为 21，单击 ☷ 按钮，进入草图工作环境。选择 XC-ZC 平面为草图放置平面，草图名称为 PART_021。

（2）在草图平面上绘制出大致轮廓的草图对象。单击 ⌒ 按钮，再单击 ╱ 按钮，创建连续的直线，如图 A-17 所示。

（3）约束草图曲线。

① 单击 ☖ 按钮，进行几何约束。选择左侧长度为 10 的竖线和 YC 轴，单击 ╲ 按钮约束两者共线，选择下面长度为 10 的水平线和 XC 轴，单击 ╲ 按钮约束两者共线，如图 A-17 所示。

② 单击 ☖ 按钮，添加尺寸约束，如图 A-17 所示。之后系统将自动更新草图的形状和

尺寸。

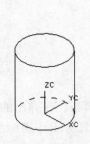

图 A-16　圆柱体

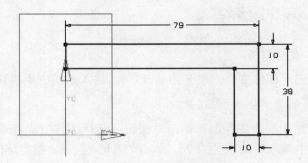

图 A-17　草图曲线

（4）单击 按钮退出草图环境。

4. 拉伸草图

设置 3 层为工作层。单击 按钮，弹出"拉伸"对话框。选择草图 PART_021 的曲线，选择 YC 正向为拉伸方向，设置拉伸参数的开始距离为-16，结束距离为 16，其余参数为 0，布尔运算选择"求和"，单击"确定"按钮。生成的实体如图 A-18 所示。

5. 建立孔特征

（1）单击 按钮，选择简单孔，孔的直径为 19，然后选择圆柱体上表面为孔放置平面、上表面圆心为孔放置点，单击"确定"按钮。单击 按钮，将隐藏边用虚线显示，结果如图 A-19 所示。

（2）继续创建孔特征。选择简单孔，孔的直径为 13，然后选择拉伸体上表面为孔放置平面，放置点到圆柱体上表面圆心距离为 54，到拉伸体上表面长边距离为 16，"贯通体"，单击"应用"按钮，如图 A-19 所示。

（3）选择简单孔，孔直径为 13，然后选择拉伸体外侧表面为孔放置平面，放置点到拉伸体侧表面短边距离为 13，到拉伸体侧表面长边距离为 16，单击"确定"按钮，如图 A-19 所示。

6. 创建边倒圆

单击 按钮，在弹出的"边倒圆"对话框的默认半径文本框中输入 5，然后选择拉伸体内表面交线，单击"确定"按钮，操作结果如图 A-19 所示。

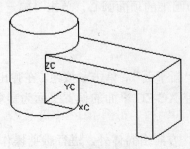

图 A-18　拉伸草图

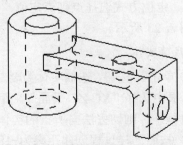

图 A-19　创建孔特征和圆角特征

A.4 第6题解答

1. 建模准备

新建一部件文件，取名为 part5_6。进入建模应用模块。

2. 创建球体

设置 3 层为工作层。单击⬚按钮，选择球体生成方式为直径和圆心。在弹出的球直径文本框中输入球的直径为 76，单击"确定"按钮。指定球的中心点位置为工作坐标系原点，单击"确定"按钮，结果如图 A-20 所示。

3. 创建圆台

（1）设置 61 层为工作层。单击⬚按钮，在下拉列表框中选择 YC-ZC，单击"确定"按钮，建立一个固定基准平面，如图 A-20 所示。

（2）设置 3 层为工作层。单击⬚按钮，放置平面选择固定基准平面，设置圆台的直径为 54、高度为 89、拔锥角为 0，单击"确定"按钮，接受系统默认的创建位置，创建的圆台如图 A-21 所示。

在菜单栏中选择"格式"→"层的设置"命令，将 61 层设为不可见。

（3）单击⬚按钮，放置平面选择凸台的顶面，设置新建圆台的直径为 54、高度为 41、锥角为 atan((54-32)/2/41)*180/pi()、定位方式选择点到点定位⬚，目标对象为凸台的顶面圆心，单击"应用"按钮，创建锥型圆台如图 A-22 所示。

图 A-20 创建球体和基准面

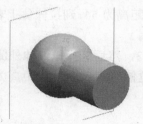
图 A-21 创建圆台

图 A-22 创建锥型圆台

（4）继续创建圆台。放置平面选择圆锥的顶面，设置圆台的直径为 32、高度为 51、锥角为 0、定位方式选择点到点定位⬚，目标对象为圆锥的顶面圆心，单击"确定"按钮，结果如图 A-23 所示。

4. 裁剪实体

（1）单击⬚按钮，选取实体为要裁剪的对象，"新平面"，单击⬚按钮。在弹出的"平面"对话框中选择"XC-ZC 平面"，距离为 18，创建 XC-ZC 平面的偏置平面为裁剪平面，方向指向体外，则切去法向所指的实体部分。

（2）按照同样过程创建距离为-18 的裁剪平面，方向指向体外，进行裁剪操作，结果如图 A-24 所示。

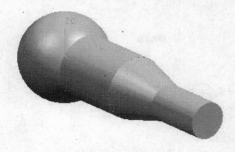

图 A-23　创建圆台

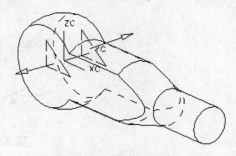

图 A-24　裁剪实体

5. 创建矩形型腔

（1）设置 62 层为工作层。单击□按钮，创建相对基准面。

① 选择小圆台的轴线，单击"应用"按钮，则创建一个过轴线的基准面 1，如图 A-25（a）所示。

② 选择基准面 1，再选择圆台表面，出现的实线箭头即创建面的法向方向，单击▣按钮，选择与此基准面平行的方向，如图 A-25（a）所示，单击"应用"按钮，创建基准面 2。

③ 选择基准面 1，再选择圆台表面，单击▣按钮，选择与此基准面平行的另一方向。创建的基准面 3 如图 A-25（b）所示。

④ 选择小圆台的顶面，单击"确定"按钮，创建一与小圆台的顶面重合的基准面 4，如图 A-25（b）所示。

（2）设置 63 层为工作层。单击▌按钮，选取小圆台的端面圆心，创建相对基准轴，如图 A-25（b）所示。

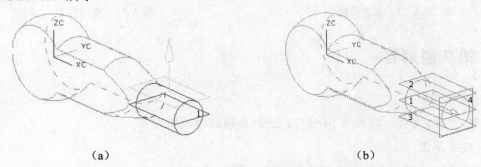

（a）　　　　　　　　　　　　　　　（b）

图 A-25　创建基准面和基准轴

（3）设置 3 层为工作层。单击▨按钮，选择矩形型腔类型，创建型腔。

① 指定型腔的放置平面为基准面 2，水平参考方向选择相对基准轴，并在弹出的"型腔参数"对话框中输入长度 26、宽度 30 和深度 9。定位方式选择线到线上定位▪，目标边选择基准轴，工具边选择矩形腔水平方向中心线，则两者重合；再选择平行距离定位▪，目标边选择基准面 4，工具边选择矩形腔垂直方向中心线，两者距离为 13。

② 指定型腔的放置平面为基准面 3，按照同样过程创建矩形型腔。

在菜单栏中选择"格式"→"层的设置"命令，将 62 层设为不可见，如图 A-26 所示。

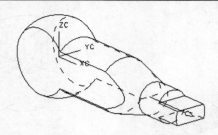

图 A-26　创建型腔

6. 创建孔特征

（1）单击 按钮，选择简单孔，孔的直径为 29，选择实体侧表面为孔放置平面、实体侧表面圆弧的圆心为孔放置点，"贯通体"，单击"确定"按钮，如图 A-27 所示。

（2）继续创建孔特征。选择简单孔，孔的直径为 13，选择实体上表面为孔放置平面，孔放置点在基准轴上，与实体端面边缘距离为 13，单击"确定"按钮。

在菜单栏中选择"格式"→"层的设置"命令，将 63 层设为不可见。创建的模型如图 A-28 所示。

图 A-27　创建孔特征

图 A-28　实体模型

A.5　第 7 题解答

1. 建模准备

新建一部件文件，取名为 part5_7。进入建模应用模块。

2. 建立草图

（1）设置草图所在的工作层为 21，单击 按钮，进入草图工作环境。选择 XC-YC 平面为草图放置平面，草图名称为 PART_021。

（2）在草图平面上绘制出大致轮廓的草图对象。单击 按钮，再单击 按钮，创建连续的直线，如图 A-29 所示。

（3）单击 按钮，根据需要自行添加尺寸约束。

（4）单击 按钮退出草图环境。

3. 旋转草图

设置 3 层为工作层。单击 按钮，旋转对象选择草图曲线，回转轴如图 A-30 所示，终止角为 360°，其余参数为 0，单击"确定"按钮，创建回转体，如图 A-30 所示。

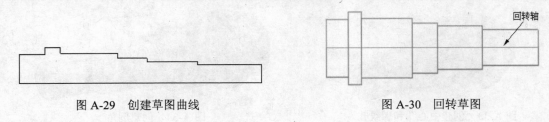

图 A-29　创建草图曲线　　　　　　　　　　图 A-30　回转草图

4．建立键槽

（1）将 21 层设为不可见。设置 61 层为工作层。单击 □ 按钮，创建相对基准面。

① 选择键槽所在的圆柱面，单击"应用"按钮，则创建一个过轴线的基准面 1，如图 A-31 所示。

② 选择刚建立的基准面 1，再选择圆柱表面，单击 按钮，选择建立一个与此圆柱表面相切的基准面 2，如图 A-31 所示。

③ 选择基准面 1，再选择另一键槽所在的圆柱面，选择建立一个与此圆柱表面相切的基准面 3，如图 A-31 所示。

（2）设置 3 层为工作层。单击 按钮，指定键槽类型为矩形槽，创建键槽。

① 选择基准面 2 为键槽放置平面，水平参考方向选择基准面 1，然后在"键槽参数"对话框中输入键槽的长度、宽度和深度，创建第一个键槽。

② 按照上述步骤，在基准面 3 上建立第二个键槽。

将 61 层设为不可见。创建的键槽如图 A-32 所示。

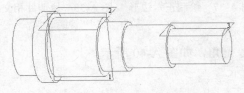　　　　

图 A-31　创建基准面　　　　　　　　　　图 A-32　创建键槽

5．创建中心孔和螺纹孔

（1）建立中心孔。单击 按钮，选择沉头孔，选择实体的端面为孔放置平面、实体端面的圆心为孔放置点，输入沉头孔的参数，单击"确定"按钮，如图 A-33 所示。

（2）建立螺纹孔。

① 单击 按钮，选择简单孔，选择实体的端面为孔放置平面，输入孔的参数，单击"确定"按钮，如图 A-33 所示。

② 单击 按钮，选择详细螺纹，选择简单孔，单击"确定"按钮，如图 A-33 所示。

③ 单击 按钮，选择圆形阵列方式。复制对象选择简单孔和螺纹特征，在"阵列参数"对话框中，设置数量为 2、角度为 180°。然后选择"点和方向"方式建立旋转轴。最后单击"确定"按钮，则产生圆周阵列的螺纹孔，如图 A-33 所示。

6．创建倒角特征

单击 按钮，偏置方式选择"对称"。选择倒角边，输入偏置参数，单击"确定"按钮，如图 A-34 所示。

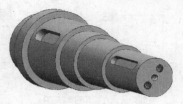

图 A-33　创建中心孔和螺纹孔　　　　　　　图 A-34　创建倒角

A.6　第 8 题解答

1．创建螺母的方法之一

（1）单击 按钮，创建一圆柱，如图 A-35 所示。

（2）单击 按钮，在圆柱顶面边缘倒角，如图 A-36 所示。

（3）在圆柱底面绘制内接正六边形，如图 A-37 所示。然后单击 按钮，拉伸六边形，与圆柱"求交"，如图 A-38 所示。

图 A-35　创建圆柱　　　　图 A-36　创建倒角　　图 A-37　绘制正六边形　　图 A-38　拉伸并相交

（4）单击 按钮，创建通孔，如图 A-39 所示。

（5）单击 按钮，选择上、下端面的孔边缘倒角，如图 A-40 所示。

（6）单击 按钮，创建螺纹，如图 A-41 所示。

图 A-39　创建通孔　　　　　　　图 A-40　创建倒角　　　　　　图 A-41　创建螺纹

2．创建螺母的方法之二

（1）单击 按钮，创建一圆锥，如图 A-42 所示。

（2）在圆锥底面绘制正六边形，如图 A-43 所示。然后单击 按钮，拉伸六边形，与圆锥"求交"，结果如图 A-38 所示。

图 A-42　创建圆锥　　　　　　　　　　图 A-43　绘制六边形

（3）其余操作同方法一。

3. 创建螺母的方法之三

（1）绘制正六边形。然后单击▦按钮，拉伸成六棱柱，如图 A-44 所示。

（2）绘制三角形，如图 A-45 所示。然后单击▦按钮，旋转此三角形，与六棱柱"求交"，如图 A-38 所示。

（3）其余操作同方法一。

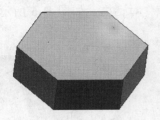

图 A-44　创建六棱柱

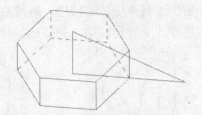

图 A-45　绘制三角形

附录 B　第 6 章部分思考题解答

B.1　第 4 题解答

1. 创建椭圆曲线

（1）创建一个新文件，进入建模模块。设置工作层为 41 层，在菜单栏中选择"插入"→"曲线"→"椭圆"命令，系统打开点构造器，设置椭圆中心坐标为(0,70,0)。确定后系统打开"椭圆"对话框，输入的参数分别为 180、165、0、360 和 0，如图 B-1 所示。单击"确定"按钮，创建椭圆曲线，如图 B-2 所示。

（2）双击工作坐标系，在动态工作坐标系中绕 YC 轴、ZC 轴向 XC 轴旋转 90°，如图 B-3 所示。

（3）按照第（1）步的操作过程，以点(0,70,0)为椭圆的中心，创建一个长半轴、短半轴、起始角、终止角和旋转角度分别为 165、145、0、360 和 90 的椭圆曲线，如图 B-3 所示。

图 B-1　"椭圆"对话框

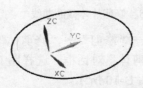

图 B-2　椭圆曲线 1

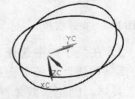

图 B-3　椭圆曲线 2

2. 创建样条曲线

（1）设置工作层为 21 层，以 XC-ZC 平面为放置面，创建如图 B-4 所示的两条直线，分别与 XC 轴和 ZC 轴共线，并与两椭圆相交。

（2）在主菜单中选择"插入"→"曲线"→"艺术样条"命令，弹出"艺术样条"对话框。选择通过点方式，再选择封闭方式，依次选择图 B-4 中的 4 个交点为定义点，创建如图 B-5 所示的样条曲线。

3．创建扫掠体

（1）设置工作层为 1 层，在菜单栏中选择"插入"→"扫掠"→"扫掠"命令，或者单击"曲面"工具条中的 按钮，系统将会打开"扫掠"对话框。如图 B-6 所示，选择一条截面线串和 3 条导引线串，创建扫掠体。

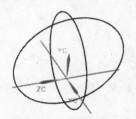
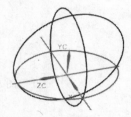
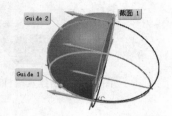

图 B-4　相交直线　　　　　　图 B-5　样条曲线　　　　　　图 B-6　扫掠特征

（2）以同样方式创建另一半，或者用镜像特征命令创建头盔另一半。在菜单栏中选择"插入"→"组合"→"求和"命令，或者单击"曲面"工具条中的 按钮，系统将会打开"求和"对话框，选择两个实体，合并为一个实体，如图 B-7 所示。

4．修剪体

（1）设置工作层为 22 层，以 YC-ZC 平面为放置面，创建如图 B-8 所示的草图。

（2）设置工作层为 11 层，在菜单栏中选择"插入"→"设计特征"→"拉伸"命令，或者单击"特征"工具条中的 按钮，系统将会打开"拉伸"对话框。选择图 B-8 中的草图为截面曲线，设置拉伸方式为"对称值"，拉伸距离为 200，生成修剪片体，如图 B-9 所示。

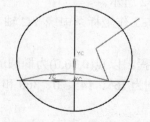

图 B-7　实体求和　　　　　图 B-8　修剪片体截面曲线　　　　图 B-9　拉伸修剪片体

（3）在菜单栏中选择"插入"→"修剪"→"修剪体"命令，或者单击"曲面"工具条中的 按钮，系统将会打开"修剪体"对话框，选择图 B-9 中的实体为目标体，片体为修剪工具体，创建修剪体特征，如图 B-10 所示。

5．抽壳

（1）关闭除第一层外的所有层，屏幕上只留下实体，以适当的半径值对一些边缘作必要的倒圆，如图 B-11 所示。

（2）单击"特征操作"工具条中的 按钮，系统将会打开"抽壳"对话框。设置壁厚为 6mm，创建抽壳特征，如图 B-12 所示。

图 B-10 修剪体

图 B-11 倒圆角

图 B-12 抽壳

B.2 第 5 题解答

1. 壶身的创建

（1）新建文件，设置工作层为 21 层，创建草图 1，放置平面为 XC-ZC 面。进入草图界面，用样条曲线绘制壶身截面，如图 B-13 所示。图中圆点为定义样条的节点。单击"完成草图"按钮，退出草图界面。

（2）设置工作层为 1 层，在菜单栏中选择"插入"→"设计特征"→"回转"命令，或者单击"特征"工具条中的 按钮，打开"回转"对话框。选择图 B-13 中的曲线为截面曲线，Z 轴为回转中心，回转角度为 360，生成壶身回转体，如图 B-14 所示。

2. 壶盖的创建

（1）设置工作层为 22 层，放置平面为 XC-ZC 面，创建草图 2。进入草图界面，绘制壶盖截面，如图 B-15 所示。单击"完成草图"按钮，退出草图界面。

（2）设置工作层为 2 层，在菜单栏中选择"插入"→"设计特征"→"回转"命令，或者单击"特征"工具条中的 按钮，打开"回转"对话框。选择图 B-15 中的曲线为截面曲线，Z 轴为回转中心，回转角度为 360，生成壶盖回转体，如图 B-16 所示。壶身和壶盖如图 B-17 所示。

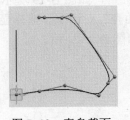

图 B-13 壶身截面

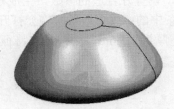

图 B-14 壶身实体

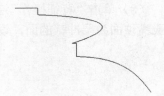

图 B-15 壶盖截面

图 B-16 壶盖模型

图 B-17 壶身和壶盖

　3．壶嘴的创建

　（1）设置工作层为 23 层，放置平面为 XC-ZC 面，创建草图 3。进入草图界面，绘制壶嘴中心线，如图 B-18 所示。单击"完成草图"按钮，退出草图界面。

　（2）设置工作层为 62 层，创建两个参考面，通过壶嘴中心的两端，并且垂直于中心线，如图 B-18 所示。

　（3）设置工作层为 23 层，放置平面为第（2）步所建的参考面，创建草图 4 和草图 5，作为壶嘴的两个终端截面，如图 B-19 所示。

　（4）设置工作层为 1 层，在菜单栏中选择"插入"→"扫掠"→"扫掠"命令，或者单击"特征"工具条中的 按钮，系统将会打开"扫掠"对话框。选择图 B-19 中的草图 4 和草图 5 为截面曲线 1 和截面曲线 2，草图 3 为引导线串，生成壶嘴扫掠体，如图 B-20 所示。

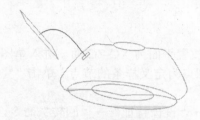
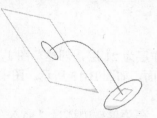

　　　图 B-18　壶嘴引导线　　　　　图 B-19　壶嘴端截面　　　　　图 B-20　壶嘴实体

　（5）设置工作层为 24 层，放置平面为 XC-ZC 面，创建草图 6。进入草图界面，绘制曲线如图 B-21 所示。单击"完成草图"按钮，退出草图界面。

　（6）设置工作层为 1 层，在菜单栏中选择"插入"→"设计特征"→"拉伸"命令，或者单击"特征"工具条中的 按钮，系统将会打开"拉伸"对话框。选择图 B-21 中的草图 6 为截面曲线，设置拉伸方式为"对称值"，拉伸距离为 25，布尔运算为"求差"，目标体为壶嘴实体，生成修剪后的壶嘴，如图 B-21 所示。

　（7）在菜单栏中选择"插入"→"细节特征"→"样式圆角"命令，或者单击"自由曲面形状"工具条中的 按钮，系统将会打开"样式圆角"对话框，如图 B-22 所示。选择壶身曲面为壁 1，壶嘴曲面为壁 2，设置好合适的参数，生成样式圆角，如图 B-23 所示。

　（8）单击"特征操作"工具条中的 按钮，系统将会打开"抽壳"对话框。选择壶身和壶嘴顶面为要冲裁的面，设置壁厚为 2.5mm，创建抽壳特征，如图 B-23 所示。

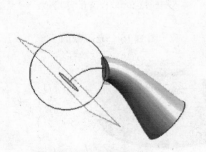
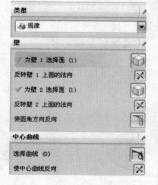

　　　图 B-21　壶嘴剪裁曲线　　　　图 B-22　"样式圆角"对话框　　　　图 B-23　样式圆角

4. 把手的创建

（1）设置工作层为 25 层，放置平面为 XC-ZC 面，创建草图 7。进入草图界面，绘制把手曲线如图 B-24 所示。单击"完成草图"按钮，退出草图界面。

（2）设置工作层为 63 层，创建两个参考面，通过把手曲线的两端，并且垂直于把手曲线，如图 B-24 所示。

（3）设置工作层为 26 层，放置平面为第（2）步所建的参考面，创建草图 8 和草图 9，作为把手的两个终端截面，如图 B-25 所示。

（4）绘制连接把手和壶身的两个连接体，如图 B-25 所示。

（5）设置工作层为 3 层，在菜单栏中选择"插入"→"扫掠"→"扫掠"命令，或者单击"特征"工具条中的 按钮，系统将会打开"扫掠"对话框。选择草图 8 和草图 9 为截面曲线 1 和截面曲线 2，草图 7 为引导线串，生成把手扫掠体，如图 B-25 所示。

（6）设置工作层为 26 层，放置平面为 YC-ZC 面，创建草图 10。进入草图界面，绘制曲线如图 B-26 所示。单击"完成草图"按钮，退出草图界面。

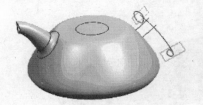

图 B-24　把手曲线

图 B-25　把手实体

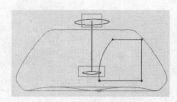

图 B-26　把手裁剪曲线

（7）设置工作层为 3 层，在菜单栏中选择"插入"→"设计特征"→"拉伸"命令，或者单击"特征"工具条中的 按钮，系统将会打开"拉伸"对话框。选择草图 10 为截面曲线，设置合适的拉伸距离，布尔运算为"求差"，目标体为把手实体，生成修剪后的把手，如图 B-27 所示。

（8）在菜单栏中选择"插入"→"关联复制"→"镜像特征"命令，或者单击"特征操作"工具条中的 按钮，系统将会打开"镜像特征"对话框。选择第（7）步的拉伸特征为要镜像的特征，选择 YC-ZC 平面为对称面，创建镜像特征，如图 B-28 所示。

5. 倒圆与渲染

关闭除 1 层、2 层和 3 层外的所有层，屏幕上只留下实体。对一些边缘作必要的倒圆，生成茶壶的最终模型。进入外观造型设计模块，做一些简单的渲染，如图 B-29 所示。

图 B-27　拉伸把手裁剪曲线

图 B-28　镜像特征

图 B-29　茶壶渲染

B.3   第 6 题解答

1. 创建鼠标主体造型

（1）绘制基本草图

新建文件（文件名为 mouse，单位为 mm）。将工作层设置为 21。放置平面为 XC-YC 面，创建草图 1 并添加约束，如图 B-30 所示。单击"完成草图"按钮，退出草图界面。

（2）鼠标主体的三维造型

工作层设置为 1，在菜单栏中选择"插入"→"设计特征"→"拉伸"命令，或者单击"特征"工具条中的 ▣ 按钮，系统将会打开"拉伸"对话框。选择草图 1 为截面曲线，将起始值和终止值分别设置为 0 和 35，如图 B-31 所示。完成以上步骤后，将第 11 层作为"不可见层"。

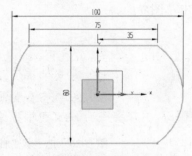

图 B-30   鼠标底面草图

图 B-31   鼠标主体造型

2. 左、右边缘线的创建

（1）工作层设置为 60，选择模型主体的底面为参考平面，分别构建基准平面 1、2，其偏置值分别设置为 15、8，如图 B-32（a）所示。

（2）选择"插入"→"来自体的曲线"→"抽取"命令，设置抽取类型为"边曲线"。抽取模型底面上的两条边缘线，如图 B-32（b）所示。

（3）选择"插入"→"来自曲线集的曲线"→"投影"命令，选择底面前边缘线，确认后再单击基准平面 1 并应用，获得顶面前边缘线；用同样的方法获得顶面后边缘线，然后将基准平面 1、2 和底面的边缘线隐藏掉，如图 B-32（c）所示。

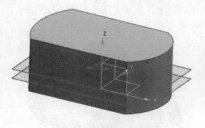

（a）两个基准平面

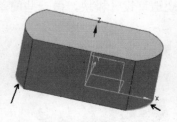

（b）底面边缘线

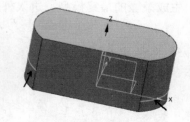

（c）前、后边缘线

图 B-32   前后边缘线的创建

（4）选择"插入"→"曲线"→"样条"命令，方式为"通过点"，在"点构造器"对话框中分别选择前、后边缘线的端点，并在侧面的大致位置生成两个点（使用"点在面上"方法），如图 B-33（a）所示。最后选择"编辑"→"曲线"→"光顺样条"命令，根据需要调整选项，最后单击"确定"按钮即可。

（5）将前面生成的样条线镜像生成与之对称的边缘线，如图 B-33（b）所示。

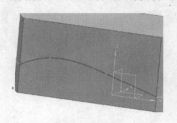 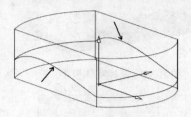

（a）左边缘线　　　　　　　　　　　（b）右边缘线

图 B-33　左、右边缘线的创建

3.　鼠标模型顶面的建立

（1）选择模型主体的底面为参考平面，向上偏置 30mm 构建基准平面 3。

（2）工作层设置为 21，选择 XC-ZC 面为基准平面，作为草图的放置平面。获取顶面后边缘线的中点和顶面前边缘的中点。以前边缘线中点为起点，后边缘线中点为终点绘制圆弧，高度不超过基准平面 3，完成圆弧的绘制后修改编辑其半径为 88（可根据设计意图修改大小），如图 B-34 所示。单击"约束"按钮将草图完全约束后，退出草图界面。

（3）工作层设置为 81；选择"插入"→"网格曲面"→"通过曲线网格"命令，构建如图 B-35 所示的曲面。

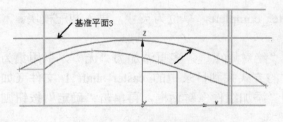 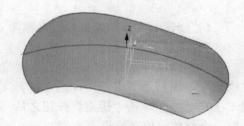

图 B-34　前后控制线的构建　　　　　　图 B-35　鼠标顶面的网格曲面

4.　创建鼠标实体模型

（1）工作层设置为 2，选择"插入"→"组合"→"补片"命令，分别选择鼠标模型和顶面曲面，单击"确定"按钮后完成鼠标实体的模型，如图 B-36 所示。

（2）选择"插入"→"细节特征"→"边倒圆"命令，设置半径为 8，分别选择鼠标周边的 4 个角进行倒圆，如图 B-37 所示。

5.　底座模型的建立

（1）工作层设置为 23，选择鼠标底面为草图放置平面，进入草图绘制环境，绘制如图 B-38 所示的草图。完成后退出草图环境。

（2）工作层设置为 3，选择"插入"→"设计特征"→"拉伸"命令，对上面绘制的草图进行拉伸，距离为 20，结果如图 B-39 所示。

图 B-36　鼠标实体模型

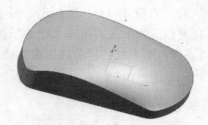

图 B-37　倒圆后的实体模型

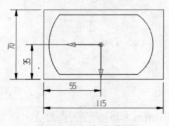

图 B-38　底座草图

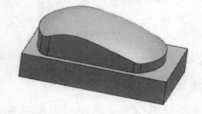

图 B-39　带底座的鼠标实体模型

附录 C　第 7 章部分思考题解答

C.1　第 6 题解答

（1）创建一个新装配文件，名称为 caster_complete，单位为英寸，进入装配模块。

（2）添加第一个组件。

在"添加组件"对话框中，设置定位为"绝对原点"，多重添加为"无"，引用集为"模型"，图层为"工作"；通过打开文件的方式找到目录中的 caster_shaft_1 文件（如图 C-1 所示），单击"确定"按钮之后回到"添加组件"对话框，再单击"确定"按钮则把第一个组件定位在原点上。

（3）固定 caster_shaft_1 组件的位置。

在"装配"工具条上单击"装配约束"按钮，在弹出的"装配约束"对话框中，设置"类型"为"固定"，然后选择 caster_shaft_1 组件，单击"确定"按钮。固定后的组件如图 C-2 所示。注意视图中显示出的约束符号。

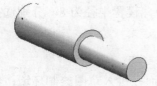

图 C-1　caster_shaft_1 组件

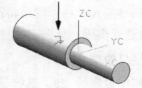

图 C-2　固定后的 caster_shaft_1 组件

（4）添加 spacer 组件并进行约束。

① 在"装配"工具条上单击"添加组件"按钮，在"添加组件"对话框中，设置定位为"通过约束"，多重添加为"无"，引用集为"模型"，图层为"工作"；通过打开文件的方式找到目录中的 caster_spacer_1 文件，单击"确定"按钮回到"添加组件"对话框，再单击"确定"按钮，打开"装配约束"对话框。

② "装配约束"对话框设置。类型为"接触对齐"，方位为"自动判断中心/轴"，在"组件预览"小窗口选择 caster_spacer_1 组件的中心线，如图 C-3 所示。选择 caster_shaft_1 组件的中心线，单击"应用"按钮；此时，两个组件进行了部分约束。

③ 接着选择 caster_spacer_1 组件的后端面和 caster_shaft_1 组件的中间截面，分别如图 C-4（a）、图 C-4（b）所示。单击"确定"按钮。

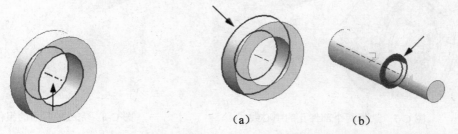

（a）　　　　　　（b）

图 C-3　caster_spacer_1 组件中心线　图 C-4　caster_spacer_1 组件后面和 caster_shaft_1 组件截面的选取

（5）本练习中还有多个组件需要添加到装配，为了加快组件的选择速度，在这个步骤的操作中将剩下的几个组件全部读入内存，添加到"添加组件"对话框的"已加载部件"列表中，分散添加到绘图区，然后再进行约束。

打开"添加组件"对话框，设置定位为"选择原点"，选中"分散"复选框，多重添加为"无"，引用集为"整个部件"，图层为"工作"。通过打开文件的方式找到目录中的 caster_fork 文件，单击"确定"按钮回到"添加组件"对话框，通过打开文件的方式找到 caster_wheel 文件和 caster_axle_1 文件，在"添加组件"对话框中单击"确定"按钮，弹出"点"对话框。

在绘图区选择合适的位置，放置这 3 个组件。它们的相对位置关系可能比较杂乱，下面的步骤通过约束加以调整。

（6）打开"装配约束"对话框，设置类型为"接触对齐"，选择 caster_spacer_1 组件的前端面，再选择 caster_fork 组件的后端面，如图 C-5 所示。

设置类型为"接触对齐"，方位为"自动判断中心/轴"，选择 caster_fork 组件的上部的孔中心线，再选择 caster_shaft_1 组件的中心线，单击"应用"按钮完成装配，如图 C-6 所示（图中部件未显示基准特征，实际操作过程中会存在一些基准特征，用于后续步骤）。

（7）在"装配约束"对话框中，设置类型为"接触对齐"，其他默认，选择 caster_wheel 组件的 X-Z 基准平面，再选择 caster_fork 组件的 X-Z 基准平面；接着选择 caster_wheel 组件的中心线，选择 caster_fork 组件下部孔的中心线，如图 C-7 所示。单击"应用"按钮完成装配。

（8）在"装配约束"对话框中，设置类型为"接触对齐"，其他默认，选择 caster_axle_1

组件的 X-Z 基准平面，再选择 caster_wheel 组件的 X-Z 基准平面；接着选择 caster_axle_1 组件的中心线，选择 caster_wheel 组件的中心线，单击"确定"按钮完成全部装配，如图 C-8 所示。

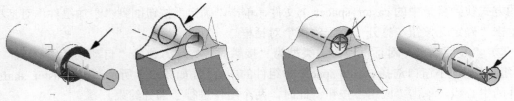

图 C-5　接触对齐约束　　　　　　　　图 C-6　自动判断中心/轴约束

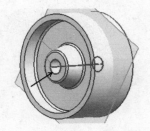
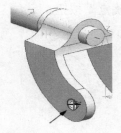
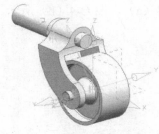

图 C-7　选择两个部件孔的中心线　　　　图 C-8　完成装配后的组件

（9）由于上述装配过程中使用了基准特征，在装配完成后显示比较混乱，需要暂时隐藏起来。

在装配导航器中选择所有的部件，单击鼠标右键，在弹出的快捷菜单中选择"替换引用集"→"模型 Model"命令，装配中的基准特征将被隐藏起来。如果需要，也可以将约束符号都隐藏起来。

（10）创建爆炸图。

① 在"爆炸图"工具条中单击 按钮，在"输入爆炸图名称"对话框中输入合适的名字，单击"确定"按钮。

② 在"爆炸图"工具条中单击 按钮，选择需要编辑的部件并移动到合适的位置，逐个调整部件的距离，可得到题目要求的爆炸图效果。

C.2　第 7 题解答

（1）创建一个新装配文件，名称为 fix_assm，单位为"毫米"，进入装配模块。

（2）添加第一个组件。

在"添加组件"对话框中，设置定位为"绝对原点"，多重添加为"无"，引用集为"模型"，图层为"工作"；通过打开文件的方式找到目录中的 baseplate_locator 文件（如图 C-9 所示），单击"确定"按钮回到"添加组件"对话框，再单击"确定"按钮则把第一个组件定位在原点上。

（3）添加 locator_fixture 组件并进行约束。

① 在"装配"工具条上单击"添加组件"按钮，在"添加组件"对话框中设置定位为

"通过约束"，多重添加为"无"，引用集为"模型"，图层为"工作"（以下设置相同，不再赘述）；通过打开文件的方式找到目录中的 locator_fixture 文件，单击"确定"按钮回到"添加组件"对话框，再单击"确定"按钮，打开"装配约束"对话框。

　　② 在"装配约束"对话框中，设置类型为"接触对齐"，其他默认，在"组件预览"小窗口中选择 locator_fixture 组件的底面，在绘图区选择 baseplate_locator 组件的顶面，分别如图 C-10（a）、图 C-10（b）所示。

　　③ 约束类型不变，按图 C-11 所示依次选择两组件的边线，完成后单击"应用"按钮完成两组件的装配。

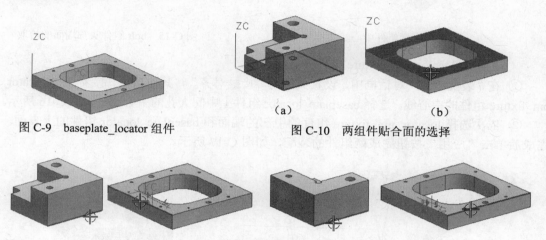

图 C-9　baseplate_locator 组件　　　　　图 C-10　两组件贴合面的选择

图 C-11　两组件边线的选取

　　（4）添加 dowel_pin_fixture 组件并进行约束。

　　① 在"装配约束"对话框中，设置类型为"接触对齐"，其他默认，接着选择 dowel_pin_fixture 组件的中心线，选择 locator_fixture 组件上通孔的中心线，如图 C-12 所示。

　　② 依次选择 dowel_pin_fixture 组件的一个端面和 baseplate_locator 组件的下表面，完成后单击"应用"按钮完成两组件的装配，操作结果如图 C-13 所示。

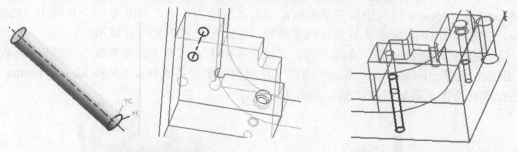

图 C-12　两组件中心线的选择　　　　　图 C-13　部分组件装配结果

　　（5）添加 shoulder_bolt_locator_fixture 组件并进行约束。

　　① 在"装配约束"对话框中，设置类型为"接触对齐"，其他默认，接着选择 shoulder_bolt_locator_fixture 组件的中心线，选择 locator_fixture 组件上阶梯孔的中心线，如图 C-14 所示。

② 依次选择 shoulder_bolt_locator_fixture 组件的头部的下端面和 locator_fixture 组件的上部的阶梯面，如图 C-15 所示。完成后单击"应用"按钮完成两组件的装配。

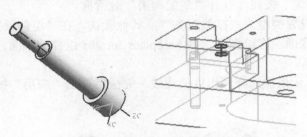

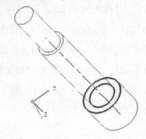

图 C-14　两组件中心线的拾取　　　　　　　图 C-15　bolt 组件头部端面的拾取

（6）添加 locator_pin_fixture 组件并进行约束。

① 在"装配约束"对话框中，设置类型为"接触对齐"，其他默认，接着选择 locator_pin_fixture 组件的中心线，选择 baseplate_locator 组件上中间大孔的中心线，如图 C-16 所示。

② 依次选择 locator_pin_fixture 组件的中部的端面和 baseplate_locator 组件的上表面。完成后单击"应用"按钮完成两组件的装配，如图 C-17 所示。

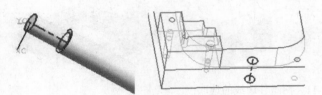

图 C-16　两组件中心线的拾取　　　　　　　图 C-17　部分组件装配结果

（7）阵列装配。

① 在"装配"工具条上单击"创建组件阵列"按钮，弹出"类选择"对话框，选择 shoulder_bolt_locator_fixture 组件，单击"确定"按钮弹出"创建组件阵列"对话框。选择"圆形"阵列，单击"确定"按钮，在"创建圆形阵列"对话框中选择"基准轴"方式，选择 baseplate_locator 组件中间的基准轴，输入总数量为 4 个、角度为 90°，单击"确定"按钮，结果如图 C-18 所示（若没看到基准轴，在图层设置中选择并显示）。

② 使用"基于特征的"阵列方式、"线性阵列"方式和"圆形阵列"方式对 dowel_pin_fixture 组件、locator_pin_fixture 组件（使用到的参数是 5.75inch）和 locator_fixture 组件进行阵列操作。装配结果如图 C-19 所示。

图 C-18　部分组件阵列后的结果　　　　　　图 C-19　全部组件阵列后的结果

（8）创建爆炸图。

① 在"爆炸图"工具条中单击[图标]按钮，在"输入爆炸图名称"对话框中输入合适的名字，单击"确定"按钮。

② 在"爆炸图"工具条中单击[图标]按钮，选择需要编辑的部件并移动到合适的位置，逐个调整部件的距离，可得到题目要求的爆炸图效果。

附录 D　第 8 章部分思考题解答

D.1　第 5 题解答

（1）在菜单栏中选择"文件"→"新建"命令。输入文件名为 part8_5，绘图单位为"毫米"，模板为"模型"。

（2）设 21 层为工作层。选择"插入"→"草图"命令，草图名为 sketch_000，草图的放置面设为 XC-YC，草图尺寸如图 D-1 所示，单击[图标]按钮退出草图。

（3）设 22 层为工作层。选择"插入"→"草图"命令，草图为 sketch_001，草图的放置面为 XC-ZC，草图尺寸如图 D-2 所示，单击[图标]按钮退出草图。

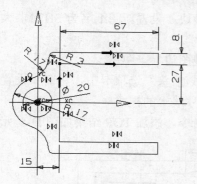

图 D-1　草图 sketch_000

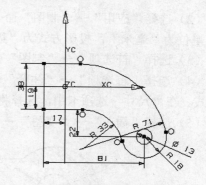

图 D-2　草图 sketch_001

（4）设第 1 层为工作层。选择"插入"→"设计特征"→"拉伸"命令，拉伸截面曲线为草图 sketch_000，起始距离为 19，终止距离为-60，拉伸方向为 ZC，结果如图 D-3 所示。

（5）选择"插入"→"设计特征"→"拉伸"命令，拉伸截面曲线为草图 sketch_001，起始距离为 35，终止距离为-35，拉伸方向为 YC，布尔操作选择"交"，结果如图 D-4 所示。

（6）选择"格式"→"图层设置"命令。设置第 1 层为工作层，第 21、22 层设为不可见层。

（7）选择"应用"→"制图"命令，进入制图模块。设置新图纸名为 SHT1，大小为 A3，单位为"毫米"，投影方式为"第一象限角投影"。

（8）选择"首选项"→"制图"命令，不显示视图边界[图标]显示边界。

（9）选择"首选项"→"注释"命令，在"直线/箭头"选项卡中，将箭头设置为实心样式。在"尺寸"选项卡中，选择将尺寸标注在尺寸线上的样式 。

（10）选择"插入"→"视图"→"基本视图"命令。添加 TOP 及 TFR-ISO 视图。单击"投影视图"按钮 ，添加 TOP 的正交投影视图，结果如图 8-41 所示。

（11）分别选择"插入"→"尺寸"→、、、等进行尺寸标注，结果如图 8-41 所示。

图 D-3　草图 sketch_000 拉伸结果　　　　　图 D-4　草图 sketch_001 拉伸结果

D.2　第 6 题解答

（1）在菜单栏中选择"文件"→"打开"命令。输入文件名为 part5_6，单击"确定"按钮。

（2）选择"应用"→"制图"命令，进入制图模块。设置新图纸名为 SHT1，大小为 A3，单位为"毫米"，投影方式为"第一象限角投影"。

（3）选择"首选项"→"制图"命令，不显示视图边界□ 显示边界。

（4）选择"首选项"→"注释"命令。在"直线/箭头"选项卡中，将箭头设置为实心样式。在"尺寸"选项卡中，选择将尺寸标注在尺寸线上的样式 。

（5）选择"插入"→"视图"→"基本视图"命令。添加 TOP 结果如图 D-5 所示。

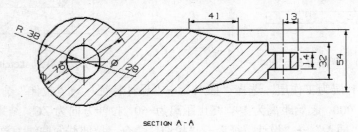

图 D-5　第 6 题工程图

（6）选择"插入"→"视图"→"剖视图"命令。单击 ⊙ 按钮，选择第（5）步得到的 TOP 视图作为"全剖"视图的父视图，选择 YC 作为投影的矢量方向，单击"应用"按钮，选择 φ13 的圆心点作为切削点，选择 TOP 视图外合适位置，放置箭头，结果如图 D-5 所示。

（7）分别选择"插入"→"尺寸"→ ⤢、⌀、凸、◲ 等进行尺寸标注，结果如图 D-5 所示。

D.3　第 7 题解答

（1）在菜单栏中选择"文件"→"新建"命令。输入文件名为 part8_7，绘图单位为"毫米"，模板为"模型"。

（2）设第 1 层为工作层。选择"插入"→"设计特征"→"圆柱体"命令，直径为 128，高度为 25，轴方向为 ZC，结果如图 D-6（a）所示。

（3）选择"插入"→"设计特征"→"凸台"命令，放置于圆柱上表面，直径为 70，高度为 51，锥角为 9，布尔操作选择"加"，结果如图 D-6（a）所示。

（4）选择"插入"→"设计特征"→"圆柱体"命令，直径为 32，高度为 44，轴方向为 -XC，布尔操作选择"加"，结果如图 D-6（a）所示。

（5）选择"插入"→"设计特征"→"孔"命令，放置面选择圆柱下表面，类型为"常规孔"；形状与尺寸组中：选择沉头孔，沉头孔直径为 76，沉头孔深度为 12.5，直径为 38，深度限制为贯通体，结果如图 D-6（b）所示。

（6）选择"插入"→"设计特征"→"孔"命令，放置面选择"凸台表面"，类型为"常规孔"；形状与尺寸组中：选择简单，直径为 16，深度限制为直至选中对象，结果如图 D-6（b）所示。

（7）选择"插入"→"设计特征"→"孔"命令，放置面选择圆柱上表面，类型为"常规孔"；形状与尺寸组中：选择简单，直径为 25，深度限制为贯通体，结果如图 D-6（b）所示。

（8）选择"插入"→"关联复制"→"实例特征"→"圆形阵列"命令，选择第（7）步生成的孔作为圆形阵列的对象，数量为 4，角度为 90，选择基准轴 Z 作为阵列旋转轴，结果如图 D-6（b）所示。

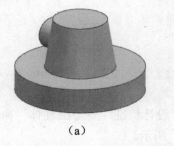　　　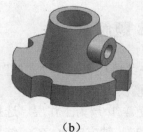

（a）　　　　　　　　　　　　　　　　（b）

图 D-6　第 7 题建模过程

（9）选择"开始"→"制图"命令，进入制图模块。设置新图纸名为 SHT1，大小为

A3，单位为"毫米"，投影方式为"第一象限角投影"。

（10）选择"首选项"→"制图"命令，不显示视图边界 □ 显示边界 。

（11）选择"首选项"→"注释"命令，在"直线/箭头"选项卡中，将箭头设置为实心样式。在"尺寸"选项卡中，选择将尺寸标注在尺寸线上的样式 ✏ 。

（12）选择"插入"→"视图"→"基本视图"命令。添加 TOP 及 TFR-ISO 视图，结果如图 D-7 所示。

（13）选择"插入"→"视图"→"剖视图"命令。单击 ⊖ 按钮，选择第（12）步得到的 TOP 视图作为"全剖"视图的父视图，选择 YC 作为投影的矢量方向，单击"应用"按钮，选择 ϕ128 的圆心点作为切削点，选择 TOP 视图外合适位置放置箭头，结果如图 D-7 所示。

（14）分别选择"插入"→"尺寸"→ ✕、⟂、凸、⊡ 等进行尺寸标注，结果如图 D-7 所示。

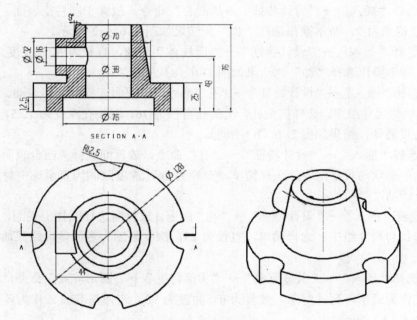

图 D-7　第 7 题工程图

D.4　第 8 题解答

（1）在菜单栏中选择"文件"→"新建"命令。输入文件名为 part8_8，绘图单位为"毫米"，模板为"模型"。

（2）设第 1 层为工作层。选择"插入"→"设计特征"→"圆柱体"命令，直径为 48，高度为 32，轴方向为-ZC，结果如图 D-8（a）所示。

（3）选择"插入"→"设计特征"→"长方体"命令，长为 64，宽为 84，高为 14，指定点坐标 XC=-114，YC=-42，ZC=-82，布尔操作选择"无"，结果如图 D-8（a）所示。

（4）选择"插入"→"设计特征"→"矩形垫块"命令，放置在长方体上表面，长为48，宽为10，高为46，按题目要求定位后，结果如图 D-8（a）所示。

（5）选择"插入"→"设计特征"→"矩形垫块"命令，放置在第（4）步生成的矩形垫块上表面，设置长为48，宽为56，高为10，按题目要求定位后，结果如图 D-8（a）所示。

（6）选择"插入"→"细节特征"→"边倒圆"命令，选择棱边分别给定倒圆的半径为 R=15、R=5，结果如图 D-8（b）所示。

（7）选择"插入"→"曲线"→"直线"命令，绘制如图 D-8（c）所示的直线。

（8）选择"插入"→"设计特征"→"拉伸"命令，选择第（7）步绘制的直线与实体边缘线（单击"在相交处停止"按钮 ⊞）组成封闭的拉伸区域，设置起始距离为15、终止距离为33，结果如图 D-8（d）所示。

（9）选择"插入"→"设计特征"→"孔"命令，选择圆柱体上表面圆心放置该通孔直径为 26，然后选择长方体的上表面放置孔，直径为 18，按题目要求定位后，结果如图 D-8（d）所示。

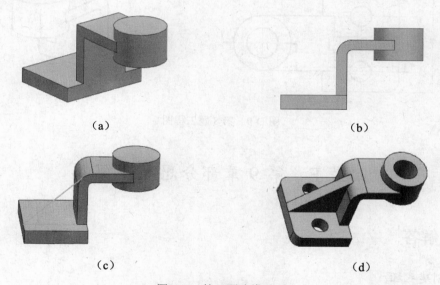

（a）　　　　　　　　　　　　　　（b）

（c）　　　　　　　　　　　　　　（d）

图 D-8　第 8 题建模过程

（10）选择"开始"→"制图"命令，进入制图模块。设置新图纸名为 SHT1，大小为A3，单位为"毫米"，投影方式为"第一象限角投影"。

（11）选择"首选项"→"制图"命令，不显示视图边界 □ 显示边界 。

（12）选择"首选项"→"注释"命令，在"直线/箭头"选项卡中，将箭头设置为实心样式。在"尺寸"选项卡中，选择将尺寸标注在尺寸线上的样式 ✐ 。

（13）选择"插入"→"视图"→"基本视图"命令。添加 TOP 及 TFR-ISO 视图，结果如图 D-9 所示。

（14）选择"插入"→"视图"→"剖视图"命令。单击 ⊖ 按钮，选择第（13）步得到的 TOP 视图作为剖视图的父视图，选择 YC 作为投影的矢量方向，选择 φ18 和 φ48 的圆心点作为切削点，并设置合适的折弯位置，选择 TOP 视图外合适位置放置箭头，结果如图 D-9 所示。

（15）分别选择"插入"→"尺寸"→⤢、⌀、▱、▯等进行尺寸标注，结果如图 D-9 所示。

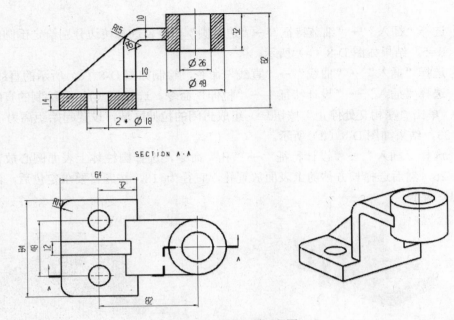

图 D-9   第 8 题工程图

附录 E   第 9 章部分思考题解答

第 6 题解答

1. 创建毛坯

打开零件模型文件，进入建模模块。选择"插入"→"设计特征"→"拉伸"命令，依次选择底座上表面的 4 条边线，向上拉伸 32mm，单击"确定"按钮后生成毛坯，如图 E-1 所示。

2. 创建父节点组

（1）选择"开始"→"加工"命令，进入"加工"模块，出现"加工环境"对话框，选择 mill_contour，单击"确定"按钮，进入加工环境。

（2）在"插入"工具条上单击 按钮，弹出"创建程序"对话框，其设置按默认参数。

（3）创建刀具，名称为 em10_0.8。在"铣刀参数"对话框中设置刀具直径和下半径分别为 10 和 0.8，其他按默认参数。

（4）在操作导航器几何视图中展开 MCS_MILL 父节点，双击 WORKPIECE 父节点，出现"铣削几何体"对话框，在该对话框中分别选择鼠标和毛坯为部件几何体和毛坯几何体。

3．型腔铣粗加工

（1）单击"创建操作"按钮，类型设为 mill_contour，子类型为 CAVITY_MILL，其他各项设置如图 E-2 所示。单击"确定"按钮创建操作。

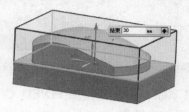

图 E-1   鼠标的毛坯模型

图 E-2   创建操作的参数

（2）"型腔铣"对话框中的部分参数设置如图 E-3 所示，主轴速度为 1000 rpm。单击对话框中的按钮，生成刀轨，如图 E-4 所示。动态仿真结果如图 E-5 所示。

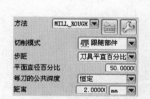

图 E-3   粗加工的部分参数

图 E-4   粗加工刀轨

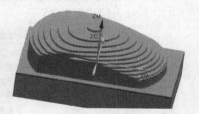

图 E-5   粗加工动态仿真结果

4．创建顶面半精加工曲面铣操作

（1）单击"创建操作"按钮，类型设为 mill_contour，子类型为 FIXED_CONTOUR，其他各项的设置如图 E-6 所示。单击"确定"按钮创建操作。

（2）在"型腔铣"对话框中设定鼠标模型的顶面为"切削区域"，驱动方法为"区域铣削"，其参数设置如图 E-7 所示。

（3）单击对话框中的按钮，生成刀轨，如图 E-8 所示。

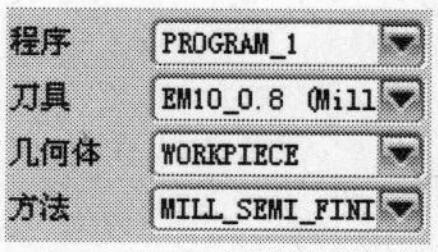

图 E-6   半精加工参数 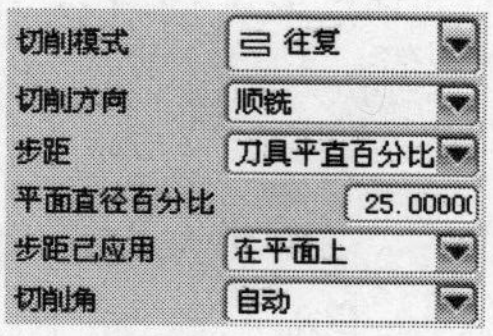   图 E-7   区域铣削参数设置

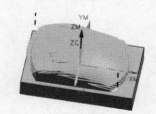

图 E-8   顶面的区域铣削刀轨

5．创建精加工操作

（1）单击"创建操作"按钮，类型设为 mill_contour，子类型为 ZLEVEL_CORNER，

其他的各项设置如图 E-9 所示。单击"确定"按钮创建操作。

　　（2）在弹出的对话框中选择鼠标四周的 4 个面为"切削区域"，其余参数如图 E-10 所示。单击对话框中的 ▶ 按钮，生成刀轨，如图 E-11 所示。

图 E-9　等高铣加工设置　　图 E-10　等高轮廓铣削参数　　图 E-11　等高轮廓铣刀轨

　　（3）单击"创建操作"按钮 ▶，类型设为 mill_contour，子类型为 FIXED_CONTOUR，其他各项的设置如图 E-12 所示。单击"确定"按钮创建操作。

　　（4）在"型腔铣"对话框中设定鼠标模型的顶面为"切削区域"，驱动方法为"区域铣削"，其参数设置如图 E-13 所示。

　　（5）单击对话框中的 ▶ 按钮，生成刀轨，如图 E-14 所示。

图 E-12　顶面精加工设置　　图 E-13　区域铣削驱动方法　　图 E-14　顶面的精加工刀轨